儿童青少年
常见心理问题与心理障碍

主　编：朱晓敏　张　媛
副主编：成秀梅　贾秋放　王　菁　杜向东

吉林大学出版社
·长　春·

图书在版编目(CIP)数据

儿童青少年常见心理问题与心理障碍 / 朱晓敏，张媛主编. —长春：吉林大学出版社，2023.6
ISBN 978-7-5768-1763-8

Ⅰ.①儿… Ⅱ.①朱… ②张… Ⅲ.①儿童心理学②青少年心理学 Ⅳ.①B844.1②B844.2

中国国家版本馆CIP数据核字(2023)第106048号

书　　名：儿童青少年常见心理问题与心理障碍
ERTONG QING-SHAONIAN CHANGJIAN XINLI WENTI YU XINLI ZHANG'AI

作　　者：朱晓敏　张　媛
策划编辑：黄国彬
责任编辑：赵黎黎
责任校对：王宁宁
装帧设计：苗苗
出版发行：吉林大学出版社
社　　址：长春市人民大街4059号
邮政编码：130021
发行电话：0431－89580028/29/21
网　　址：http://www.jlup.com.cn
电子邮箱：jldxcbs@sina.com
印　　刷：天津鑫恒彩印刷有限公司
开　　本：787mm×1092mm　1/16
印　　张：18.75
字　　数：285千字
版　　次：2023年6月　第1版
印　　次：2023年6月　第1次
书　　号：ISBN 978-7-5768-1763-8
定　　价：88.00元

版权所有　翻印必究

编委员

主　　编：朱晓敏　张　媛
副 主 编：成秀梅　贾秋放　王　菁　杜向东
参编人员：张文君　靳蔚云　辛红梅
　　　　　乌日娜　高　强　黄晓颖

编写分工

序　朱晓敏
第一部分　儿童青少年心理问题
第一章　张文君
第二章　辛红梅
第三章　黄晓颖
第四章　靳蔚云
第五章　靳蔚云
第六章　成秀梅
第七章　乌日娜
第二部分　儿童青少年心理障碍
第八章　张文君
第九章　辛红梅
第十章　张　媛
第十一章　靳蔚云
第十二章　高　强
第十三章　靳蔚云
第十四章　成秀梅
第十五章　高　强

作者单位

苏州广济医院：朱晓敏　贾秋放　王　菁　杜向东
内蒙古医科大学：张　媛　成秀梅　靳蔚云　辛红梅　乌日娜
包头医学院：张文君
呼和浩特职业学院：高　强
内蒙古工业大学：黄晓颖

序

今日如同往日的儿少精神科门诊那样，候诊室已经候满了家长患儿。家长满面愁容焦急等待医生的到来，患儿多数沉浸在手机中。仔细观察，他们一些人白皙的胳膊上一条条触目惊心的划痕，其中不乏抑郁症或者情绪障碍的少年，当然家长带他们来医院的重要原因之一是孩子"厌学"了，希望医生能尽快帮助孩子早日复学；个别患儿跑来跑去，无法安静，经验丰富的儿童精神科医生多少猜测这些孩子可能是多动症儿童。这一幕也是国内很多精神专科医院的候诊场景，不免让人心痛。

最新的国内研究发现，中国儿童青少年精神障碍高达17.5%，更多孩子不一定达到疾病的诊断标准，他们只是对繁重的学习不感兴趣了，出现了所谓的"厌学"问题；或者出现了情绪问题，如抑郁、焦虑、恐惧等；或者存在人际关系的困惑，如和父母长辈的关系，和老师同学的关系，等等。解决这些问题，更多需要家校合力，借助心理学的专业知识，对孩子进行干预，帮助他们解决成长过程中的心理困惑，找到有效的应对策略，避免精神障碍的发生、发展。

本书由朱晓敏"苏州市姑苏卫生人才科研项目（GSWS2021052）"提供支持，苏州广济医院朱晓敏团队和内蒙古医科大学张媛教授团队在几年的筹划准备之后撰写了此书。本书通过儿童青少年心理问题的一个个案例，结合心理学理论分析中国儿童青少年常见心理问题和心理障碍，紧扣家庭、学校和社会在育儿、育才中的困惑，深入探究儿童青少年的心理行为表现的影响因素，并提出针对性的干预措施。

本书有助于家长和学校依据儿童青少年的心理发展特点进行科学育儿和科学育才，为家长、老师、心理学以及社会工作者系统介绍儿童青少年心理问题和心理障碍的知识，传播提升心理健康水平的方法。另一方面，本书简明扼要，逻辑分明，通俗易懂，可为协同推进家庭教育法的有效实施提供实务指导，为增进家庭幸福及社会和谐提供参考借鉴。

朱晓敏

2022 年 仲夏

目 录

第一部分 儿童青少年心理问题

第一章 学业困难 …………………………………………………… (3)

第二章 情绪问题 …………………………………………………… (20)

    第一节 考试焦虑 ……………………………………………… (21)

    第二节 自卑心理 ……………………………………………… (28)

    第三节 逆反心理 ……………………………………………… (34)

第三章 不良习惯 …………………………………………………… (42)

    第一节 吮指癖行为 …………………………………………… (42)

    第二节 口 吃 ………………………………………………… (47)

第四章 儿童青少年人际关系问题 ………………………………… (53)

第五章 儿童青少年性格问题 ……………………………………… (67)

第六章 不良行为 …………………………………………………… (80)

    第一节 说谎行为 ……………………………………………… (80)

    第二节 拖延行为 ……………………………………………… (89)

    第三节 离家出走 ……………………………………………… (98)

    第四节 攻击行为与校园欺负 ………………………………… (108)

第七章 性心理问题 ………………………………………………… (125)

    第一节 3—6岁儿童常见性心理、行为表现 ……………… (125)

    第二节 6—11、12岁儿童常见性心理、行为表现………… (129)

第三节　11、12—18岁儿童常见性心理、行为表现 …………… (131)

第二部分　儿童青少年心理障碍

第八章　焦虑症 ……………………………………………………… (141)

第九章　抑郁症 ……………………………………………………… (158)

第十章　注意缺陷多动障碍 ………………………………………… (173)

第十一章　孤独症 …………………………………………………… (192)

第十二章　抽动障碍 ………………………………………………… (210)

第十三章　强迫症 …………………………………………………… (226)

第十四章　品行障碍与自伤行为 …………………………………… (242)

　第一节　品行障碍 ………………………………………………… (242)

　第二节　自伤行为 ………………………………………………… (254)

第十五章　其他心理障碍 …………………………………………… (261)

　第一节　适应障碍 ………………………………………………… (261)

　第二节　睡眠障碍 ………………………………………………… (267)

　第三节　儿童青少年精神分裂症 ………………………………… (274)

参考文献 ……………………………………………………………… (282)

第一部分
儿童青少年心理问题

第一章　学业困难

随着社会的发展和进步，日常生活对知识的依赖程度越来越高，尤其是步入信息社会的今天，人们越来越重视学习和教育，越来越意识到没有知识将无法适应未来的社会发展。所以整个社会都更加重视学习，重视对儿童青少年的教育和培养。在我国，家庭教育投资已经成为家庭消费占比最多的一个方面。在整个社会重视教育的大环境下，儿童青少年的学业问题也越来越受到家庭和社会的关注。学习活动作为儿童青少年社会生活的重要内容之一，学习态度、学习结果、学业成绩和学业问题是家庭最关心和关注的问题，同时也是社会关注的焦点。儿童青少年由于受到个人、家庭、学校、社会等多种因素的影响，在学习活动中表现出旷课、厌学等种种问题行为和与学业相关的各种情绪问题。学业问题也越来越被学校、家庭和社会重视，同时，学业问题也成为家长、老师、学校和社会关注儿童青少年心理健康的一个入口。学业问题是儿童青少年所表现出来的外显的问题，值得我们思考的是，学业问题的背后存在着的更深层次的心理问题和家庭问题。学业问题严重影响儿童青少年个体的发展，甚至影响家庭的幸福感和社会的和谐安定。由于学业问题，他们学习效率低下、成绩落后，学习成为负担，他们不能设置长效的学习目标，很难从学习中体验到快乐、缺少成就感，从而导致学业问题，甚至是厌学。同时，这种困难也使部分儿童青少年失去自信，产生退缩心理，出现各种身心问题，甚至是反社会行为。

一、案例

【案例1】

A某,女,11岁,现就读于某小学五年级。A某身高大约1.4m,体形较胖,衣着干净、整齐,表情紧张严肃,看起来很疲惫。

A某近期经常莫名哭泣和发脾气,以前喜欢看动画片,最近也不想看了;在学校因为同学的一句话就发特别大的脾气,跟同学吵架甚至动手打架。在家其对母亲的关心也表现出特别的烦躁和易怒;近期老师反映,A某上课注意力不集中,又经常跟同学发生冲突,学习成绩直线下降,也没法去上学,一说去上学就想哭,目前处于休学状态;A某觉得控制不了自己的情绪,很烦,很累,学习也学不进去,也很困扰自己。

A某自述本学期班级来了一名转校生,长得很漂亮,刚开始A某和同桌跟该转校生一起玩得挺好,后来转校生嘲笑A某胖,然后A某就不再跟同桌和该转校生说话。之后,A某就开始出现不开心,睡不着觉,睡醒了也感觉很累,白天精力也不好,上课也听不进去;时常感到心情不好,对周围同学的说话声感到厌烦,因此,多次跟同学发生冲突,甚至感觉很委屈,自己很难感到开心,以前爱看的动画片也不想看了,以前爱吃的东西也不想吃了,也不想上学,感觉自己什么都做不好,认为自己很对不起母亲。A某在家对于母亲的关心也感觉很烦,有时会委屈得哭,有时会跟母亲吵架,吵架后又觉得对不起母亲。她成绩也开始逐渐下降,还被同学嘲笑,觉得老师也不喜欢她,目前处于休学状态。

A某目前面临的主要问题是学习成绩显著下降,由于情绪原因已经不能正常上学。

A某是家中独女,父亲为某企业职工,母亲为某商场职员,父母在其两岁半时离异,之后A某一直跟着母亲一起生活,母亲为了更好地照顾她一直未婚,A某与父亲的联系甚少,父亲在其三岁左右再婚,其后对A某的关心很少,只每月支付一定的抚养费。

A某从小就特别依赖母亲,而且内向、安静,不喜欢表现自己。A某从小由姥姥照顾长大,姥姥和妈妈在A某学龄前就跟她强调,"一定要好好学习，不要像姥姥和妈妈一样没有文化，也没个像样的工作"。姥姥和妈妈在A某的教育方面花费较多，对A某的期望也很高，平时对她的学习要求比较严格，回家必须要先完成作业，成绩必须保持在班级前列。A某上小学后学业成绩一直很好，自从本学期期中考试成绩不太理想后，就开始睡不好觉，情绪一直不好，最近经常因为一点儿小事发脾气。之前跟同桌玩得比较好，后来跟同桌也很少在一起玩儿了，喜欢看的动画片也不看了，喜欢吃的东西现在吃得也很少。

【案例2】

B某，男，15岁，现就读于某中学三年级。B某身高大约1.8m，体形偏瘦，体态正常，衣着休闲、整齐，表情严肃，说话很有礼貌，看起来很紧张。B某因近期考试焦虑，学习时听到说话声、翻书声、写字声就很烦躁，写作业时无法集中注意力，担心甚至害怕考试。

B某初三第一学期有一次月考考了班级第一名（年级第十名），下决心要更加努力学习，保持住好成绩。但随着期中考试越来越近，越复习越发现自己还有很多知识没有掌握，开始担心考试失败。在学习时，出现说话声就很烦躁、焦虑，学习效率明显下降，内心很不平静，不能静下心来学习，上课的时候难以集中注意力，经常走神，没办法平心静气地写作业。第二次月考成绩掉到了班级三十多名，更加着急、焦虑，没法上课，没法学习，想到考试就感觉很害怕，担心考试成绩不理想，目前处于请假状态。

B某目前主要常感到紧张、焦虑，注意力无法集中，担心考试成绩不理想。

B某是家中独子，父母均为硕士研究生学历，在同一家三甲医院工作。因为父母工作都很忙，B某的日常生活和学习主要由退休在家的姥姥照顾。B某从小就很安静，喜欢一个人玩儿，而且学习成绩一直特别好，小学阶段基本都是班级前三名，从未出现过成绩下降的情况。姥姥经常跟B某说，"姥姥能把你妈培养成硕士，就一定能把你培养成博士"。B某从出生起就由姥姥照顾生活起居等各个方面，而且姥姥对他的要求比较严格，说话要有礼貌，做事情要守规矩。B某学习成绩一直很好，很少让父母操心，父母还经常把他当成骄傲，希望他将来也可以从事医学相关专业的学习，能够出国深造，对他的期望值也是非常高。B某月考失败后，父母特别着急，又帮助其报补习班，又找其老师沟通。

二、分析讨论

(一)学业问题的界定

1. 学业问题

《现代汉语词典》中将学业界定为"学习的功课和作业"；《现代汉语辞海》中将学业界定为"学习的功课、知识"。学业不仅仅指学生的课业，它还包括知识的学习及学习策略、方法、态度等。对于学业问题的理解应该是广泛的，那些与学习有关的认知、情感、兴趣、态度、行为等都应该纳入学业问题的范畴。

有一些学者对学业问题界定侧重学习结果，他们将学业问题与学业成就或学业成绩相联系，认为学业问题就是学业成就低或学业成绩不良[1]。有学者认为学业问题具体表现为学业成绩不良，他们将学业成绩低于总体平均水平但智力处于正常水平的学习者称为学业问题者[2]。还有一些学者对学业问题的界定侧重学习活动中出现的问题行为，强调从行为的角度界定学业问题。他们认为学业问题与学校学习活动中的问题行为有关，这些行为主要表现在课堂学习与作业等学习活动中[3]。有学者将表现出扰乱课堂秩序、迟到早退、旷课、逃学、经常不完成作业或抄袭别人作业的情况称为学业问题，这些学业问题者甚至还会出现侵犯、打架斗殴、顶撞老师等问题行为，且与消极的学习情绪相联系[4]。另外，还有一些学者从更具体的行为去界定学业问题，将学业问题界定为厌学[5]。有学者认为厌学是学业问题者的表现之一，厌学者在学习上主要表现出对学习的厌恶和痛苦、经常逃课旷课、学习效率低下，他们

---

[1] 李婷婷.个案工作介入离异家庭儿童学业问题研究[D].沈阳：辽宁大学，2016.

[2] Glascoe FP. Can teachers' global ratings identify children with academic problems[J]. Journal of Deveopmental and Behavioral Pediatrics. 2001，22(3)：443-450.

[3] 徐大真，刘晓梅，HAN Xiao.青少年学生问题行为问卷编制[J].天津职业技术师范大学学报，2017，27(01)：37-41.

[4] 程丽娟.小学中高年级学生厌学问题的研究[D].上海：上海师范大学，2022.

[5] 傅安球，聂晶，李艳平，等.中学生厌学心理及其干预与学习效率的相关研究[J].心理科学，2002(01)：22-23+3-125.

会有意识地去拒绝完成与学习有关的任务。最后,还有一些学者尝试从综合情绪和行为的角度去界定学业问题,他们将学业问题与学习倦怠相联系,指出学业问题者通常表现出学业情绪的耗竭状态,可以通过学习兴趣和动力、消极的学习情绪体验、不合理逃避学习的行为方式来界定学业问题[①]。

2. 厌学

厌学就是在认知层面讨厌学习,在情感层面厌倦学习,在行为层面回避学习。厌学是学生对于学习方式或学习活动中的某些情境抵触的表现。从心理学的角度来看待厌学,可以看出学生对学习生活的认知是消极或负面的,对学习活动的情绪是厌恶、愤怒、害怕的,对学习活动的行为是回避的,具体表现为反抗、逃学、不写作业、拖延等。

在《教育大辞典》中,厌学被界定为:对待学习是一种消极的心理状态,指厌倦或厌烦学习。可以把厌学理解为一种心理状态,它不是某些特定学生所特有的,而是所有学生都普遍存在的共同问题,只是不同学生的厌学程度不同而已。当某个学生存在一定程度的厌学状态时,会发生一些内在或外在的变化,当这些因素叠加到一起时,该学生就可能会表现出厌学的行为。当厌学的心理倾向受到内外部环境影响时,就会表现为厌学。厌学的儿童青少年不愿意,甚至是害怕去学校上学,他们通常会找各种借口请假不上课,甚至是无故旷课。还有一些厌学的儿童青少年会为了某些外在的因素而去学校,他们到校上课也会表现得心不在焉。还有一些厌学的儿童青少年会表现出极端行为,他们会离家出走,甚至流落社会。

还有一些学者将厌学定义为学生对学习活动的一种消极负面的心理状态和行为方式[②]。它与厌食症的表现相似,厌食症是对进食行为的拒绝和回避,而厌学是对学习行为的拒绝和回避。儿童青少年在受到主客观因素的影响下,产生对知识和学习行为的排斥,从而出现各种厌学表现。

总之,厌学的儿童青少年对学习的认知是不合理的,情绪体验整体是消

---

① 王振宏. 中小学生厌学心理形成的原因及其克服策略[M]. 西安:陕西师范大学出版社,2015:1-3.

② 傅安球,聂晶,李艳平,等. 中学生厌学心理及其干预与学习效率的相关研究[J]. 心理科学,2002(01):22-23+3-125.

极低落的，对学习打不起精神，而消极情绪又会导致一系列消极的厌学行为的发生。对学习活动的消极情绪更会导致学生对学习抱有消极态度，进而导致做出一系列消极行为。有学者认为厌学其实是涵盖情绪、态度、行为三方面的内在反应倾向，厌学是对学习的不合理认知、消极情绪和厌学行为三者之间相互作用、互相加强的恶性循环。具体表现为在学习的过程中感到煎熬，甚至暴力反抗等。

在实际的临床咨询工作中，遇到的学业问题，一般都是以学业结果，如学业低成就、学业成绩不良、学业失败等因素来进行界定的。而导致学业问题的原因是多种多样的，包括个体因素、环境因素、生理因素、心理因素等。

(二)学业问题的影响因素

儿童青少年的学业问题很复杂，从感知觉、记忆、思维、问题解决到情绪、情感、行为等多方面都可能存在问题。更为复杂的是不同学业问题的情况又大不相同。儿童青少年学业问题产生的原因、表现形式和结果也各不相同。有的是学习方法不当导致的学业问题，有的是发育迟缓导致的学业问题，有的是由于缺乏动力导致的学业问题，还有一些是因为情绪问题导致的学业问题，可以说各不相同。同时，又表现出高度的一致性，就是学业问题，有的是厌学甚至逃学。

影响学业问题发生发展的因素是多种多样的，有来自个体的内部因素，也有来自外部的因素。影响学业问题的内部因素主要有三类：第一类是神经发育缺陷，包括神经系统发育缺陷和注意力发育缺陷；第二类是个性因素，包括运动综合能力不足、易怒、易分心、情绪不稳定及社会能力不成熟等。第三类是与学习有关的个性品质，主要包括学习动机、学习能力、学习方法、学习策略等。影响学业的外部因素主要包括不当的教学行为、家庭教育带来的不合理的学习信念、不良的学习环境等。

1. 神经系统发育缺陷

从神经生理学的视角来解释学业问题，就是认为学业问题是由于脑功能失调、神经系统发育缺陷或脑损伤而造成的，认为有学习问题的儿童青少年是由于神经系统的发育缺陷，而不能完成一般情况下正常的学习活动，表现为学业成绩低下。在临床实践中，由于神经系统发育缺陷导致的学业问题只是学业问题中较少的一部分。对于这一情况，就要从医学角度探讨学业问题的解决办法，从恢复神经系统功能的角度来解决学业问题。

注意力发育缺陷是儿童早期比较常见的一种精神障碍，表现为明显的注意力不集中或注意时间短暂、活动过度或冲动行为。有注意力缺陷的儿童青少年不能长时间专注于同一件事情，无论是学习还是游戏。注意力缺陷的儿童青少年很难处于安静状态，各种内外部刺激都会影响到他们，使他们不能集中注意力，也很难控制好自己的行为，从而破坏他们认知的连贯性，导致他们出现学业问题。

2. 个性因素

有研究表明，存在运动综合能力差、易怒、易分心、情绪不稳定及社会能力不成熟等个性品质的儿童青少年更容易出现学业问题[①]。

3. 学习动机

学习动机是指激发和维持学习活动，并使学习行为朝向一定的学习目标的内部心理过程或心理状态。学习动机分为内部学习动机和外部学习动机。内部学习动机又称为内源性动机，是指内在的兴趣、爱好、好奇心或成就需要等内部原因引发的动机，它对学习活动的影响大且持久。外部学习动机又称为外源性动机，是指外界的诱因所引发的动机，如学习结果的奖励或惩罚所引发的动机，它对学习活动的影响小且时间短暂。学业成绩好的学生其内部动机显著高于外部动机；相反，那些学业成绩较差的学生内部动机明显低于外部动机。内部学习动机为学生带来了持久的学习热情和动力。内部学习动机高的学生会认为学习是一件可以让他们有成就感的事情，学习过程可以让他们有积极的情绪体验，他们也会表现出更积极主动的学习行为。

心理学家耶基斯和多德森的研究表明，动机强度与工作效率之间不是线性关系，而是倒 U 形曲线关系。各种活动都存在一个最佳的动机水平。动机不足或者过于强烈，都会使工作效率下降，中等强度的动机最有利于任务的完成。动机强度处于中等水平时，工作效率最高。在临床工作实践中，学业问题是否与学习动机有关，还要根据具体的实际情况进行分析。

---

① 干超. 农村小学生学习倦怠的现状调查[D]. 曲阜：曲阜师范大学，2021.

4. 学习能力

感知能力、观察力、记忆力、思维能力、问题解决、创造力的差异都会影响学习过程中对知识的掌握和运用，从而影响学业结果。神经系统发育缺陷也会影响学习能力。此外，学习能力还可以通过学习和训练，通过养成良好的学习习惯而获得，学习行为通过良好的学习结果正强化而获得学习能力。

5. 学习方法

学习方法也是影响学业问题的重要因素。科学高效的学习方法可以让学生获得良好的学业成绩，也更容易获得学业成就感。相反，学习方法不当会表现为忙于应付老师布置的任务、缺乏自己安排的学习计划、缺少预习和复习等完整的学习环节。有研究表明，有76%的有学业问题的学生没有经常预习和复习的学习习惯；但在学业困难学生中，有约87%的有学业问题的学生不知道找重点和难点[1]。有一部分学业问题的产生是受到学习方法的影响。

6. 外部因素

在教育教学过程中的一些要素也会导致学业问题。如老师错误或不当的教学行为，会导致学生产生抗拒、不满等心理情绪，长此以往，学生对学习的认识和态度、学习动机、学习习惯就会产生变化，最终导致学习困难现象，从而表现为学生的学业问题。此外，家庭文化环境对儿童青少年的影响也是十分巨大的，家庭文化环境同样也会影响儿童青少年对学习的认识和态度，以及学习行为。

(三) 案例分析

结合学业问题的界定和相关影响因素的分析，根据认知行为疗法对案例1分析如下：

1. 症状评估

A某来访的原因是学业成绩下降，没法上学，目前处于休学状态。而A某的学业问题本身，只是一个外在的容易被关注的表现，家长更关注的是她的学业问题，而忽略了背后心理问题，很难理解孩子真正的困难和痛苦。A某学业问题的背后是她抑郁的情绪，具体表现为情绪低落，经常哭泣，易激

---

[1] 何正胤. 中学学业困难现象研究[D]. 上海：华东师范大学，2007.

惹和易怒,注意力不集中,来自同伴的人际压力,睡眠质量下降,疲劳,不当的自责和内疚。

2. 个案概念化

(1) 诱发因素

在A某的近期生活事件中,本学期期中考试成绩不理想,漂亮的转校生跟同桌玩,而且笑话她胖的经历,是导致A某情绪问题的直接诱因。A某之前学习成绩一直很好,是她主要的价值体现,而成绩一旦出现变动,她就会产生自我价值的怀疑,变得情绪低落,回避联系,这样做又会导致人际支持减少。另一方面,同伴的嘲笑也让正处于青春期在乎自己外在形象的A某产生自我怀疑,导致情绪低落。

(2) 认知行为分析

A某的困扰主要来源于学习情境。A某在学校上课注意力不集中,被老师点名,她会有"我没听进去课,老师不喜欢我了"这样的自动思维;由此引发她难过、无助、担心的情绪状态;随之而来的典型行为是哭泣,逐渐发展为不想学、不想动。A某在学校听到同学说"某某绝对是体重冠军",她就会有"他们不喜欢胖的人,他们不喜欢我"这样的自动思维;由此引发她难过、无助的情绪;随之而来的典型行为就是跟同学争吵或者一个人默默哭泣,逐渐出现行为回避,发展为不想上学。A某的自动思维是由于她早年经历而形成的核心信念被激活。A某两岁半时父母离异,父亲的关心很少,她是在姥姥和妈妈的高期待和严要求的家庭氛围中长大,家庭经济状况一般,但母亲对A某教育高投资,这些都容易让她发展出不可爱这一类的核心信念。这类信念会在不同的情境中被激活,被她表述为"别人不喜欢我""我不够好",等等,核心都指向了"我不可爱"的核心信念。

为了避免核心信念被激活,A某在成长过程中发展出了一些中间信念和行为应对策略,以保护核心信念。具体包括一些规则和假设:"只有我学习成绩好,大家才会喜欢我。""我必须好好学习让妈妈和姥姥都满意。""我学习成绩好才能对得起妈妈和姥姥。"相应的行为就是努力的学习,寻求老师和同学的认同和取悦别人。A某采取这个策略就是为了避免不可爱这类的核心信念被激活。

3. 干预策略

(1) A 某自身方面

心理教育：首先，"正常化" A 某，现在遇到的实际问题，让她更接纳自己目前的状态；其次，针对情绪敏感性，教会 A 某接纳和放松技术，再布置家庭作业让 A 某持续进行练习，降低其生理唤醒水平和学习焦虑水平。认知技术：聚焦于 A 某在某情境下的"解释"进行认知重评。例如，期中考试成绩不好被她解释为"我成绩不好，他们就不会喜欢我"，通过找反面证据的方法引导 A 某认识到"即使考得不理想，妈妈也还是爱我的，她以前爱我的那些行为都没有改变。""这次成绩不理想不代表一直会这样。"行为技术：使用行为激活技术，先让 A 某做一些能让她感受到成就感和价值感的事情，从她的爱好开始，逐步完成一些学习任务，提升她对生活的掌控感，激发 A 某改变的动机。

(2) 家庭方面

对家长进行心理教育，让家长看到 A 某学业困难和休学背后的问题是她的情绪问题，要让家长意识到情绪问题的重要性和对孩子健康发展的重大意义。家长要在调整自己期望值的同时，给 A 某更多的自主空间，培养她多元的价值取向。而不是"万般皆下品，唯有读书高"，让 A 某把自己的价值不唯一地放在学习成绩上，让她在生活中更多的地方体验到自己的价值。家长还要有意识地培养孩子的兴趣爱好，让她的生活有更多的乐趣。家长在与孩子互动过程中，需要对孩子有更多的倾听，给孩子更多的包容、理解、陪伴和支持，有意识地满足孩子的情感需求。家长要为孩子提供自己能力范围的支持，不将自己的欲望强加给孩子，同时也不因自己的付出得不到预期中的回报而懊恼或迁怒于孩子。在学习方面要根据孩子的需要提供相关的资源和配合。

(3) 学校方面

A 某复学后，学校还应该跟踪关注 A 某的心理健康状况，老师和同学应给予 A 某更多的支持和鼓励，让她更有信心面对和解决可能遇到的各种问题。此外，学校方面还要定期做好家校沟通工作，与家长配合给予 A 某更多的陪伴和支持。

结合学业问题的界定和相关影响因素的分析,根据认知行为疗法对案例2分析如下:

1. 症状评估

初始访谈中,B某焦虑自评量表的原始分为54,标准分为68(常模为29.78±10.07)。抑郁自评量表的原始分为44,标准分为55(常模为33.45±8.55)。在诱发线索方面,当前令B某感到焦虑的情境主要是与学习情境相关的外部线索,包括学习时同学的说话声,学习时周围写字的声音。在行为回避方面:B某发展出多种用来缓解焦虑的回避行为,包括回避学习情境(请假)、分散注意力(去看手机)、深呼吸等。

2. 个案概念化

在前期评估的基础上,挑选出最具有代表性的线索进行具体分析,重点在于理解回避行为的短期效果是可以缓解焦虑,但从长期效果的角度看,这种回避行为会进一步强化焦虑,从而维持焦虑使其进一步发展。B某的突出主要表现为:"灾难化"的焦虑信念:如B某认为"我焦虑我就没法学习""我考不好就完了"。在B某的成长经历中,严格的家庭教育,父母的高要求和高期待,一直保持优异的学业成绩,让B某逐渐学到了自己的价值就体现在学业成绩上,逐步形成了"我成绩好就等于我有价值,我成绩不好就等于我没有价值"的信念。之后,考试失败的经历让B某感受到自我价值感的动摇。当遇到考试时就更害怕核心信念受到损伤。当生活中再次遇到考试情境时,他更倾向于做出灾难化的解释,如"我焦虑,没法学习""我考不好就完了"等。这些解释会引发强烈的焦虑和恐惧,让B某采取了回避学习情境、试图控制呼吸、分散注意力等一系列暂时缓解焦虑的回避行为,由此进入焦虑的恶性循环。

3. 干预策略

(1)B某自身方面

心理教育:首先,"正常化"焦虑,让B某明白他现在遇到的考试焦虑问题,每一个考生都存在不同程度的考试焦虑,一定程度的焦虑有助于更好的发挥,让他更加接纳自己目前的状态;其次,让B某看到焦虑的恶性循环。通过行为功能分析表帮助B某看到焦虑的诱发线索和他自己的应对策略,看到应对策略的短期有效和长期维持焦虑的作用。认知技术:聚焦于B某在某情境下的"解释"进行认知重评。例如，考试成绩不理想，也没有想象中的灾难化的后果。行为技术：教会B某接纳和放松技术，再布置家庭作业让B某持续进行练习，降低其生理唤醒水平和焦虑水平。使用暴露与反应阻止技术，让B某"习惯化"他的焦虑，增强自身对焦虑感觉的耐受性。

(2) 家庭方面

对家长进行心理教育，让家长看到B某学业问题和请假背后的问题是他的情绪问题，要让家长意识到情绪问题的重要性和对孩子健康发展的重大意义。家长要在调整自己的期望值的同时，给B某更多的自主空间，培养他多元的价值取向。而不是让B某把自己的价值放在唯一的学习成绩上，让他在生活中更多的地方体验到自己的价值。家长还要有意识地培养孩子的兴趣爱好，让他在更多方面体会到生活的乐趣。家长在与孩子互动中，需要对孩子有更多的倾听，给孩子更多的包容、理解和陪伴，有意识地满足孩子的情感需求。家长要为孩子提供自己能力范围内的支持，不将自己的欲望强加给孩子；同时，也不因自己的付出得不到预期中的回报而懊恼或迁怒于孩子。

(3) 学校方面

B某复学后，学校还应该跟踪关注他的心理健康状况，老师和同学应给予B某更多的支持和鼓励，让他更有信心面对和解决可能遇到的各种问题。此外，学校方面还要定期做好家校沟通工作，与家长配合给予B某更多的陪伴和支持。

三、学业问题的心理干预

学业问题虽然是家长最主要的关注点，但学业问题往往并非问题本质，它只是最容易被注意到的一种表现，或者我们可以把大多数的学业问题都理解为儿童青少年情绪问题或心理问题发展的结果。家长最常见的做法就是直接处理孩子的学业问题，给孩子找各种各样的学习资源，这样做一方面又加重了孩子的学业压力，一方面更加忽略学业问题背后的心理问题。那么就无法理解孩子真正的困难和痛苦，更无法为孩子提供有效的帮助和支持。学业问题的干预要通过学生个人、家庭、学校等多方面共同努力。

第一部分　儿童青少年心理问题

(一)学生方面

1. 正视个体差异，合理规划学业

有研究表明，儿童青少年学业成就差异既是自身努力的结果，又受到客观的城乡背景、性别因素、家庭背景、个人性格等条件的影响[1]。正是由于学业成就的影响因素众多，导致每一个不同个体学习的起点不同、实现学业成就的路径选择不同、学习目标选择也不同，最终也导致不同的学业成就结果。个体的个性倾向性因素，如学习动机、学习兴趣、学习态度等都会以各种方式影响学习，它们共同对学生学业成就起着定向、引导和调节作用。儿童青少年正处于人生成长发展的关键期，而由于发育水平和生活经历的限制，他们自身缺乏对自己学业的清晰准确的定位和长远规划。不同年龄的儿童青少年对于自身的学业规划也是不同的，儿童会更容易受父母和老师的影响，而年龄稍长的青少年则有着相对更加清晰的学业规划。

研究表明，学习目标越明确的学生，学习动机越清晰明确，推动和促进学生刻苦学习的内在动力就越充足[2]。对于不同的个体，首先要认识到个体差异，制定符合自己的学业发展目标，更加科学合理地规划学业发展。学业目标过高或过低，一方面将影响学生的学业成就，另一方面也会通过影响个体的情绪进而影响学业成就。当学生制订的学业目标过高时，由于学习目标不能达成而产生挫败感，会更容易让学生有抑郁或者焦虑的情绪，让他们产生更多的自我怀疑，从而影响正常的学业投入，进而影响学业成就。

儿童青少年在制订学业目标规划学业发展时，要加深对自己的认识，找到自己的优势和劣势，面对压力和挑战，更加理性客观地分析，更好地调整自己的学习状态。首先，要明确学习的目标，把学习目标与生活目标相结合，看到自己更多可能性的同时，重视学业规划。儿童的学业目标制订要在父母的指导和协助下完成。其次，由于学生的年龄不同、家庭环境不同、所生活的地区不同，甚至生活经历不同，导致学生对事物与事件的认知存在差异。

---

[1] 洪文建.地方高校本科生学业成就差异与影响因素研究——以两所地方高校为例[D].厦门：厦门大学，2019.

[2] 洪文建.地方高校本科生学业成就差异与影响因素研究——以两所地方高校为例[D].厦门：厦门大学，2019.

在做学业规划时，还要充分考虑到自己的能力素质、兴趣爱好、性格特点等个性心理特征，梳理自己的特点和优势，结合家庭实际情况，准确地分析个人情况，并根据自身和社会发展实际，不断调整自己的学业规划，制订契合发展的学业规划。

2. 注重实践锻炼，提升综合素质

学业问题产生的共同点就是价值单一。有学业问题的儿童青少年往往把自己的价值与学业成就直接联系起来，学习成绩好就说明自己有价值，学习成绩不好就说明自己没价值。他们似乎获得价值体验的经历过于单一，好像很难从生活中的其他方面找到成就感和价值感。在干预层面，要强调儿童青少年积极主动参与家庭劳动、社会实践、志愿服务活动、各种竞赛、文艺体育活动等各类实践锻炼，让他们在各类实践活动中充分发挥和锻炼自己的能力，体验成就感和价值感并感受生活中各个方面的乐趣，进一步激发内在的学习兴趣和学习动力。儿童青少年通过参与家庭和学校的各类公益实践活动，主动培养和提高分析、处理、解决问题的能力，增强勇于尝试、敢于创造、勤于实践的发散思维和创新精神。通过学习和实践，不断提升个人的技能，在参与实践活动的过程中不断体验成就感、价值感和乐趣，树立全面发展、学有所长、学用结合，在服务社会中实现人生价值的成才观，更加主动投入学习，不断提高学业成就和综合素质。

3. 关注心理健康，提升心理素质

儿童青少年随着生理、心理的发展变化，困惑会越来越多，他们希望得到家长和老师的指点和帮助。但是，受家庭文化环境的影响，家长往往更加关注孩子的学业情况，往往忽视情绪发展和心理健康状况。从儿童青少年自身的角度，也要更加关注自己的身心发展和心理健康。积极参加家庭、学校和社会生活中的各种有意义的活动，学会与人健康地交往，从而建立和谐的人际关系；发挥自身的主动性和创造性，积极培养自身的自我管理能力；学习各种情绪管理的方法，正确看待现实中遇到的挫折和困难，处理生活、学习、人际等各种关系，培养理性平和的健康心态，树立正确的人生观、价值观。此外，儿童青少年还要学会求助，当自己难以解决遇到的心理困惑时，要寻求家长、老师和专业心理老师的帮助。有研究表明，心理咨询能够有效且明显地改善厌学情况，随着学生厌学情况的改善，其学习效率也相应会有明显的提高[①]。

(二)家庭方面

1. 构建健康和谐亲子关系，保持合理适度期望

家庭是影响儿童青少年学业成就的重要影响因素。儿童青少年家庭背景不同，家庭经济状况、社会资源情况和家庭文化环境差异巨大。这就导致了不同家庭背景的儿童青少年自我价值的区别，特别是经济欠发达地区，家庭经济状况不佳的儿童青少年，他们往往背负着改变家庭命运的重任，有着很大的心理压力和经济压力。

第一，家长应该意识到教育并不是简单的投资行为，教育是让孩子获取知识、培养人格、实现人生价值的过程，家长投入的教育投资是为了让孩子更好地成长，而不是满足家长自己的心理需求。这样才能让家长传递给孩子合理的家庭期望，避免学生心理压力过大，误认为学习成绩不好自己就没有价值，甚至是对不起父母。父母应该积极主动地了解儿童青少年的心理健康状态，适时表达自己的期望，对孩子进行适当引导，让孩子对自己建立起合理的期待和目标。此外，家长还应该给予儿童青少年积极的正面期望和有效的支持和鼓励。

第二，儿童青少年本就处于发展阶段，常常困扰于学业压力、人际交往、情感困惑等，从而陷入心理危机。家长应该更加关注孩子的心理健康和情感需求。家长作为儿童青少年重要的社会支持系统，一方面要加强自身心理健康知识的学习，不断提高自身素养，理性面对孩子成长过程中遇到的种种问题；另一方面还要能够正确引导孩子，用恰当的方式帮助他们不断认识自我，看到发展变化，协助他们解决现实生活中遇到的问题，顺利度过成长关键期；此外，还应关注孩子的情感需求，学会倾听孩子遇到的问题和困难，和孩子一起讨论解决的办法和策略，让孩子拥有生活的掌控感和安全感。有研究表明，提高父母学习陪伴的时间和陪伴质量、改善亲子学业沟通方式并适当降

---

① 张露洁.高中生厌学行为的个案干预研究[D].吉安：井冈山大学，2022.

低学习负担，可以改善小学生的学业不良状况[①]。

第三，家长要主动构建健康的亲子关系，特别是在孩子成长的过程中需要应对新的生活环境，适应新变化的时候，家长要提供更加契合孩子需求的情感支持。除了适应以外，人际关系、学习动机、学习方法、生涯发展等方面都会让儿童青少年感到困扰。此时家长就应该及时介入，通过家庭的力量帮助他们尽快疏解心理压力，引导他们重新找寻到学习目标，明确人生的发展方向和目标，结合家庭和个人实际做好学业生涯规划。

2. 重视家庭教育，提升家庭温度

家庭教育对于儿童青少年的健康成长和发展的作用是不可替代的。首先，父母作为言传身教的榜样，对孩子的教育承担着首要责任，同时也是对孩子影响最大的。儿童青少年正处于身心快速发展的阶段，父母是儿童青少年成长的重要引路人，父母应该给孩子塑造一个积极向上、温馨和谐的家庭环境。家长如果在家庭中能够表达和接纳孩子的情感，那么，儿童青少年就会积极表达自己的真实情感，提高他们的人际交往能力，同时也能够提升他们的情绪管理能力。其次，从儿童期开始，孩子离开家庭开启校园生活，与父母面对面沟通的机会在逐渐减少。父母更应该珍惜与孩子的交流机会，保证足够的时间倾听孩子的内心的想法，了解孩子在学校的学习和人际交往状况，协助孩子解决他们遇到的问题，帮助孩子释放心理压力，让他们获得家庭的温暖和安全感。再次，父母应坚持正确的教育观念，及时发现儿童青少年自身的优势和特点，多给他们关心鼓励，让他们感受到家庭的温暖和安全，这样他们才敢于去探索陌生的领域。当他们遇到挫折的时候，有了家庭温暖的支持，他们也将更加有勇气面对困难和挑战，从而取得更好的学业成就。

3. 注重家校沟通协作，形成育人合力

儿童青少年的健康成长，需要协同家庭和学校的教育资源，共同对儿童青少年的学业成绩产生积极的影响，家校的共同努力可以构建更加完善的教育体系，从而促进大学生学业成就的提升。家长要主动转变教育理念，在建

[①] 沈怡佳,张国华,何健康,等.父母学习陪伴与小学生学业不良的关系：亲子学业沟通的中介作用和学习负担的调节作用[J].心理发展与教育,2021,37(06):826-833.

构和谐亲子关系的基础上,更加重视孩子的身心发展需求,关注学生学业情况的同时,也要更加关注孩子在校的学习状态和人际关系,指导和协助孩子对应在成长过程中遇到的各种问题;保持与班主任和授课老师的沟通联系,主动了解、掌握孩子的学习、生活、人际关系等情况,配合学校开展好各项工作。

(二)学校方面

学习作为儿童青少年生活的主要内容,他们在学校度过的有效时间是最多的,他们的学习生活离不开同学和老师,同学和老师是除了家长之外最了解他们情况的人。他们的学习问题也最容易在学校里表现出来。那么,作为学校就要关注学生的学业表现和心理健康,并建立家校沟通制度,与家长经常性地沟通孩子的学业表现和在校各方面的表现。及时发现问题,并与家长合作,共同协助孩子解决问题,陪伴孩子健康成长。

第二章　情绪问题

青少年时期是人类生命的黄金阶段，是人生的重要转变阶段。在这一时期，他们也面临着一种生理、心理、社交等诸方面都从成熟到成熟的过程，也从不定型到定型的"狂风大雷"式的骤变。所以，心理专家把这一时期叫作"第二个孕育期"和"心理的断乳期"。

在每个人的体内，都存在着一种神秘的能量，它能够使你精神重新焕发，也能够使你萎靡不振；它能够使你冷静而理智，也能够使你狂暴而易怒；它能够使你从容安详地生存，也能够使你惶惶不可终日。这种能够使人们的体验产生改变的神秘动力，便是情绪。情绪是人对客观事物是否满足自身要求的态度的体验，是认识外界客观事物而产生的感觉体验，但它不同于意识活动，是指人对反映内容的某种特定态度，它同时有着人自己的主观感受、外部表征和生理变化。

现代医学证实，拥有健康的心理，对于一个人的生命具有非常重要的作用，青少年时期是身体迅速发展的阶段，也是心理逐步走向成熟的阶段。在这一阶段中，充斥着改变与矛盾，也被叫作"抗拒期"或"反叛期"，也是心理症状的多发期，容易成为儿童不健全行为的孕育期。也因为他们心理活动状况的不平衡，心理认知内涵的不成熟，生理成长和心理成熟的不同步，对社会环境和家人的高度依赖性等，导致了孩子们比成年人有更多的心理不安，会遭受到更多的挫败，所以也更易形成不同程度的心理问题。如果暂时性的情绪问题不能有效缓解，便会形成不良的心理反应，甚至影响人格的健全发展，以至会造成日后无法挽回的心理疾病。故此许多心理学者都指出，青少年时期是易产生心理异常的温床时期。

青少年时期，出现情绪不稳定、情感软弱，遭遇挫折容易产生情绪问题。如：(1)抑郁心境：表现为心境低落，焦虑不安，自卑，对一切事情不感兴趣，并有轻生之念。(2)情绪不稳定：主要问题为儿童自幼形成的不良性格特点，从小娇惯、任性，以我为中心，稍微不如意就大发脾气；此外，单亲家庭的小孩，因为双亲离婚，导致情绪苦闷、自闭、逆反、猜疑等。

第一节　考试焦虑

面对着巨大的竞争压力，很多学生都在考前就产生了考试焦虑症。比如，对学习心不在焉，焦虑自己临考但还是一点都记不住；心烦不堪，遇到了什么问题总有生气的冲动；坐立不安，总认为自己的每一次行动都是浪费；吃不好，睡不香，精力减退等。在这一阶段中，老师和父母都在发挥着重要的角色，学生面对很大的压力，老师如果不顾一切地对学生进行督促，非但没有提升其学习效果和成绩，相反还会引发学生许多的心理问题，并最终"弄巧成拙"。而身为家长，在看到孩子心理压力过大的时候，就应该允许、帮助、指导学生适度的放松，将其置于一种平静的、活跃的心理氛围之中。

一、案例

【案例1】

某女同学，平时学习刻苦勤奋，成绩一向很好，但心理压力却十分沉重，正像该生自己所描述的：步入初三，生活状况出现了转变，对于学校的升学要求高了，心里不知不觉感到沉甸甸的，总怕自己考不上重点高中。她从进学校的第一天开始读书就非常刻苦，家长从来都不让她干活，她几乎把全部的时间和精力都用在了学习上。可是每次考前一天她就开始焦虑，怕考不好，所以一直复习到很晚，甚至都睡不着觉，走进考场就出现手抖、流汗、心慌，总想上洗手间。一领到考卷，一遇到不会的题目就头脑一片空白，明明会的内容却都忘光了，与此同时，还对自身造成一种超负荷的心理压力，一碰到试卷就非常着急，很害怕看到老师和父母期盼的眼神，唯恐发生失误，对不起老师和家长。她越紧张越是考不好，越不知道怎么办。这样的状态久久无法移去。无疑，对学业和身心健康都形成一种不良的影响，她有时明明能意识到这是种病态，但却无法改变。

【案例2】

某男同学，读中学（非重点），成绩非常优秀，是班长。在校内的各项比赛中获得多次奖项。考上重点高中，十分激动与喜悦，从而建立了自信。他要用勤奋与能力，获得比中学时期更优秀的成就。但在刚入学的模拟考试中他的成绩不理想。在极度悲伤过后，他又振作起来，更加勤奋和刻苦，然而期中考试的结果并不完美。所以他一直质疑自己，在考试期间总是认为别人比自己要强得多。他质疑自己并不像以前那么聪明。在考试前，他常常没有自信，精神紧张，还伴随着腹泻、呕吐、排尿频繁，以及睡不好觉的表现。

【案例3】

某男生，读高二，平时学习成绩平平，在班里属于中等水平。该生对自己所提出的要求很高，在考试时对自己的期望值很高，也很想成为一位好学生、一位尖子生。上课时认真听讲、专注做笔记，但平时则不注重复习，临考试才会发现需要复习的知识点很多，手忙脚乱，抓不住重点，有时候也会出现很奇特的思维方式，如右手上会不会忽然再长出一个大拇指？自己会不会很笨？这种胡思乱想又让他变得很紧张，乃至影响复习。考试时经常出现手指发抖，以前会做的题目也不知从何入手等现象。

二、讨论分析

(一)考试焦虑的界定

考试焦虑(test anxiety)，是指因考试压力过大而引起的一系列异常生理心理现象，分为考前紧张、临场紧张（晕考）和考试后的紧张焦虑。心理学家分析指出，心理紧张程度和活动成效之间有倒"U"字形的曲线联系。心理压力程度过低和过高，均能降低活动效果。而适当的心理压力，则能够使人对复习有种兴奋效果，从而形成积极的行为效应。而过分的复习负担则可造成考试紧张，影响考试正常水平的发挥，从而威胁心理健康。

考试焦虑是在学生中经常出现的一类以担心、焦虑、紧张为特征的，反复而持续的情绪状态。在考前，当孩子们认识到考试对自身产生了一种潜在的威胁时，便很容易出现焦虑的心理体验，这也是面对高考或中考的孩子们最常见且突出的心理健康问题。学生质疑自己的知识，焦虑，情绪紧张，沮丧，行为刻板，记忆困难，思维发呆，同时还伴有相应的生理变化，血压上升，心率加快，脸色苍白，冒汗，呼吸速度加深或加快，大小便频繁。这种心理健康状况时间持续太久将产生坐立紧张，食欲障碍，入睡失常，严重干扰身心健康。这种心理问题是孩子对考试具有的自律性与责任感的表现。据2008年国家心理健康机构中欧国际调查指出，61%的中国学生存在着不同程度的考试焦虑症，其中26%为重度考试焦虑症。考试焦虑严重威胁着学生的成绩，特别是数学和语文。女性患有严重考试焦虑症的比例约为男性的2倍。

(二)考试焦虑的影响因素

应试焦虑是对考试的一种特殊的心理反应，它受到如下许多心理因素的影响：

1. 主观因素

(1)自我期望值过高，梦想着自己一举通过，也梦想着自己的成绩能向超水准发展，当感到自己力不从心时，焦虑紧张和不安的心情就油然而生。

(2)复习准备和应考能力不足，学生对学习知识点了解多少和如何掌握，也将影响考试中的紧张程度。一旦准备不充分，就容易造成自信缺失。本身就提心吊胆，如果考试和自身的准备不相符，会更焦虑。

(3)信心缺失，指自尊心强的孩子，总是抱着怕被淘汰的心态，以为自己成绩已很好了，但如果成绩不理想，又缺乏自信，轻视了自身的知识水平和学习能力，一出现挫折失败就垂头丧气。

(4)在考前，身体状况较差。如果生病、失眠、过于劳累等造成的身体状态不佳，易产生高焦虑。

2. 客观因素

(1)家长的压力。家长通常带有某种补偿心态，期望借助孩子来完成自己的梦想。于是，父母根据自己的愿望来设想孩子的未来，培养兴趣，并在学业上不断施压。家长无形中给孩子们施加压力，孩子难以达到家长的目标与要求，很容易产生抑郁情绪，甚至逆反心理，从而增加了心理负担。

(2)老师的压力。老师总是偏爱学习成绩好的孩子，这时期的孩子非常期待老师的特殊"关怀"，总是期盼着自己也能考出好分数以博得老师与家长的爱，但这种期望心理，无疑也会给孩子带来一些心理压力。

(3)同学间的竞争压力。同一班级的学生，因为相互之间面临着竞争，所以都争先恐后，生怕他人超越自己，特别是与成绩较好的同学竞争更加强烈，所以相互之间形成了紧张而抗拒心理，彼此间暗自付出，加班加点，疲惫不堪，久而久之，也会造成无形中的心理压力。

3. 方法问题

相关研究指出[①]，只有46%的高中生有符合自身的学习方式，有相当一半以上的高中生缺乏自身的学习方式，或学习方式不当。但有明确学习目标的人却只占据了四分之一，而没有规划和复习方式不当的人固然无法对知识建立起自信，但心理存在着预期的压力，对未知的考试成绩也过于期待和关注。在这种心态下，对自己的调控能力逐渐减弱，信心缺失，心理也始终处于某种恐惧和紧张的焦虑状态。

4. 意志问题

不能有效自我调节。部分学生在考前和考试的过程中处在非常激动或者极端压抑的状态，情绪波动大且不稳定，甚至有时候一些小事件就能引起巨大波动，情绪无法完全被理智所掌控，很容易心烦不安，喜怒无常，没精打采，稍遇困难便怨天尤人，甚至觉得自己一无是处。

5. 技能问题

首先要认识自身的学习能力，制订学习计划，将自身的心态调整到最佳状态。部分学生因平时没有认真按计划复习，基本功不牢固，复习时间安排也不合理，准备不充分，在考前临阵磨枪，夜以继日，加班加点，但真正到考试时却已疲劳不堪，因而不能正常发挥平时的水平。

(三)案例分析

上述案例是最常见的考试焦虑症，是指在特定的考试激发下，受自身认

---

① 李因莲，杨璐. 青少年考试焦虑问题研究[J]. 新课程(中)，2016(06)：205-206.

知评价力量、个人性格及其他身心因素所制约，以焦虑为基本特征，以防御及回避为主要行为方式，并由不同程度的情绪反应而呈现出来的一种心理状况。其表现为：在考前及考中，经常出现情绪高度紧张、全身恐慌、胸闷、头晕等，无法控制自我不安的心情，记忆障碍，注意力无法集中，对以前复习过的相关知识在考试时回忆不起来。严重的还伴有口干、恶心、拉肚子、手指哆嗦、睡眠不良、食欲不良等病症。该生具有较强的自尊心，一心希望在考试中取得较好的成绩，但在考试受挫后却处于极大的痛苦状态，在考试前一天就开始紧张，并且常常失眠，一进考场就手脚颤抖、流汗、心慌、总想上厕所等。拿到考试卷，只要遇到不会的问题就脑子一片空白，明明会的内容也全部忘光。通常，成绩较好但心理素质相对较差的中小学生，会发生这些状况。对这种焦虑者的心理指导主要是给其减压，帮其卸下沉重包袱，甩掉所有无用的忧虑。我们分析这几个学生的情况：

案例1中的女同学，平时成绩良好，十分关注他人对自己的评价，对自己的严厉要求成为很大的心理负担，而这些担子对她的心理冲击也是相当大的。由于老师父母都对她的表现很满意，所以特别容易忽略她心灵的脆弱，如果她又没有勇气说出来，请人引导，如果学习成绩再不理想，就会有天塌下来的感觉。对她的引导应该是合理定位，树立合理学习目标，及时调整心理状态。

案例2中的同学，初中生，各方面表现良好。考入全国重点中学之后，由于身份的改变，他对自己的评价也发生了变化，对自己失去了信心，多了些自卑，总质疑自己的能力。对于这位同学，应主要帮助其分析在集体中的状态，角色的转换，帮助树立自信，学会面对现实。

案例3中的同学，造成考试焦虑的根源主要是担心对考试的准备不足，他不仅要考出好成绩，往往对自我提出了过高的目标，但平时则较少付出努力，即在思想与行动方面常常脱节。对这类焦虑者的指导，一方面要引导他们对自我作出更符合现实的奋斗目标，另一方面也要训练其提高自身的意志力，并培养其自律的行动力。

(四)考试焦虑的表现

考试焦虑是在学生中常见的一种情绪状态，学生既想考好成绩，又怕考试考砸,而这种对考试结果不可预见的心理处境使得考试结果本身就成为一个威胁性刺激,以及由此引起的心理紧张与不安反应。在考试紧张时,还可能伴有一连串的生理反应和心理反应。如在生理上出现肌肉紧绷,心跳加速,血压上升,额头流汗,手脚发冷等;在心理上出现痛苦、烦恼、无奈、恐惧等情绪反应,有时还会出现胆怯心理,没有勇气等自我消极心态。在考试时紧张情绪加重后,其状态反应也会比较强烈,如眼花,头昏脑涨,注意力不能集中,思考陷入僵滞停顿状态等。考试焦虑症一般表现在三方面。

1. 躯体异常

失眠多梦、眩晕头疼、恶心呕吐、腹泻、脸色煞白、四肢发冷、胸闷气短、胃口下降、肠胃不适,以及频频小便等。

2. 心理异常

紧张、焦虑、害怕、恐惧、注意力变差、记忆力下降,学习效能减退,心情压抑,缺乏自信和学习的动力,或过分夸大挫折影响,常有大难临头之感。

3. 行为异常

拖延时间、回避考场、坐立紧张,在考试时思维混乱,手抖多汗,视觉模糊,常常草草作答,或匆忙逃离考场。

三、干预策略

1. 系统脱敏法

在进入考试前,可反复想象一下考试的场景:学生在家复习准备工作;由老师公布成绩;我被第一道题目难住了;考试时间快到了,但我完全做不出来。有些同学会说:"我不敢想象!"如果想象后出现心慌头痛、手抖流汗等,就可以进行深呼吸 20~30 次,这样多做几次,一般会平复紧张的情绪。再这样重复几次(每 2 天进行 1 次,每次 3~5min),考试焦虑就会得到减轻。

2. 自我积极暗示

走进考场后,可以积极暗示自己:"我能行","我紧张,其他人也这样","我最棒"等,从而抛开心理压力,缓解焦虑感,增强自信心。另外,还可通过深呼吸放松法,一呼一吸,把深呼吸放得很慢很缓。如此,才能调节身心紧张状态，保证头脑冷静，减少胡思乱想，从而发挥出正常水平。

3. 宣泄与倾诉

当你觉得压力太大，心中的忧虑自己无法宣泄时，不要压抑在内心，找一个自己信任的人将烦恼全部倾诉。在发泄你的负面情绪的同时，你也会惊讶地发现，原来考试紧张的不只你一人，身边的很多同学也有紧张的，从而恢复内心的平衡。

4. 调整期望值，培养良好的个性

期望值是自我确立的目标能够实现的预期水平，也是影响学生考试焦虑的主要原因。期望值能否适度，直接反映学生的动机程度和情绪状态，更直接反映学生考试水平的正常发挥。研究证实，过高的期望会给孩子造成很大的心理压力。由于预期目标定得太高，超出了自己的实际水平，将导致在生活中对于目标没有实现的把握而缺乏自信，同时，还容易引起孩子在考前过于焦虑而分散注意力。所以，适度的期望值，切合实际的目标与期望，才是十分关键的。

5. 端正考试动机，合理评定考试成绩及意义

在当今社会升学、求职等大都经过一定的考试来选拔，成绩在每个学生的心目中无疑具有非常关键的意义，这不仅会关系到升学与就业，甚至还会关系到父母、学校、社会等对每个学生的态度，将考试当作决定自己终生命运的"生死战"。学生以为考试不如意就完全没有了未来，必然要背上厚重的思想包袱，成天提心吊胆，怕挫折，但却无法专心于学业。只要学生克服了思维的刻板化，意识到发展途径的多渠道性，考试焦虑就会降低。

6. 保持常规生活方式，保证睡眠充足

良好睡眠能够消除身心疲劳，防止脑部由于用脑过度而产生的抑制，同时能够给新陈代谢提供养分，让人集中精力，提高记忆力，头脑反应灵敏，想象力丰富。因此，高强度的疲劳战不仅不能够产生好的作用，对人体也会造成不良影响。事实上，由于睡眠时间太少所引起的焦虑对你的影响，远远大于睡眠时间不足这种事情。你的失败原因，不在于缺少睡眠，而在于你的心里暗示："睡得不好，就一定会考不好。"

总之，正确的人生观、价值观，坚强的理想信念，崇高的志向，明确的

学习动机，学习兴趣，以及活泼开朗的个性，坚强的毅力，积极的心态等都有利于克服考试焦虑症，而且考试焦虑症并不可怕，只要对考试有正确的认知，在考前做好充分准备，并掌握自我调节的方法，考试焦虑是可以调适的。

【案例】"我现在一拿到考卷，脑子里就一片空白。"小莉同学从小表现良好，但在步入初三后，成绩却一降再降，因为一心想考上重点高中，所以她一直都在给自身加压的情况下复习。总复习开始后，她每每拿出考卷，脑子里都一片空白，把数理化公式忘得精光，连之前会做的习题现在都不会做了。她说："我感到自己很没颜面面对父亲，还不如死了算了。"

【应对】每个学生都有考试焦虑症，但实际情况却因人而异，很明显小莉也有了一定的考试焦虑症。在这时，家长对孩子的耐心支持才是关键。家长应当首先接纳孩子的紧张焦虑，倾听孩子说出自己的忧伤和压力，让孩子逐渐放下一些负面的念头，从而改变考试焦虑的状态；还可以让孩子找到一位亲密好友，将各种委屈都宣泄出来。

【心理小贴士】所谓"考试焦虑"，是指因考试所导致的生理及心理的紧张压力。生理学上的焦虑，例如，突然心跳加快、呼吸急促、大脑陷入混沌状态或一片空白等；而心理的焦虑则主要以担心、害怕、不安的形态呈现，例如，担忧考试时发现自己有一大堆题目都没有做、担心考差时被家长责备等。

第二节　自卑心理

心理学家指出，自信是一种健康的心理状态，是具有健康自我意识和健全人格的标志。反之，自卑心理则是成长过程中不能忽略的心理状态，由于人的成长过程中都会出现缺陷，所以就会出现自卑心理，人们想要战胜自卑心理，便会努力奋斗。但是自卑心理并非一直都能激励人，更多的人则由于自卑心理而妨碍了健康的成长，有自卑心理的人不停地否定自己，他们在消沉中萎靡不振，在抑郁的心境中越陷越深且无法自拔，产生了"自卑情结"。有些人会由于自卑而引起强烈的反抗心理，或者急于改善让自己感到自卑的条件，从而无视别人的看法，显出极度的自私，对人对己都造成了伤害。

一、案例

【案例1】

小李,女,11岁,她有一双会说话的大眼睛,短发有自来卷,成绩中等,性格内向,十分腼腆,上课时从来不主动举手提问,当老师提问时她总会低头回应,脸蛋绯红。她下课除了去洗手间外,一直默默地在自己的位子上发呆,班主任常让她去找朋友们玩,但她也只是冲老师勉强微笑一下,仍坐着保持不动。她平时一直把自己关在房间里,不和朋友玩,即使节假日家人一起游玩她也不想去,连外婆家也不愿去。

【案例2】

小景,男,12岁,成绩中上,寡言少语。景同学在上月一时冲动之下用椅子砸伤了自己的同桌,事后遭到妈妈的打骂,他意识到自己做错了并进行改正。但在该事之后,景同学的妈妈却始终揪住这事情不放,只要景同学稍有不对,就拿这个事情来讽刺他,并到左邻右舍面前让他难堪。因此,景同学特别害怕妈妈,他的内心有点怨恨妈妈,但决不顶撞妈妈,因为景同学怕妈妈伤心。在家的时候他言行举动都很谨慎,稍有错误便会遭受白眼与漫骂。因此,他非常惧怕妈妈回家。他认为妈妈并不喜欢自己,所以对家庭产生了厌烦,觉得自己只是这个家中多余的一员,无时无刻都想离开这个家。景同学对家庭的害怕甚至影响他在校园的正常生活,尽管换了环境,但他心中仍有无法解脱的心理障碍。

二、讨论分析

(一)自卑心理的界定

自卑是一种不能自助和软弱的复杂情感,具有自卑感的人容易轻视自己,并觉得自己无法赶上他人。心理学家阿德勒对自卑感有着独特的解释,并称为自卑情结。他对该概念主要有两种相互联系的用法:第一,自卑情结是指由一个人认为自己或自己的生活条件远低于他人的自卑观念为核心的潜意识欲望、情感所形成的一种复杂的心理状态。其次,自卑情结指一个人不能或不愿意进行努力而产生的文饰作用。自卑情结是由婴幼儿阶段的无能状态和对他人的依赖心理所产生的情感，对人来说具有普遍的意义，能够驱使人成为优越的力量，但又是反复失败的结果。自卑情感，它能够通过调整认识和提高信心而克服。

自卑，可以说是一种性格上的缺陷，主要表现为对自身的能力、品德等评价过低，同时可伴有特殊的情绪体验，如胆怯、紧张、内疚、抑郁、沮丧等。自卑心理的前提是自尊心，当人的自尊需要无法实现，实事求是地分析自己时，人就很容易产生自卑心理。人们在形成自卑心理之后，往往从怀疑自身的才能到无法展现自身的才能，从怯于与人相处到孤立地自我封闭。原本经过努力就能够实现的人生目标，也会觉得"我不行"而舍弃目标。他们看不到生命的光辉与希望，也领悟不了生命的喜悦，也不敢去向往那美丽的明天。

(二)自卑心理的主要表现

自卑主要的表现在于对自身的才能品德评价过低，同时可伴有特殊的情绪体验，包括胆怯、紧张、内疚、抑郁、沮丧等。

1. 过分敏感，自尊心强

弱势群体特别渴望获得他人的关注，唯恐遭人轻视，又过于关注他人对自身的评价，而一切负面的评价都会引起心中强烈的矛盾与冲突，甚至歪曲了他人的评价，例如，他人真诚地称赞了他，就会觉得是挖苦。他们又特别敏感，与其相处时，需要谨小慎微，他人不经意的一些话往往都会在其心中产生自卑，甚至胡乱猜疑。

2. 心理失衡

由于种种原因所导致的弱势地位，使他们在社会的各个方面都感受不到自我价值，而且也很容易受到社会强势人群的厌弃。而自我价值感是每个人安身立命的基础，缺乏自我价值感，使人心理失衡，处于不良的心理体验之中，如果走不出这种心灵的阴影，就很难逃脱现实社会的困境。他人经常欺负自己，虽然心里很不服气，却自认为是正常的，非常认可自己的弱势地位。

3. 情绪化

他们表面上好像逆来顺受，但是过度压抑恰恰积聚着随时崩溃的能量。因为自身没有情绪管理能力，对学业、人际关系、疾病等生活事件很容易产生心理压力。在遭遇不公平的待遇时，觉得他人瞧不起自己，无法接受，因此常常产生偏激行为。

(三)自卑心理的产生原因

1. 自我认识不足

每个人都以他人为镜来了解自我，但一旦别人对自我的评价过低，尤其是较有权威的人的看法，就会影响对自我的认知，从而片面的认识自我，形成自卑心理。对自身形象的不认同或者由于对自身实力的质疑，优越感减弱或者失去，自身缺乏获得他人认可的资本，形成了很大的沮丧感，原来的优越感一下子就变成自卑心理。每个人都会在某些方面形成自卑心理的。

2. 家庭经济因素

部分学生因为家世清贫，生活艰苦，和别的同学相比，认为自己家里的状况很差而产生自卑。这几年，在这方面而引起自卑的青少年数量一直有上升的趋势。

3. 社会文化因素

每个人都处于特定的社会文化环境中，文化因素对产生自卑心理影响非常巨大。聚居于大湖泊地区的张布里族，性别差异很明显，女性是整个社会的主体，她们必须每天劳动，掌握着经济实权。男性居于从属位置，主要参与艺术工艺和宗教祭祀活动，并承担对儿女的养育使命。这使这个民族的男性有了强烈的自卑心理。

4. 成长经历有关

人的生命并不能说很长久也不能说太短，但真正对人产生深远影响的关键时期只有几个，尤其对儿童经历的影响尤深。心理学的研究已经证明，许多心理健康问题均可从早期生活中找到症结，而自卑也不除外。

5. 个人性格特点

压抑、内向性格的人大都对事物的感受性强烈，对事件产生的负面效果有放大倾向，并且不会轻易将其负面感受进行发泄与排解，所以外部条件对自身心态的影响通常要比影响其性格、气质类型者的影响大，产生自卑的概率也随之增加。而意志品质表现为主动性、果断力和自我控制能力强的孩子，当其积极性、自尊心都遭到抑制后，就不会因此变得自卑，反而产生了更强大的自尊心,从而及时地调整自己的行动,以更大的勇气缓解压抑,力争拼出一片天。而具有自卑心理的孩子则刚好相反,当进行了一番奋斗却没有成效时,就开始泄气,觉得自己还不行,因而更加自卑起来,容易对社交产生恐惧感。

(四)案例分析

案例1中的学生显示出内向性格,在上课时从不主动举手提问及发言,在教师提问时也一直低头作答,声音都让人听不清,脸蛋绯红。具体分析为,她一直受到自卑、不安和害怕等负面影响,过重的心理压力使她自己无法评估自己的能力,开始质疑自身的优点,甚至在获得成功之际都无法感受获得成功的快乐。因此,她处于错误的恶性循环当中,这将严重干扰她的健康成长。家庭教育原因,由于现在的家庭大多为独生子女,导致父母对孩子们产生了望子成龙、望女成凤的强烈期待,使得众多学生肩负家庭重担,无法满足家长的期望,过重的压力,便使得中小学生逐渐形成了自卑心理,否定自我,质疑自己,紧张、烦恼、寂寞、离群等情绪障碍也接踵而至。妈妈对女儿的学业辅导力不从心,爸爸每晚忙到深夜才回来,偶尔会过问一下女儿的学业状况,对女儿的期望也很高,但是表现的方法非常粗暴单一。学校因素,在校园里,如果教师对某些同学了解不够,或者关心得不多,便会对这种同学的评价偏低。如果这样下去,在几个星期几个月之后,这些学生便慢慢出现了挫败感,而教师也没有及时的鼓励与赞叹,久而久之该同学就否定了自身的某些行动与观点,便逐渐地不认同自身的知识能力和水平,也就会更加不自信,此时自卑心理便逐渐占据了优势。此外,由于教师对少数人心目中的优等生的偏爱,对大多数孩子们而言,是一种巨大的压力,因而产生强烈的自卑心理。

案例2中景同学因为遭到妈妈殴打而厌恶家。从社会心理学的观点分析,景同学所表现出的厌恶家,以及惧怕同学的谈论,也是由自身的心理原因导致。自卑心过强的人,往往对自己的评价过低,缺乏自信,处处努力都比不上他人,长期处于悲观失望状态中,即使是一个稍微努力就能够达到的目标,他也常常因为自叹无能为力而轻易放下。自卑心理的成因也比较复杂,有生理、心理、家庭、朋友和社会等各种因素的综合作用。妈妈的责备和殴打、同学的取笑、邻里说长论短等，都加大了景同学的心理负担，从而产生了自卑心理。景同学总以为处处矮人一截、是个千古罪人。景同学母亲不知怎样尊重维护他的自尊心，多年来，景同学的自尊心屡遭挫败，又由于耻辱心态与羞辱感的不断加强，逐渐造成了自己消极意识的形成和发展，表现为消极的自我评价模式。又由于消极的自我暗示的影响，智能发展水平逐步降低，渐渐产生了逃避现实的孤独个性。

三、干预策略

1. 正确认识自己，提高自我评价

自卑的人总是注重于接受别人对自己的低估评价，却又不愿意承受他人的高估评价。当和别人相比时，也就大多时候愿意把自身的短板和别人的优点比较，越比越感到自己比不上他人，越比越不如别人，从而自然产生了自卑感。但事实上，我们每个人都有各自的优势与不足。所以，有自卑心理的人，首先要正确认识自己，提高自我评价，并时常发现自身的优点及自己经过努力获得的成就，要学会发现自己的长处，肯定自我，并以此激励自己的自信心，但不能因为由于自身存在的一些缺点就将自己说得一无是处，也不要为了一次失败就以偏概全，总觉得自己一事无成。

2. 善于自我满足，消除自卑心理

自卑的人性格通常都较为敏感脆弱，经不起挫折打击。如果遇到了困难，则很容易意志力消沉，增加自卑感。所以，凡事都应不怀奢望，并学会自己充实，知足常乐，不管工作或学业，目标都不能确立得过多过高，这样，才更易于达到目标，从而减少挫折事件的发生。应该理解并做到，奋斗的目的是实现自身的既定目标，而不是为了打败他人。但每次取得的胜利体验，都是对自身的一个激励，是非常有助于找回自信心的。

3. 坦然面对挫折，加强心理平衡

自卑心理的人自我防御机制大多是比较不完善的，自我评价认知体系也多数都比较偏低。因此，遇到挫折和失败的时候，不要怨天尤人，更不要贬低自己，要客观的分析周围环境和自身条件，这样才能够达到心理平衡，才能够看到生活到处充满机遇。

4. 广泛社会交往，增强生活勇气

自卑的人都相对孤僻、内向，也不易合群，通常将自我封闭起来，很少和周围人交流沟通，易使心理活动趋向片面。而自卑者若能多参加人际交往多互动，才能体会别人的喜、怒、哀、乐，从而丰富生活体验。通过交流，能够抒发被压制的情感，从而提高生活质量，走出自卑的泥潭；通过交流，也能够加深彼此间的情感，让你的心态更加开朗，自信心也得到恢复。

第三节　逆反心理

逆反心理作为一种心理现象，是普遍存在的。本书研究的是儿童青少年的逆反心理问题，而儿童青少年的逆反心理则与儿童青少年阶段的生理及心理特点，有着密切的联系。所以，要深刻理解儿童青少年逆反心理问题，就应该对儿童青少年的生理及心理特点有着比较全面的了解。不仅如此，逆反心理问题，还与学校教育和家庭教育中的许多其他问题有着错综复杂的联系，它只是儿童青少年教育中的问题之一。

一、案例

【案例1】

小吴，男，13周岁，初中二年级，学习成绩在班里处于中上水平，智力较好，对教学较为感兴趣。但是他脾气倔强，个性刚硬，自尊心特强，逆反情绪十分强烈，总是与家长、老师产生矛盾，顶撞家长或老师，还具有强烈的抵触情绪。在家中，因为家长没有达到他的要求就使小性子，甚至会离家出走。父母都从事旅游事业，因常年在外，与孩子之间的沟通时间较少。某一天早上，因洗头而和妈妈大闹一场。他妈妈说，因为早上时间太紧，所以让他在晚上洗头。中午，他和同学喝酒，并以此来气自己的妈妈。有一次，放学路上和一个社会青年在一起玩，其间有几个人吸烟，邻居看到后告诉了他的父母。在教育过程中，他曾趁机跑出家门，在外流浪两天后才回来。在学校，他这种反抗行为也非常尖锐。每次班主任老师批评他时，就双眼直瞪着老师,一副不服气的模样,老师面前只顾着讲道理。在初一上学期,当老师看到他和其他班的同学斗殴时,将他叫了出来加以教训。本来是一个特别小的事件,但是他怕老师会处罚他,所以就一口否决了,并与老师大喊大叫,还叫老师找出证据和证人。

【案例2】

小燕,女孩,15岁,中学生。小燕和母亲的感情尖锐对立,母亲说东她就说西,母亲让她向左,她就偏偏向右。对此,母亲也感到烦恼,也不知为何她长大后却总是和父母对着干。前不久,小燕沉迷于言情网络小说,写完作业后她就躲到了卧室里看,有天晚上母亲给她端牛奶过去,看到了课本下面藏着的言情网络小说,母亲当场就气得把书本撕掉扔给了小燕。当母亲出去后,小燕哭闹着把书本捡起来,并把撕烂的书本用透明胶一页一页粘贴起来。从这个事情以后,小燕根本就无视母亲,妈妈后来也觉得她当时有些过于情绪化。妈妈试着和女儿交流,但是小燕带着情绪说"没这个必要",后来妈妈特地到学校找班主任老师求助,希望能劝劝女儿。

【案例3】

小徐,男,15周岁,走读生,学习成绩中等水平,对数学和物理特别感兴趣,理科成绩较突出。小徐脾气倔强,自尊心特强,逆反情绪也特别强烈。很容易与家长、老师产生矛盾,有很强烈的抵触情绪,你越反对的行为,他就越和你对着干。在家中,如果家长没有达到他的要求,他就会使小性子,赖在床上装病不去上学来对抗家长,父母实在没有办法。在学校,他的逆反行为特别尖锐,每次老师批评他时,他眼睛就直瞪着老师,总是一副很不服气的模样,甚至还和老师顶嘴。数学老师上课时点名说他在课堂中有小动作,从此他就专与数学老师作对,上课时还故意睡觉,不写作业。数学考试时会做的题目他总是故意不做对,数学考试往往交白卷。多次与他谈心,他一句都听不进去,是一个让父母和老师非常头痛的小孩。

二、分析讨论

(一)逆反心理的界定

逆反情绪,是指这种以"对着干"为特征的心理活动反应。所说可逆心态,有广义与狭义之分。所谓的说逆心态，是指凡事都要逆着来的心态，别人说东，他偏要说西，别人反对的事，他偏要实行。在这里，具有逆反情绪的人对教学内容并不在乎，而最关心的是"反其道而行之"的表现。如他可能非常清楚"东"比"西"好，但为了"逆反"，而故意弃"东"就"西"。狭义的逆反情绪则是指被教育者在进行教学的过程中，形成并显示出的对内容和教育者态度的抵触与反对。

孩子随着年龄的增长，心理也逐步发育到成熟，从依靠家长转变为日趋自主独立。但在这一过程中，孩子的心理往往处在不成熟状态，行为表现较为紊乱。成熟与不成熟时期交替出现，波浪式地前进。通常认为在2—4岁，6—7岁之间都会有所谓的"反抗期"。在这个时候，虽然儿童有自己的想法，但也不一定能符合客观环境的实际。因此，儿童常常会违反了大人的指令，不愿干能够干的事情，却又偏偏去做了自己不能做的事。特别在儿童觉得家长的指令不合理而家长又很强硬要孩子执行时，就会顶嘴，从而产生了逆反情绪，更严重者还会有敌对情绪。逆反心理由认知、情感和行动意志三种因素组成。

1. 认知是逆反心理的思想基础

青少年有逆反心理，有个前提条件，即你的想法和他不一样。这一点也不用强调，谁都可以理解。用更专业一些的话来说，以价值观为核心的认知系统，决定了主体对外部刺激的基本看法。当外界刺激与主体主观认知系统的基本观点相冲突时，主体就必然出现了对外部刺激的否定性的判断与看法。例如，如果你和他讲艰苦朴素生活，讲了当年的一些"粮票的故事"，并让他向其学习，还说了中国传统文化，他就会逆反：都什么年代了？还讲这些？现在主张的就是搞活市场，带动需求，如果和他们一样，我国的经济还如何发展下去呢？如果和他说要攒钱，至少不能在今天花光明天所用的钱，他会说：今天用明天的钱是对自己的明天有信心的表现，能用银行的钱，那才叫有本事。这和一般人们所想象的完全不一样。在他们眼中，家长一代早已落伍，跟不上时代的节奏了。而且，他们对家长的这种观念定势一旦形成，再转变过来就会非常困难。

2. 情感是逆反心理的助推器

人的矛盾情感对逆反心理的形成，起了推波助澜的作用。一般来说，对否定性的评价必然会激起对否定性的矛盾情感，而否定性的矛盾情感也会妨碍他们对被否定的事物进行理性的思考和评判。经过两代人之间的差异以后，青少年肯定不能轻易地"退出历史舞台"，因为他们总是认为自己的观点没有错，因为他们总是坚持着自己的观点，并想改变整个青少年一代。对于这个立场，他们肯定是很反对的，因为他们必然会对大人的劝告进行反感与抵抗。而孩子们对待每一个有观点的大人，如果形成了抵触的情绪，这个抵触的情绪就必然会广泛影响孩子的方方面面。以至于对别人的问题，不管人家讲的有没有道理，是不是很科学合理，都怀有抵触的情绪。因此，情绪上已经形成了自己比较固有的反应模式。

3. 行为意向，是逆反心理的外在形态

知、情、意都是统一的，认知上的错位、情绪情感上的负性感受，在行为意志力上也会必然体现出抵触与逆反。而且，因为青少年总是处于被管教和被管束的中间地位，在说理方面也无法同教育者抗衡，所以多以行为的反向来表达对自身的不满与抗拒。例如，有些青少年，就因为对父母的某种要求表达强烈反对与抵抗，而故意做出了同家长要求对立的行为，即逆反行为意向的典型。很显然，逆反心理就是某种心态和行为方式的反映，但由于逆反情绪多发在青少年，是同他们所处的社会地位及生命经历有关。他们的逆反心理和行为是不合理的，对孩子的发展影响不利，而一味地去指责、批判则是不起作用，甚至还会让孩子们变本加厉；而放手管理孩子，被动和无所作为的，尽着说教灌输的责任，也是不理性的。

(二)逆反心理产生原因

1. 年龄阶段和人格特点

儿童逆反情绪在人生的不同阶段中均可以出现，而在青少年阶段逆反情绪是最重的。它主要与青少年们迫切希望扮演的角色要求同父母、老师对孩子不合于自己的角色期待而产生强烈矛盾有关。同时，对他们知识上缺乏经验和思想的片面性密切相关。当人步入青少年阶段时，在生理上出现了许多改变，并产生了第二性征，各项生理功能已基本发育成熟。但心理上却处在

"断乳期"，但由于成长心理的逐渐形成，社会自主能力也日益提高，他们认识到自己已经长大成人了，因此需要大人把孩子当作成年看待，多理解、多尊重、多沟通。但不少父母、老师仍将学生当作孩子来看待，对于他们的困惑、需求没有足够的理解并予以正面积极的引导。因此，他们的需求没有得到满足，自然形成了较强烈的逆反心理。

2. 心理过程发展不平衡

在少年时期，认知、情绪情感和意志力的成长常常不平衡，主要体现在儿童的情绪情感、意志力的发展先于认知的发展。在认知问题上，又易于产生非理性的认知。同时，很多青少年儿童，因为学习目的不同、要求不同、学习动机不同，在认知过程中，受到了每个人内部环境的差异影响，从而导致了他们在从知向行的转变过程中，又无法合理地转入社会成长所需求的行动上来，从而又极易产生逆反心理。

3. 好奇心的驱使

少年儿童具有强烈的好奇心，受好奇心的驱使，他们更关心新事物和新知识。心理学研究显示，儿童好奇心过强会产生某种特定的心理需求，而这些心理上的认知需求能够转变为学习中的动机，从而引起儿童学习积极性，并刺激和驱动他们去探求有关的新事物和认知信息。而他们在学习过程中表现出的不盲从，具有很高的求知欲和探索欲，就是他们好奇心的体现。一般来说，他们对越得不到的知识，越想获得，越是无法了解的事物，越想了解，这便称为"禁果逆反"。由于一些老师、父母制止了他们的特殊行为，但并不能解释为什么不能进行的真正原因，于是事与愿违，即使"不能抽烟""不能早恋"等规定达不到相应的预期效果；对待被限制或批判的影视、小说却怀着巨大欲望，去观赏、查阅"被禁的果子是甜的"，强大的好奇心促使他们往往甘冒受处罚的危险去尝或许并不甜的"禁果"。

4. 思维不够成熟

在认知发展过程中，儿童思维的独立性和批判性虽有一定水平的发展，但仍较不完善。加之他们缺乏实际经验，不能够从历史的观点和辩证的方法看问题，在认识上易出现片面效应，对问题易偏激，爱钻牛角尖。在论据不足的前提下，容易偏执己见，趋向偏激。这种孩子通常自尊心、虚荣心比较强,但却又无法真正地捍卫自我的尊严,因而将教育者的劝告、指责、警告等看作是"管、卡、压",甚至认为是对自尊心的伤害,因而将自我置于教育者的对立面,产生了一种在口头上进行回驳,在行为上反其道而行之的逆反心理。

5. 身心发展和客观环境之间的矛盾心理

青少年的发展需要,已从低层次的生理、安全需要,开始飞跃式地大幅度向多层次的交往需要、理解需要、成就需求、审美需要发展。而这种心理发展过程,往往并非总是一帆风顺的,还常常遭遇客观环境的影响和限制,并由此形成了难于自解的挫折感。受挫与心理矛盾是人的心理发展过程的必然产物,因为每个人的能力差异,表现出的矛盾强度高低也不尽相同。但心理承受能力较强的人,能够正确对待一切事情,也比较易于调整自己的心态,因此有能力将自己内心矛盾的频率逐渐降低,从而处于相对正常平和的心理状态。但是,由于他们的心理承受能力普遍薄弱,有时难以正确对待任何事情,也调整不好自己的心态,不能将有效的心理矛盾平复下来。结果,由于受挫所造成的消极心理影响不断扩大,"反控制情绪"逐渐膨胀,逆反心理就会接踵而来。

6. 社会和父母的传统家庭教育的某些弊端

限制了孩子自我成长的需求,成为逆反心理形成的根源。

(三)逆反心理的表现

逆反心理是青少年一个非常重要的情绪特征,很多少年曾经出现过逆反心理,对长辈的劝说总是不屑一顾,和父母、老师对着干。

(1)对老师和父母的教导和劝告不愿服从,非常任性。对明知正确合理的教导,不分青红皂白一概否决、违拗,常常强词夺理,大唱反调,有时也故意捣乱。但一旦教育者采取惩罚措施,对方情绪更加对立。

(2)学生在课堂上对老师的教学不满意时,就会故意表达不爱听讲,做些小动作,做些游戏,或者提出一些怪问题刁难教师。有时讲些和上课内容不相干的笑话,造成课堂混乱。但对有趣的课目,会认真听讲。

(3)出现"反差现象"。有的好学生突然间一反常态,学习成绩下滑,甚至不愿读书,心态消极,对梦想追求兴趣全无,最后甚至辍学,离校。

(4)用"倒像镜头"方式观察社会、人生与个人前途。体现了玩世不恭，我行我素，蔑视一切的组织规章和社会法律。有的人抱着"大错不犯，小错反复"的人生态度。对一些行为一旦不进行纠正，将会造成恶劣作风，乃至违法乱纪。从上述青少年儿童逆反心理的表现来看，逆反心理是一个不利青少年心理健康，不利成长进步，更不利于祖国和社会安康的负面心理。所以，家长对学生的逆反情绪应引起注意。

(四)案例分析

逆反行为是步入青春期的一个不良情绪表现，很多青春期的孩子对大人都有一些逆反心理。根据以上对逆反的定义和原因的分析，可以明晰以上案例中逆反的原因。

案例1中小吴的逆反行为表现是步入青春期的一种表现。学生常常把父母和老师的指责、帮助理解为跟自己过不去，觉得伤害了自己，所以也会显示出强烈的敌对倾向。

案例2中小燕表现出母亲让她向左，她就偏偏要向右。为此，母亲觉得困惑，因为母亲不知为何小孩长大了后反而和大人对着干，首先母亲并不理解小孩的内心世界，看到了课本下压着言情小说，母亲当场就气得把书本撕了扔给了小燕，小燕基本上就不理妈妈了，由此产生了逆反心理。

案例3中该学生的逆反行为是步入青春期的一个表现。一是小徐的爸爸是工厂的一个职员，工作压力很大，工作非常繁重，与孩子的沟通时间非常少，出现事情也是常常责备、辱骂小孩，而他的妈妈则主要是注重于小孩的身体营养情况和成绩，忽略了小孩的思想教育，觉得他们还小，但长大后肯定要懂事的。而在小孩的家庭教育问题上，两人的方法也往往不同。二是有些老师不了解学生的心理特点，不正确看待学生所犯的事情，或者解决方法错误，使事情的矛盾不断恶化起来。三是由于他们独特半幼稚半成熟的心理特点，使学生看问题时容易形成偏见，觉得和老师、父母对着干就是很勇敢的表现，所以盲目反抗，拒绝一切批评。

三、干预策略

随着儿童步入青春期，从儿童向成年人过渡，开始形成了自我，面对父母们强加给他们的意愿及要求，也开始产生一些逆反情绪，而也是这个时期，正是父母们对于怎样培养青春期儿童最头痛的时期，既然面对他们的这种逆反心理，如果父母们做好了以下几点，就能够缓解孩子的逆反心理。

1. 尊重孩子

当孩子处在青春期，也正是最渴望获得他人理解和他人认可的时期。当他们对父母的意愿及要求表达了逆反情绪及行为后，家长们不要急着加以镇压，而是应该思考，他们为什么会反抗。千万不能忽视孩子的想法，不能过分表现出对问题了如指掌或做法合理的样子，对小孩的反对看法，表现出不在乎或不重视，这样容易激怒孩子。要引导孩子说出自己的想法，特别注意把内心的感受表达出来，然后予以充分的理解和关注并接纳孩子当时的情绪表现。

2. 注意言辞

与孩子交谈时一定要注意语气、语调和用词。尽量避免用命令的词语，因为青春期的孩子往往不愿意被命令、被驾驭、被强制，或被规定做什么事情，如"应该""必须""务必""一定"等词语，也是儿童产生抗拒情绪的主要祸源，对命令更容易产生反抗的心理。相反，采用征求意见的形式，尽可能用"我们"，而不能采用"你"或"你们"。千万不能硬碰硬，委婉合理表达自己的思想、观点、看法和情况等。尽量避免采用一些易产生冲突的语言，以引起不愉快的体验。

3. 委婉的纠正孩子的错误

当发现孩子犯错误时，不要过分的批评和强调，应当委婉的提出建议。假如你毫不留情的揪出孩子的错误，就容易激起孩子的逆反心理，相当于激起反击你的行为。其实，在任何人际关系中我们都需要注意这一点。

4. 学会聆听

当问题发生后，父母应该首先了解问题，理解孩子当时的情境，然后倾听孩子的内心世界。到目前为止，缓解逆反情绪最有价值的办法，就是耐心的了解问题，并耐心、设身处地地倾听孩子的想法。当听见孩子的反驳意见后，保持冷静状态并配合孩子和认真关注孩子。

第三章 不良习惯

第一节 吮指癖行为

儿童青少年因为缺少父母陪伴或家庭变故、隔代教育等,造成他们缺乏安全感、精神紧张,只有依赖吸吮手指来进行自我安慰,逐渐形成了他们不善于与人交流、沟通,造成内向、自卑的性格。导致孩子们吮指癖的不良习惯,需要进一步分析造成这种习惯的原因,给孩子们营造一个良好的家庭氛围,给孩子们树立良好的健康意识,用心关注他们的行为,逐步来改变他们的不良习惯。

一、案例

【案例 1】

小豪,男,7 岁,现在就读于某小学一年级,父亲因意外离世,母亲为了供小豪读书,在几十里之外的城镇打工,小豪只能寄宿在年迈的爷爷家中。爷爷身体不好,无法很好地照顾小豪,小豪还要给年迈的爷爷洗衣做饭,因为穿的破烂,条件不好,经常被同村的孩子嘲笑是"没爸爸妈妈的野孩子",并被丢石头或吐唾沫。小豪性格孤僻,很无助,此时他就会吮指来缓解自己的紧张情绪,安抚自己。时间久了,小豪越来越自卑,越来越孤僻,越发不会与其他小朋友沟通,甚至连一个好朋友也没有,致使他恐惧与他人交流,不敢上学,只会默默地蹲在地上吮指。他很想改掉这个坏习惯,可是越想改越改不了，经常一个人偷偷掉眼泪。

【案例 2】

小红，女，11 岁，小学三年级学生，从小吮指，身材瘦小，平常饭量很小，身体素质较弱，不合群，沉默寡言，胆小怕羞，各方面反应较慢。刚进入校园的第一个月，孩子们都在适应新的校园生活，有一些孩子哭闹属于正常情况。小红和另外一个同学不哭也不闹，只是很安静地坐在一旁吃着手指头。只要学校举办活动，需要参与，小红就开始吮指。刚开学时，老师以为这几个孩子可能因刚开学有点紧张，有轻微地焦虑，因为离开家庭缺乏安全感所致，所以老师利用班级的课外活动课，给孩子们讲解了关于吮吸手指容易感染病菌的相关视频，并在他们吃手指时进行制止，还经常利用中午午休、傍晚放学的时间带他们做游戏、散步等。一个多月过去，另一个孩子基本上不再出现吮吸手指的现象，但小红依然如此。做游戏时，同伴嫌弃她总吃手指，手上一直留有口水，不愿跟她拉手；上课时，她专注于吮吸手指，手指都被口水泡得发白，甚至拇指还有点红肿，眼神无法聚焦于课堂学习，学习自然很吃力，人也越来越沉默、自卑，说话时眼神也是躲闪的。

二、讨论分析

(一)吮指行为的界定

吮指包括咬指甲、吃手指、舔手指等，是幼儿和儿童时期一种常见行为，属正常生理现象，在婴儿初期，儿童就有本能的吮吸反射。经过长期的观察，这一现象不仅在小学生中司空见惯，在中学生乃至大学生身上也不乏吮指的表现，这些青少年，常常不经意的就把手指放到嘴里了，这种情况既不卫生，还常常招到别人的嘲笑，为此，这些青少年很苦恼，严重的还影响身心健康的发展，那么，他们为什么要吮指？怎么样才能矫治这个毛病呢？

(二)吮指行为的原因

1. 口腔期的后遗问题

对于婴儿来说，吮指是正常的生理现象，这是因为：按照弗洛伊德的人格发展的顺序观点，人格的发展要依次经历口腔期、肛门期、性器期、潜伏期和两性期五个时期。其中前三个时期是以人身体的具体部位命名的，原因是在六岁以前的个体，其本我的基本需求，是靠身体的部位的刺激来获得满足的，处于口腔期的儿童是以口腔来认识世界的，这时候他们的口腔除了具有吸吮、咀嚼、吞咽等功能外，也是他们获得快乐情绪的地方，因而，我们常常看到当婴儿吃饱喝足的情况下，把手指放到嘴里津津有味的吮吸。对儿童来说，这是他必然经历的基本阶段，只有口腔期的探索得到满足，才能自然而然地出现手的探索。

2. 安全需要的替代心理

每个人的成长都具有内在驱动力，这个动力的源泉就是各种需要，马斯洛把人的需要归结为五个层次，即由低到高是：生理需求、安全需求、社交需求、尊重需求和自我实现需求。在现代社会，生理需要的满足已经很容易实现了，而儿童精神或身体上的安全需要则出现了较大的空缺，例如，妈妈工作繁忙，常年把孩子托管给老人或保姆照看，孩子与父母缺少情感上的联系；在孩子没有思想准备的情况下出差，使得孩子突然感到对环境很无助；妈妈用婴儿车等工具替代抱孩子，与孩子缺少身体上的接触；家长教养方式比较专制；家庭成员不和睦，育儿环境不和谐等。这些问题都会使儿童在生理和心理上缺乏安全感，当这种情况发生的时候，儿童便只有无助的把手放到嘴里进行吸吮，以排解心灵上的恐怖与无助。

3. 性心理的变向表达

在弗洛伊德的人格发展理论中，性观念运用的极其普遍，青春期以后的青少年进入了两性期，此时个体性器官已逐渐成熟，两性之间的差异开始显著，性的需求也由自身开始转向外部，开始对异性更加关注，也开始有了两性生活的理想，但是多数青少年仍然生活在谈性色变的家庭或学校生活中，对异性的探索是不能随便表露的，久而久之，这种欲望便在潜意识之中压抑了下来，成为需求与现实的矛盾，因而只能通过吮指的方式进行宣泄或者转移，从中获得某种程度的满足。

三、案例分析

【案例1】

每周来接小豪的是他的妈妈，奶奶偶尔也跟着来。当把这个情况跟她们反映时,她俩显得非常着急。奶奶说:"老师,辛苦您多关照小豪,他接受知识的能力差,不要逼他学,会逼疯的。"妈妈红着眼睛诉说一切,小豪是家里的第二个孩子,有一个姐姐在读初中,孩子爸爸在他读幼儿园时去世了,为了撑起这个家,她没日没夜的工作,加班,无暇照顾孩子,平时都是爷爷奶奶在照顾小豪的生活起居。妈妈说他小时候就有吃手指这个现象,妈妈试过在他的手指上涂辣椒水、打骂的方法,都没有改变,当时觉得小豪还小,长大了会慢慢改掉的,没想到越来越严重,这背后主要的原因是小豪从小缺少父母的陪伴,没有安全感,遇到事情就不知所措,不敢面对问题,选择逃避和缓解紧张的方式就是吮指。接着家里又发生重大变故,面对父亲的死亡,他无法接受这个现实,无法走出伤痛,此时家长和学校如果未能关注并给予正确的引导,那孩子情绪焦虑或紧张时便会倒退回婴儿时期,用吸吮来满足口腔的欲望,以减少内心的不安。

【案例 2】

小红母亲在与老师谈及小红的情况时,母亲很是尴尬,似乎有很多难言之隐,在老师讲明小红的实际情况后,小红母亲才道出家庭状况。小红母亲说:小红的父亲是做工程的,应酬非常多,经常要喝酒到半夜才回家,回家后耍酒疯,经常和小红母亲吵架,很多次吵醒小红,小红因为爸爸脾气暴躁,胆子非常小,常常一个人躲在鱼缸后面看看父母争吵,默默地流着眼泪。有一次,妈妈无意间从鱼缸的玻璃反射中看到了躲在鱼缸后面流泪的小红,妈妈无法改变父亲的种种恶习,被迫离婚,小红选择了跟妈妈一起生活。虽然生活平静了不少,但是避免不了同学背后的指指点点,小红不敢告诉妈妈,怕妈妈担心,只有自己默默承受,时间长了,她越来越自卑,一紧张或者人一多她就开始吮指。通过与父母的交流、沟通,发现小红正是因为缺少父母的陪伴、长期在父母的吵架声中成长,接着父母离异,这些都造成她缺乏安全感,紧张时依赖吸吮手指进行自我安慰,慢慢形成了她不善交往、性格内向、自卑。长此以往,这将严重影响孩子心理的健康成长,甚至还会影响新换的恒牙的生长。

四、干预方法

(一)营造良好的家庭氛围

家庭是孩子的第一教育环境。既然原因已经找到,就要从根源抓起,请家庭中重要的成员一起交流、沟通,告诉他们,小孩的吮指癖不可小视,这不仅会影响他的牙齿健康还会影响他的心理健康,必须一起努力矫正他的吮指癖。经过交流、沟通,孩子们的妈妈答应,再忙也要抽出时间陪孩子,给予孩子们足够的亲子活动和情感交流;同时,也要求家庭其他成员支持妈妈的教育,不要过于溺爱孩子,配合着进行同辈人的交流和帮助。如果家庭条件允许,平时可以邀请小伙伴到家里来玩耍,并从做家务活开始,培养孩子在家里的意识和责任感。在谈话后的一段时间,小豪和小红话比以前多了,也能跟其他同学玩闹了,周末妈妈来时也能开心地抱着妈妈,不再专注于吮吸手指。

(二)树立良好的健康意识

"6岁以前改掉吮指习惯,对牙齿的影响是可逆的。"这是北京大学口腔医学院儿童口腔科主任医师郑树国说的。课间活动时间,用练习读拼音的方式,让小豪、小红读这段话,告诉他们只要改掉吮吸手指的习惯,新长出来的牙齿就不会长歪。同时,还建议小豪、小红的妈妈,周末要带孩子去看牙科(提前告知牙医情况,争取得到牙医的积极配合),让牙科医生亲口告诉他们,吮手指影响牙齿的健康生长。

(三)关注,逐步改变不良习惯

1. 同伴互助,消除孤独

小豪、小红内向、自卑,做作业不会时,就会坐在角落里发呆吮手指,也不过来请教老师和同学。两个热心又耐心的小老师轮流帮助他们,下课陪他们做游戏,引导他们做好事,为同学们削铅笔、整理书桌,他们整理物品的习惯非常好,课间,他们果然没时间去关注自己的手指了。

2. 给予任务,体验责任

让小豪、小红把学生证挂在脖子上,多了一重束缚,孩子手里就多了一个玩具,甩学生证的绳子,咬学生证牌子等。但是,他们随着吮吸手指次数的减少，渐渐多了另一个行为，咬学生证牌。于是，找他们谈心，告诉他们，这跟吃手指一样不卫生，影响牙齿的生长，并请他们监督自己和同学，记录自己和同学，有这种玩学生证牌的情况，要扣除一周礼仪奖励。安排他们参加学生证牌管理员工作，他们意识到自己有责任和被信任，很高兴，也很认真，衍生的"咬学生证牌""吸吮手指"的行为随之减少。

3. 联系众人，共同努力

孩子的教育，是由家庭、学校和社会共同协作完成的。让学校的任课老师、班主任老师和班级里的同学进行交流，请他们一起帮助小豪和小红改掉吃手指的坏习惯，比如，关注课堂上吮手指的次数，进行行为干预，寝室里发水果，清洗双手时关注手指的状况，寝室里室友提醒涂抹护手霜等。

第二节　口　吃

口吃现象经常发生于儿童生长发育阶段，以言语节律异常、讲话不流畅、讲话中间反复出现停顿为主要特点。儿童早期的语言发展至关重要，口吃会在某种程度上影响到儿童的学业表现、个性及人际交往的发展，甚至会导致心理疾病。国外的调查资料显示，每千人中有5~40名口吃儿童，我国学者的研究显示，每千人中有3~13名口吃儿童。而在学龄期，有轻微口吃现象的孩子则远高于这个比例，且男孩要多于女孩。在积极的干预和帮助下，多数儿童的口吃现象会自行消失。

一、案例

【案例1】

闹闹，男，6岁，足月生产，1岁可独走，1岁6个月会叫"爸爸""妈妈"，2岁开始出现较多叠音，最近韦氏幼儿智力测试总智商93（正常：90—110），语言理解83（正常：90—110），通过家长了解到，孩子目前说话会重复字、拖长音、很久说不出下一个字，已持续有4年左右，家中远近亲属说话均未出现这类状况。闹闹目前主要由爷爷和奶奶照顾，奶奶是一名语文老师，性格比较急躁，对闹闹要求也比较高，不能接受闹闹任何所学项目弱于别人，尤其是在语言表达方面。奶奶说话语言速度比较快，平静状态下还不明显，激动时较明显，闹闹的爸爸妈妈工作都很忙，很少陪伴孩子，偶尔陪伴孩子，当孩子出现口吃现象时，主要以责备为主。

【案例2】

小毛，男，16岁，独生子女，没有重大躯体疾病史，父母都是公务员，父亲由于工作比较忙的原因很少有时间和孩子单独相处，对小毛教育也比较严厉，母亲性格较为温和，家中外公外婆对小毛的教育也极为重视。小毛从小学开始，只要着急就开始口吃，不断重复讲话，周围的人就不停提醒他慢点讲话，越是让他慢点他就越口吃，直至说不出话来。如果此时同学学他说话或者再笑话他，他就更加紧张，越不能正常表达此时自己要表达的事情，时间久了，小毛慢慢不再愿意讲话，老师上课提问题他能躲就躲，即使会也不作答，越来越自卑，不愿和人交往、沟通，没有朋友，在校期间孤僻，无助。

二、讨论分析

(一)口吃的界定

口吃是一种言语节律的失调，主要表现出声音、音节或者单词被重复或延长，或者由于经常发生犹豫和暂停，导致中断有节律的语流。口吃是儿童常见的一种语言障碍，国外报道的患病率为1%，根据统计，在我国儿童中，口吃的发病率为5%，其中50%~80%的口吃患儿无需治疗即可治愈。口吃不仅影响儿童言语功能的发育，还会严重地损害儿童的心理健康，使儿童产生较大的心理压力，导致其自尊心受挫，容易形成孤僻、退缩、羞怯、自卑的不良个性。口吃儿童往往情绪不稳定、容易激动，他们害怕在大庭广众下与人讲话，害怕上课时老师提问题，也不愿意主动与同学交往、沟通。但是乐观的一点是，多数幼儿的口吃是假性口吃。也就是说，这种阶段性的口吃如果在其幼儿期没有得到尽早的纠正，或者受到人为施加的心理压力，则有可能会伴随其终身。

(二)口吃的原因

1. 模仿行为

很多孩子开始说话时表达非常流利,由于周围有口吃的孩子,并觉得其说话与众不同,便开始模仿,经历一段模仿便使口吃成为一种习惯而固定下来,从而出现口吃现象。

2. 语言表达能力不足

这主要发生于学龄前期,此时是学习语言的关键时期,这个阶段语言发育很快,孩子常会因为急于表达又找不到合适的词语而表现出言语停顿、犹豫不决,不重视、不合理处理也会导致口吃。

3. 情绪障碍

精神创伤导致焦虑、恐慌情绪,使得年幼儿童容易导致行为退行,从而出现讲话不流利或者口吃。

4. 大脑功能侧化异常

右利手(右手写字、右手用筷子)者负责语言大脑皮层的中枢在左侧半球。左撇子儿童的家长都希望他们孩子改成右利手,在矫正儿童从左利手到右利手的过程中,儿童会出现言语流利性差、构音重复等现象。

5. 遗传因素

家族成员患口吃人数要比一般人群多。因为口吃儿童容易出现害羞、焦虑、紧张、发脾气等情绪反应,上课被动不举手发言,害怕被提问,与同学交往少,相对孤僻,对孩子的成长有负面影响。

三、案例分析

【案例1】

闹闹口吃的主要原因除遗传等因素之外,主要是由于语言发育迟缓和家庭教育方式所产生的环境-情绪压力。原因一,在语言发育上,闹闹的语言能力相对于同龄孩子,明显较弱,语言能力较低,在词汇和语法的应用上均低于正常同龄儿童,不会用相对复杂的句子表达,交流的本领也很低,严重影响了闹闹的交往能力。原因二,家庭教育方式有问题,闹闹家是典型的隔代教养,奶奶对闹闹的要求过于严格。孩子还处在发育期,不可能任何事情都能做到完美，而奶奶过于严厉的教养方式，使孩子产生了较大的心理压力。由于奶奶性格急躁，说话语速较快，这在一定程度上对孩子造成很大压力。闹闹的父母工作忙很少陪伴孩子，明显的亲子关系疏离，不利于孩子的成长和发育，当孩子出现口吃时，父母多以指责为主，这样不但影响孩子口吃的恢复，还会对孩子的心理发展造成影响。

【案例2】

小毛妈妈回忆，小毛一年级的时候，小毛的小姨得了重症。因为小毛的小姨非常喜欢小毛，所以希望小毛能来自己身边读书、生活，因为小姨家里也有一个女儿，她们两个可以做伴。那时的小毛很不愿意离开妈妈，每次都哭，但妈妈告诉他，小姨得了重症，只要能让小姨高兴，他应该去做任何让小姨高兴的事情。后来让他学书法、学跆拳道，这些小毛都不喜欢，可是为了让小姨高兴，小毛都会去做。从妈妈口中得知，小毛生性乖巧，做事情规规矩矩，胆小懦弱，受人欺负也不敢反抗，更不会保护自己，向来逆来顺受。小毛很在意别人对自己的评价，在和他人的交流过程中，脸发红，心里非常紧张。通过小毛的成长经历初步诊断：小毛在出现精神紧张、焦虑，应激环境中才会口吃明显，所以，小毛的口吃是心因性的，精神因素是引起小毛口吃的主要原因，只要他遇到不想做的事情或者不愿意做的事情，他就口吃，于是家人不停地提醒"注意点"就越口吃，此时口吃就是一重心理强化，他的口吃行为也在不断地被他的家人强化，每一次的强化都加强了小毛的口吃行为，到后来他自己也形成强化暗示心理，让自己说话"注意点"，不要口吃，可是越关注，口吃就会越严重。日积月累，几年下来，口吃就变成了一个被强化的行为。

四、干预办法

(一)阳性强化疗法

在家里，所有人要保持一致，不强化孩子的口吃行为，不提示、不强化不说话这个行为。从现在开始淡化孩子们口吃的行为，就像他们完全没这个行为一样。当孩子明白他这个行为不再被人关注，这个行为就起不到任何作用，这个过程很漫长，不能操之过急。孩子的口吃行为是经过十几年形成的，所以要给他一段时间来适应和形成新的习惯。家人要有耐心来陪伴孩子，只要不关注，行为就会慢慢消失。

(二)合理情绪疗法

1. 心理调适

不采用负面影响的想法，比如，"我说不好怎么办?"这句话背后的意思就是，如果我说不好，我就完了，别人就会瞧不起我，我就会失去面子，就得不到别人的喜欢和认可了。现实事实是什么呢?"我没有别人想象的那么重要，没有谁那么在意我，别人喜不喜欢我其实并不那么重要"，"就像我不可能喜欢所有人一样，总有我不喜欢的人，也总有不喜欢我的人，最重要的是我要喜欢我自己"，用合理的信念想法，替代不合理信念的想法。

2. 积极的心理暗示

每个人都有适合自己的一把解开心结的钥匙，找到能对自己有意义和积极影响的心理暗示，比如，"我已经说得很好了，不用在乎别人的眼光，我是为自己而活，并不是活在别人眼里。"试着去慢慢寻找适合自己的那句心理暗示的语言，不停地用这句话来鼓励自己，激发潜意识的能量，建立自信。

(三)系统脱敏

1. 环境训练

把说话紧张时口吃的各种场面，由轻到重依次排序，可以分别抄到不同的卡片上，把最不令你口吃的场面放到最前面，把最令你紧张口吃的场面放到最后面，卡片按顺序编号。

2. 放松训练

让孩子们选择一个舒适的场合，有规律的呼吸，让他们全身放松，进入松弛状态后，拿出系列卡片的第一张，想象上面的情景对话，想象得越逼真越鲜明越好。

3. 想象训练

如果此时孩子们觉得有不安情绪和紧张口吃，就停下来，不要再想象，做深呼吸使自己再度松弛下来，重新想象刚才失败的情境。如果不安和紧张口吃再度发生时，就再次停止放松，如此反复，直至卡片上的情景不会再使他不安和紧张口吃为止。

(四)教育改进

1. 语言教育训练

制订一套计划，按计划不断提升孩子对复杂句法的理解能力，引导孩子扩展句子的长度，逐步尝试使用较长的语句表达，提升对复杂语音的熟识度，可以尝试绘本练习，结合绘本内容设计情景游戏，在游戏中设计问题鼓励孩子回答，拓展孩子表达句长及表达难度。

2. 调整家庭教育方式

营造一个轻松愉悦的家庭氛围。首先，父母调整工作时间，尽可能抽出时间陪孩子。其次，家庭成员要改变对孩子口吃的看法和态度，尝试接受并理解孩子口吃，不进行负面刺激，不过分关注，并积极使用治疗基本技巧参与到孩子的恢复过程中来。

第四章　儿童青少年人际关系问题

人际关系是人与人之间在社会生活的相互作用中建立起来的一种心理关系。它表现了相互沟通过程中心理联系的深度、亲密、和谐、协调等程度。它的变化和发展取决于双方的满意程度，只有双方在相互交往中满足了自己的社会需求，才会保持密切的心理关系和友好的情感。良好的人际关系是儿童青少年健康成长和发展的必要条件。家庭关系、教师关系和同伴关系是儿童青少年人际关系的重要组成部分。父母教养方式不当、教师严格的教育管理方式和同伴关系处理不当等问题，已成为影响儿童心理和行为健康发展的重要风险因素，对青少年社会技能的发展、身心健康，以及应对学业和生活压力的能力都有显著影响。

随着儿童和青少年心理的日益成熟，在沟通动机的驱动下，他们逐渐产生融入周围环境，与社会建立联系的需求。人际交往是儿童青少年了解自己、了解他人、了解社会的基本形式和途径。这是他们个性和社会发展的一个重要领域。探讨学生的人际交往问题，对于深入了解学生的心理和行为，促进学生的健康成长具有重要意义。人的成长、发展、成功和幸福都与人际关系密切相关。没有人与人之间的关系，就没有生活的基础。正常的人际交往和良好的人际关系是心理正常发展、人格健康和生活幸福的必要前提。儿童和青少年良好的人际关系有助于他们的社会化和个性发展，能够促进他们的心理健康。

人际关系的质量对于儿童青少年的成长也有很大影响，建立良好的人际关系可以使他们更加自信和乐观。对于青少年而言，他们需要知道自己是一个什么样的人,并确保自己成为一个独立的人。他们在这个过程中寻找自己的行为准则。因此,一方面,他们应该摆脱旧的约束,学会做成年人和自己,但也不能放弃对家庭情感的需要;另一方面,他们欠缺理性,不够成熟,常常认为成年人不理解他们,他们不愿意在成年人面前暴露自己的困惑。因此,在人际交往中会出现一些较常见的不良行为:冲动、情绪不稳定、乖戾、易生气、叛逆、挑剔、无礼、抑郁、矛盾冲突等。

一、案例

【案例1】

乐乐妈妈现在非常困惑,为何儿子会和自己这么疏远。六年前,妈妈生下了乐乐,那时她是一家企业的人力资源总监,丈夫则自己经营一家公司。他们都很忙碌,没有时间照顾乐乐。夫妻两人商量后决定请一位有经验的保姆来带孩子。保姆是朋友介绍的,很老实,五十多岁,特别喜欢小孩,带小孩很有经验,而且还非常勤快,每天都把家里打扫得一尘不染。乐乐10个月大的时候断了母乳,保姆开始给他喂奶粉。每次喂之前,保姆都要先将奶瓶捂到和自己体温差不多的时候再喂乐乐。虽然保姆识得字不多,但乐乐仍然非常喜欢听她讲故事。出去买东西,别人经常把乐乐误当成是保姆的亲孙子。

有人问乐乐最大的理想是什么,她总是说要赚钱买房子和保姆永远住在一起,保姆听到了非常开心。一眨眼,乐乐快上幼儿园了。这天,乐乐妈妈和丈夫商量要把保姆辞退,保姆是含着泪离开的。早上,乐乐醒来发现保姆不在了,他又哭又闹,谁的话也不听,给他吃东西,他把碗摔得老远,看着哭了整天的儿子,夫妻俩没办法,只好从乡下又把保姆接了回来。这件事以后,乐乐妈妈发现儿子对自己越来越疏远,如果自己想抱他,他会躲开,甚至跑到保姆的怀里。她想,可能是自己平时忙于工作,疏忽了照顾儿子才会这样的。为了改善和儿子的关系,她常常抽空带儿子出去玩,给乐乐买她爱吃的东西,可每次买给乐乐的东西,他都要留一份,说是回去留给保姆吃。看到儿子和保姆的关系比自己还亲密,她心里很不是滋味,毕竟自己才是乐乐的真正母亲啊。

(案例来源:http://cs.xdf.cn/xsc/youer/201807/098425672.html)

【案例2】

正在上课的时候,张伟举手并说道:"老师,林强用粉笔砸我。"林强学习成绩还可以,就是比较争强好胜,好狡辩,喜欢在课堂上做一些小动作。听到张伟的汇报,老师还没有说话,林强就大声狡辩起来:"我没有砸,是石同学砸的。"老师说:"人家怎么不说是别人砸的呢?你做了错事还不承认,哪像一个男子汉呀!"这句话引来了其他同学对他的讥笑,使林强非常气愤,他气呼呼地看看石磊,又愤愤不平地看着老师,说了句:"有些人才不像男子汉呢。"接着,他又是拍书,又是砸笔。课后老师很快了解到,今天确实不是他去惹事去砸人家的,而是石磊砸的。虽然老师十分愧疚,但老师和林强之间也产生了隔阂。(案例来源:http://www.360doc.com/userhome/373220)

【案例3】

张某,男,17岁,高中一年级学生,成绩一般,智商中等,性格内向,在人面前不苟言笑,上课从不主动举手发言,老师提问时总是低头,或回答声音很小,大家都听不清,脸还会涨得通红。张某除了上厕所总是静静地坐在自己的座位上发呆,老师叫他和同学一起玩,他也会坐着不动。老师了解到他父亲在外地工作,较少与孩子在家交流,对孩子的学业期望值却很高;张某的母亲除了对他严格的学习要求外,其他方面都可以做到让张某衣食无忧、无忧无虑。

张某在家受到父母的溺爱,从不做家务,自理能力很差,而所在高中是一所寄宿学校,生活中的一切事情都要自己独立完成。这是他一生中第一次住在宿舍,这对他来说是一个巨大的挑战,他的父母认为他长大后应该自己克服困难。他们总是让他想办法解决任何困难,而不是给他及时的帮助。因为他手脚慢,洗澡洗衣服要花很长时间,宿舍里只有一个卫生间,这让宿舍的其他成员很不方便,有时他们会抱怨并要求他快点。他认为大家的提醒是对他有意见,所以他在人际沟通方面非常紧张。与此同时,宿舍里还有一个学生与其他学生相处不好,这增加了他在人际交往中的压力。他担心自己会像那个学生一样被其他学生讨厌。在巨大的压力下,他在其他学生面前讲话感到不舒服。他害怕说错话或做错事来冒犯其他学生。慢慢地,他在和同学说话时变得深思熟虑,不敢和同学说话或玩耍,完全孤立了自己。随着时间的推移，这种情况变得越来越严重，最终发展到每天早上醒来都会感到巨大的压力，不知道如何与同学互动，害怕上学，甚至有心跳加速和呼吸困难。

（案例来源 http：//blog.sina.com.cn/s/blog_68f9e9d00100kyt9.html）

二、分析讨论

（一）人际关系概述

人际关系一词最早由美国人事管理协会在20世纪初提出，也称为人际关系理论。它由哈佛大学梅奥教授于1933年创立。从广义上讲，人际关系是指人与人之间的关系，包括社会上所有的人际关系，如夫妻关系、父子关系、同事关系、同学关系等；还有其他方面，如政治关系、经济关系、文化关系、法律关系等。狭义的人际关系是指人与人之间通过互动和互动形成的直接心理关系，反映了人与人之间的心理距离，以及个人或群体寻求满足的心理状态。

根据人际关系形成基础的不同，可以分为血缘人际关系、地理人际关系和因果报应人际关系。血缘关系是最直接、最普遍的人际关系，由血缘关系和姻亲关系构成。地缘人际关系往往建立在社会历史和文化的基础上，并通过居住在同一地区而形成。因此，人际关系具有文化传统、心理纽带和地方色彩等特点，对社会有着非常广泛的影响。职业关系以共同的事业和兴趣为基础，在人际关系中所占比例最大，对社会影响最大。根据人际关系心理联系的不同性质，可以分为基于情感的人际关系、基于兴趣的人际关系和没有任何基础的陌生人关系。

20世纪60年代，哈佛大学的社会心理学家米尔格兰姆就设计了一个连锁信件实验。他将一套连锁信件随机发送给居住在内布拉斯加州奥马哈的160个人，信中放了一个波士顿股票经纪人的名字，信中要求每个收信人将这套信寄给自己认为是比较接近那个股票经纪人的朋友，朋友收信后照此办理。最终，大部分信在经过五六个步骤后都抵达了该股票经纪人。这个连锁实验，体现了一个似乎很普遍的客观规律：社会化的现代人类社会成员之间，都可能通过"六度分割"而联系起来，绝对没有联系的A与B是不存在的。

儿童青少年的人际关系可以分为亲子关系、同伴关系和师生关系。亲子关系是指父母与子女之间的沟通关系，包括父母与子女之间的沟通。它不仅是生活中形成的第一种人际关系，也是家庭中最基本、最重要的关系。西方对青少年心理学的系统研究始于20世纪初美国的"儿童研究运动"，其先驱是G. S. hall。虽然霍尔并没有对青少年时期的亲子关系进行特别系统的阐述，但其有关个体心理发展的极具特色的"复演论"中已折射出青少年的特点与父母的思想有关。

同伴关系是指校园中同岁或相近年龄的学生之间的一种共同的活动和相互合作。它主要是指同龄人之间或心理发展水平相同的个体之间的交流。早在1966年，Douvan和Adelson就提出青少年的友谊是社会支持的重要来源，可以减少青少年在这个特殊时期对快速变化的焦虑和恐惧。国外研究人员安妮特和汉娜发现同伴归属感、积极的朋友质量和亲密关系可以减少青少年的社交焦虑体验；关系霸凌和与朋友的不良沟通可以预测高度的社会焦虑。

师生关系是指在教育过程中为完成一定的教育任务而产生的师生关系，以学习为中介而形成的特殊社会关系。师生关系首先是教学关系，同时，师生关系也是一般的社会人际关系。

(二)儿童青少年阶段人际交往的变化

1. 交往对象的变化

在青少年时期，由于自我意识和独立性的发展，交流对象的焦点开始向同龄人转移，情感的焦点逐渐向亲密朋友转移。因为平等与同伴关系可以为他们提供机会发挥自己的主动性，并通过相互帮助满足自我发展的需要和尊重的需要。在高中，青少年达到了结交同性朋友的高峰时期。

2. 交往方式的变化

由于自我意识的增强和身心矛盾的出现，儿童青少年心理上出现了不安和焦虑。他们需要一个地方，在那里他们可以倾诉他们的烦恼，交换想法，展示自己和保守秘密。在小学阶段，已经开始以交友的形式注重个人内在素质的特点，交往内容逐渐从活动的外部层面发展到内部的了解和体验。他们择友的标准主要包括共同的兴趣和追求；有共同的问题；相似的个性；他们可以在很多方面相互理解。在这个阶段，朋友之间的关系是非常亲密的，所建立的友谊是比较稳定和持久的。

3. 择友特征的阶段性变化

儿童和青少年的朋友选择是基于他们对交朋友的新理解。青少年对朋友的选择主要以活动为中心。只要相处融洽，他们就是朋友。朋友应该绝对忠诚，坦诚，保守秘密，遵守看不见的合伙规则。在选择朋友时，他们更注重内在的素质和兴趣，即强调彼此的气质、个性、能力和兴趣。这个时候，青少年的判断能力和自我调节能力都有了相对的提高，可以求同存异。朋友之间一些无原则的问题，不会影响友谊的延续。由于青少年兴趣的不断扩展和内心的丰富，高中生比青少年拥有更广泛的交流领域。他们更倾向于选择不同的朋友来满足他们不同的需要。

(三) 儿童青少年常见的人际交往问题

由于儿童青少年心理发展不成熟，社会经验较少，缺乏人际交往能力，许多心理问题往往是由人际交往问题引起的。儿童青少年的人际问题主要集中在与父母、老师、同学、朋友的沟通上。

1. 亲子关系问题

亲子关系是指父母与子女之间的关系。它是最基本的家庭关系，血缘关系是由夫妻关系衍生而来的纽带。心理学研究表明，亲子关系是儿童成长中非常重要的因素，对儿童的心理发展具有重要意义。亲子关系直接关系到孩子的学业成绩、问题行为和心理障碍。

父母是孩子的第一任老师。父母的教养方式、家庭氛围，以及父母对孩子的期望都影响着亲子关系的质量。一般来说，在和谐、和谐、平等、民主的家庭中长大的孩子往往会形成良好的人际关系和人格。相反，在粗暴、专横和争吵的环境中长大的孩子容易出现人际问题。亲子关系的问题可以从父母和孩子的角度来理解。从家长的角度看，主要表现在家长管束过度、期望过高、完全失控、过分溺爱等问题；从孩子的角度来看，表现为孩子与父母之间的敌意和疏远，父母与孩子之间的沟通困难，代沟或过度依赖。

青春期是从儿童到成人的过渡时期。这一时期的典型特征是生理的快速发展和成熟，促进青少年获得"成人感"和高度的自主性；与此同时，青少年的思维发展进入了独立、批判、逻辑的形式运作阶段。这种行为上的变化主要表现在开始经常审视甚至公开反抗被盲目追随的父母权威，从而打破了原有的亲子关系模式，进入了由父母主导的单向权威向父母与子女相对平等的双向权威转变的时期。亲子关系处于不稳定状态，主要表现为亲子冲突增加，亲缘关系下降。这种变化符合儿童身心发展的规律。

2. 师生关系问题

师生关系是指在教育活动中，师生之间通过交流和互动而形成的人际关系。教师的期望、教师对学生的态度、教师的教学方法都会影响师生关系的质量。儿童和青少年会在学校度过大部分的时间，师生关系是他们生活中最重要的关系之一。良好的师生关系不仅对他们的学习有非常重要的影响，而且对他们能力的发展、良好人格的形成和心理的健康发展都起着至关重要的作用。童年时期，学生坚信老师的权威，无条件地服从老师。在青春期，由于青少年独立意识的增强和成人感的出现，他们不再盲目服从老师，教师在学生心目中的地位下降。学生开始审视老师的言行和处理问题的方式，他们对自己喜欢的老师更加亲近和尊重，对自己不喜欢的老师更加疏远和抵触。这主要体现在学生的失望、冷漠的对抗、回避困难、教师的误解、不理解和不尊重学生等方面。

3. 同伴关系问题

同伴关系是指具有相同心理发展水平的同伴或个体之间在交往中建立并发展起来的人际关系。同伴关系对儿童青少年的社会发展至关重要。首先，小学生之间同伴关系的建立主要基于外部条件或共同活动的一致性，如座位邻近、共同到校路径等。随着年龄的增长，他们逐渐建立起新的交往标准，比如，选择有共同兴趣、动机和习惯的同伴作为朋友，关注同伴的接纳程度和他们在群体中的地位。到了中学阶段，青少年的交流范围逐渐缩小，希望只选择一两个同伴作为自己最好的朋友，并开始对异性产生兴趣。同伴间的矛盾和冲突表现在许多方面，如自我中心、缺乏友谊、孤独、孤僻、嫉妒、猜疑等。

同伴关系是人际关系的一种主要形式。良好的同伴关系有利于青少年的归属感和被尊重的体验。良好的同伴关系有利于他们完成学习任务，适应校园环境，增进相互了解，分享经验和感受，建立友谊，形成和巩固集体意识，提高处理实际问题的能力，全面发展自己的各项素质。同时，同伴交往的经历也为青少年今后离开社会,处理人际关系奠定了基础。

(四)案例分析

案例1分析:现代心理学表明,在儿童成长过程中,亲子关系有着极其重要的意义。一般来说,在早期发展过程中,如果缺少母爱,会使儿童情感发育不良,主要表现在性情孤僻古怪、不合作、不自信、生活缺少规则和安全感等,同时也会导致儿童想象力、观察力、创造力及言语技能等智力因素发展受限制。另一方面,儿童有极强的模仿能力,抚养人的不良生活习惯会很快被儿童学会。所以,在乐乐以后的发展过程中,多关注他的想法,培养孩子的多元化发展,加强亲子的互动,注意其自信心和内在规范的培养,一定能使乐乐重获快乐的童年。

案例2分析:从这个案例来看,学生的负面情绪来源于老师的误解,学生感到比较委屈。老师的情绪控制得还比较好,没有用自己的权威去压学生,从而使矛盾进一步激化。有些教师面对一些突发事情,心态上还不够冷静,容易偏听偏信,用思维定式的方式去分析问题,去批评心中认定的问题学生。当碰到两个学生闹矛盾,而老师又没有看到真实的情况时,教师最好的处理方式就是采取"冷处理"。

案例3分析:面对这种棘手的情况,班主任应及时与他的家长联系,并请教心理方面的专家,可以通过以下的做法来帮助这位同学。

1. 利用上课活动,创造交往的条件

上活动课时,教师主动邀请他与同学配合完成任务。同时,引导其他同学与张某共同完成任务,并鼓励张某主动与同学交往、合作。

2. 指导家庭教育,改变不良的教育方式

建议学生的家长经常到学校与教师交流,反馈情况,教师与家长共同商议解决孩子不良心理状况的办法,如选择适当的教育方式,对孩子的进步给予肯定、表扬。同时,适当地让孩子做家务,提高孩子的自理能力,从家务劳动中锻炼与家人交往的能力。

3. 创设良好的班级人际氛围

利用心理辅导课、活动课等时机进行群体性的心理辅导,让学生知道与人交往、帮助他人,不嘲笑、不鄙视能力比自己差的同学是一个好学生应具备的好品质，从而主动地在学习、生活中帮助他。

4. 培养学生交往的语言表达能力，提高其与同学交往的信心

他的成绩一般，上课又不主动发言，教师利用心理辅导课给他进行语言训练，通过自讲、和同学对讲，在讲中记，在记中练，在练中学技巧，扫除他与同学交往过程中的语言障碍。

5. 请权威的心理医生对他进行心理辅导

从专业的角度帮助他走出困境，并在病情加重的时候进行适当的药物治疗。

三、改善儿童青少年人际关系的方法

（一）改善师生关系的途径和方法

1. 加强师德修养

教师要树立正确的世界观、价值观和人生观；我们应该学习中国传统道德理论，汲取其精华，在实践中发扬光大。树立正确的道德理想；学习教育理论，掌握教育规律，按教育规律办事，才能更好地完成教书育人的职责，提高教书育人的能力。教师职业道德的培养不是一朝一夕就能实现的，而是需要在教育实践中不断得到认可、提高和完善。只有经过反复实践才能得到越来越清晰和深刻的理解，身教比言传身教更重要。教师的言行对学生产生巨大而潜移默化的影响。加强师德建设对于培养高素质的学生，形成良好的校风至关重要。

2. 树立正确的学生观

正确的学生观是建立良好师生关系的基础。有的老师认为成绩不好的学生愚蠢、顽皮、一无是处，所以处处反对自己的学生，造成师生关系紧张，或者对学生失去信心，放弃教育。相反，有些老师认为，不管学生是聪明还是笨拙，听话还是淘气，他们都很可爱，可以教得很好，所以他们总是用热情、坚强的意志和高超的教育教学艺术来教育学生。可见，教师的学生观影响着教师的工作态度和教育效果。教师不仅要有正确的学生观，而且要深刻理解学生对教师的看法。学生对教师的看法往往是教师对学生看法的反映。

3. 发扬教育民主

民主平等是现代师生伦理关系的核心要求。有些教师不学习和研究心理学、教育学和教学方法，不努力提高自己的教育教学水平，而是一味追求个人权威，他们在教育教学过程中，不管自己的做法是否符合教育规律和原则，是否有利于学生的身心发展，而一味要求学生言听计从。他们还任意惩罚学生，使学生心理压抑却不敢发表意见，这种专横的教师作风是师生关系变差的主要原因。研究表明，学生最喜欢和蔼可亲、作风民主的老师；学生们疏远的是那些专制的老师。因此，教师应该信任和尊重学生，与学生平等相处，诚实相待，发扬民主的教育教学作风，以促进师生之间的相互信任，推动师生关系走向和谐。

4. 关爱学生

关爱学生是教师职业道德的核心内容，是教师对教育忠诚的具体体现，是建立良好师生关系的关键。热爱是教书育人的思想感情基础，是决定教育结果的强大力量。实践证明，真诚关爱学生是打开学生心灵之门的钥匙，是建立良好师生关系的桥梁，是教师成就的奥秘。深入了解和研究学生，是关爱学生、有效教育学生的出发点，也是建立良好师生关系的前提。教师应该对学生有深入的了解。不仅要及时了解学生的学习、作业和课外活动，还要了解学生的年龄特征和个性差异。教师不仅要理解学生，照顾他们，更要给予他们良好的指导和严格的要求。

5. 加强师生自由交流

教师应该对学生的活动表现出更多的兴趣。花点时间参加学生喜欢的活动可以显示老师对学生的关心。由于老师的参与，那些参加活动的学生将取得很大的进步。与学生共进午餐，特别是在寄宿学校，老师可以有计划地与学生一起吃饭。在吃饭的时候，他们可以谈论一些共同的话题和个人的事情，倾听学生对学校、家庭和社会的思考，以及学生内心世界的变化和差异。在关键时刻给学生写信或做笔记，教师可以充分利用各种有利于教育的机会，如开学、考试后、生病时等，教师可以通过写笔记、写信、发短信、电子邮件等方式传达想法，表达关心和祝福。充分利用学校组织的一些活动，如文艺演出、演讲比赛等，教师积极参与活动，与学生分享快乐时光，增进师生之间的有益交流。适当参与学生体育活动,是教师接近学生的好途径。

6. 有效的沟通技能

青少年正处于自我意识发展的上升期。由于思想上的不成熟,性格上的不成熟,人际关系上的不稳定,他们都给自己带来了这样那样的问题或烦恼。在这个时候,学生们非常需要一个听众。运用听力技巧的基本目的是促使学生说出自己内心的担忧和需求。当老师认真倾听而不作评论时,学生会觉得自己的情绪被接受了,这样可以减少学生掩盖真实感受所带来的紧张和焦虑。许多教师在遇到学生有问题时,表现出一种自然的本能冲动反应。这种自然的本能冲动反应可能是不科学的,甚至在无意中伤害了学生。因此,师生之间的对话应该在平等的关系中进行,应该鼓励学生多表达自己的想法和感受。他们应该集中精力听学生的演讲,不要随意打断学生的话题,让学生感觉到老师愿意倾听他,接受他,尊重他。通过认真倾听每一位同学的声音,建立良好的师生关系,一定会收到意想不到的结果。

(二)改善儿童青少年同伴关系的途径和方法

1. 帮助端正交往态度

建立平等沟通的理念。每个人都是独立理性的主体,都有自己的尊严。在交往中,无论性别、家庭状况、地位和学业成绩,他们都是平等的主体,没有优劣之分。为了改善与学生之间的紧张关系,教师要用真诚的情感和诚实的态度相互沟通,让对方相信和理解发自内心的友好祝愿,接受教师的行为。儿童青少年应主动了解同龄人的性格和爱好,多与同学交谈,相互交流信息、思想和感情,获得相互理解和信任,密切同学之间的交往,成为真正受欢迎的人。青少年应该多阅读与人际交往有关的书籍,掌握与人交往、交谈、交流、表达意见和公开演讲的技巧,提高自己的学术素质。在交流中向同学学习,在实践中积累经验。当然,最重要的是树立正确的世界观,培养高尚的道德品质,加强人格修养,真正提高自己的社交能力,从而正确处理各种人际关系。

2. 培养良好的社交技巧

人们的第一印象是非常重要的,留下清晰、深刻的印象是成功人际交往的第一步。学会理解和把握彼此的心态。要学会移情,站在别人的角度,为别人着想，这件事如果摆在自己面前，该如何处理。当同学之间发生冲突和矛盾时，注意反思自己的言行，尽量宽容他人。与同学交流中要注意任何事情，不要太挑剔，不要苛求别人；与朋友相处时，要欣赏他们并向他们学习。学会适度地表扬别人。每个人都需要得到赞赏和赞扬，善于欣赏和赞美他人是建立良好人际关系和寻求知己的重要条件。学习如何微笑。微笑是热情的象征，也是友好的信号。微笑能很快克服陌生感，体验支持、信任和善良。

(三)改善亲子关系的方法

1. 父母应该学会理解和尊重他们的孩子

(1)接受孩子的感受。每个人都有自己的喜怒哀乐，孩子们也是如此。孩子们有时发脾气是很正常的。父母应该接受它，给孩子们表达情感的机会。

(2)尊重孩子的个体差异。每个孩子都有自己的个性特点。永远不要拿他和别的孩子比较，特别是拿别的孩子的优点和自己孩子的缺点来比较。这是孩子们最不喜欢的，容易引起亲子矛盾。家长应该根据孩子们的特点来教育他们。

(3)尊重孩子的独立自主。在现实生活中，一些父母害怕他们的孩子劳累，害怕他们的孩子不能做好，所以不让他们的孩子做力所能及的事。父母应该给孩子独立成长的空间，让他们在活动中发展独立和自主。当孩子完成一项工作时，父母应该给予适当的肯定和赞赏。当孩子的存在价值得到肯定，他们的工作能力得到肯定时，他们也会感到无比的兴奋和快乐，这将大大增强孩子的自信心。

(4)学会欣赏。俗话说，好孩子是值得夸耀的。在家庭教育中，父母要善于鼓励和赞赏孩子，这可以为孩子的进步产生一种无形的力量，增强孩子的自尊自信，增强孩子的自我完善。家长的表扬、表扬、欣赏、鼓励等欣赏方式会增强孩子的自尊心和自信心。同时，孩子在未来的生活中会学会感激父母、亲人和其他人，成为一个积极、热情、阳光、有爱心的人。

(5)信任孩子。父母必须清楚地认识到，他们应该放手，相信孩子有潜力和能力，孩子绝不像他们想的那样无能。让孩子们自己决定事情，让他们更多地体验生活，给他们自由发展的空间。坦率而明智的指导，而不是命令，是父母赢得孩子信任的途径。没有信任感，就没有和谐的亲子关系。

2. 父母应该多和孩子交流

父母和孩子之间有代沟，沟通可以更好地了解孩子的想法，发现孩子的困难，给他们支持。亲子关系的和谐将是一个长期而又不易察觉的过程。首先，家长要善于倾听，让孩子发泄不满和痛苦，家长要善于用肢体语言和表达来支持孩子。只要给孩子一个说话的机会，而孩子认为你是在真诚地倾听，他就会愿意告诉你实话和真心话。其次，父母应该掌握有效的沟通方法。理解是前提，尊重和理解是关键。家长应该学会换位思考，少用"我认为"和"你必须"这样的词。

3. 父母应该从孩子身上学到更多

今天的孩子在开放的环境中长大，父母不再是绝对的权威，孩子们在许多方面的见解都超过了成年人。如何向孩子学习？专家建议，父母向孩子学习的前提是了解时代的变化；欣赏孩子的优点是向孩子学习的首要条件；向孩子学习应该以真诚为基础；努力成为孩子的好伙伴应该成为成年人的追求；建立对话、互动、融合的教育模式。

4. 孩子们应该学会理解和尊重他们的父母

在成长的过程中，青少年应该学会理解父母，理解父母的辛苦，共同营造一个和谐的家庭氛围，这是很多青少年学生所没有意识到的。青少年应该站在父母的角度思考，设身处地为父母着想，学会理解父母。父母的爱是世界上最伟大的爱。自从出生以来，父母开始爱孩子。青少年应该主动体验父母的爱，成为有责任心、独立、自尊的人。

5. 孩子们应该学会与父母有效地沟通

作为孩子应该了解自己的变化和特点，主动与父母沟通，让父母了解自己的变化和愿望。客观看待自己与父母在知识和能力上的差异，从内心尊重父母，迅速接受父母的正确意见和建议。了解父母的艰辛和困难，体验他们的情感和需求，关心他们的身心状况，给父母更多的精神安慰。调整和控制自己的情绪和态度，克服叛逆心理。正确处理尊重、孝顺与帮助父母的关系。

6. 孩子回报父母的爱

父母关爱孩子是很自然的事，但是孩子很少主动去了解父母的需要。许多学生潜意识里认为父母为自己做的事情是对的。他们从来没有认真考虑过他们应该做什么。为了回报父母的爱，孩子应该理解父母的期望。青少年应该体谅父母的艰辛，尽可能少的让父母为自己担心。青少年应该分担父母的忧虑，为父母解决问题。当父母生病或陷入困境时，应该尽自己最大的努力去照顾和帮助父母。认真听从父母的建议，不要随意反驳他们。如果有不同的想法，应该理性表达。总之，对父母爱的回报应该体现在言行和细节上。

第五章 儿童青少年性格问题

世界上找不到两片完全相同的叶子,也找不到两个性格完全一样的孩子。不同的家庭、不同的教育方式、不同的父母都会对孩子的性格形成造成很大的影响。下面就来认识一下不同性格的儿童以及他们性格形成的原因。

性格决定命运,拥有什么样的性格就拥抱什么样的人生。儿童期是性格形成的关键期,所以,培养孩子良好的性格是每一位家长的重要职责,也是家庭教育中最重要的组成部分。儿童青少年能否成才与其性格息息相关,健康良好的性格有利于他们成长成才,偏狭的性格则往往对孩子的成长造成负面影响。

父母应该明白,不管哪种类型的孩子,都要因势利导。因为每种类型的孩子都有成功的可能,关键是如何发掘和引导孩子身上的这种特质和潜能。父母要为孩子营造好的家庭成长环境,因为儿童性格形成是通过孩子在家庭中的地位、家庭成员之间的关系和父母采取的养育方法实现的。父母的态度对孩子的性格有相当大的影响。

一、案例

【案例1】同伴关系和孩子的性格

小宇是由奶奶带的,因为奶奶年纪大,不能经常带着他下楼,因此小宇总是一个人待在家里玩。因为没有伙伴,所以小宇的话特别少,不喜欢和他人交流,性格内向,有的时候家里来客人了总是会躲到大人的身边,而且非常依赖他人,做什么事情都要大人帮他去做。因为父母总是忙于工作,并没有注意到小宇在性格上存在的问题,直到小宇上了幼儿园,父母才发现不对劲。第一天上幼儿园的时候,小宇非常不愿意去,爸爸妈妈连哄带骗,才将他送到了幼儿园。在父母离开的时候,小宇是眼睛里含着泪水看着父母离去的。看着自己的孩子委屈的模样,他的父母也是很不舍,但还是狠下心离开了。父母认为过一段时间可能小宇和小朋友能够玩到一起就好了,可是事情并没有想象的那么顺利。

第一天从幼儿园回来,小宇就趴到了妈妈的怀里,在妈妈的怀里大哭,妈妈问小宇怎么了,他也不说话,就是抱着妈妈大哭。第二天,小宇说什么也不去幼儿园,虽然爸爸妈妈把他带到了幼儿园,可是小宇说什么也不下车,就是不去。爸爸妈妈只好强硬地把他放到了幼儿园里。在这之后,小宇回到家也不哭不闹,而是变得很不爱说话,回来就一个人躲到自己的房间,也不愿意和爸爸妈妈说话。这让父母非常担心,于是小宇妈妈就找到了幼儿园的老师。

幼儿园的老师说,小宇在幼儿园的时候总是一个人待着,不和其他的小朋友玩,有的时候和小朋友玩了一会儿之后就生气地走开了,有的时候还无缘无故就哭了。因为这样,所以小朋友都不愿意和他玩,小宇总是看着其他小朋友开心地在一起玩,而自己则是孤孤单单地坐在一旁。小宇初上幼儿园的这几天都是这样。

小宇的妈妈了解到这个情况之后意识到了问题的严重性,在各方求证之后,妈妈找到了解决小宇这个问题的办法,多引导小宇去和小伙伴玩,改变对小宇的教育方式,不再溺爱孩子,多陪孩子,多和孩子交流,真正了解孩子的内心想法。

于是,小宇妈妈在闲着的时候就会带他下楼,尽量让他和楼下的小朋友玩。有的时候小宇和小朋友闹矛盾了,妈妈也是耐心地解决,还经常带小宇去游乐园、植物园,带小宇开阔视野,让小宇接触到外面的世界,接触到更多的人。妈妈开始真正关心小宇,经常和他参加一些亲子活动。在亲子活动中,妈妈也尽量引导小宇去和其他家庭的孩子交朋友。小宇也交到了很多的朋友。

因为多了很多朋友，小宇变得开朗起来，不再害羞，不再胆小了，不再总是无缘无故发脾气，也不会因为一点不如意就大哭大闹。而且小宇还爱上了去幼儿园，每天都是开开心心的。

【案例2】内向型的孩子

欣欣是一个非常内向的孩子，平时家里来个客人，她总是害怕地躲到妈妈的身后。平时在小区里看到同龄的小朋友，也不敢主动去和人家打招呼，非要在妈妈的陪同下，才会胆怯地和人家打招呼。也只有在妈妈的陪伴下，欣欣才能和小朋友玩一会儿。她总是黏着妈妈，这也让妈妈非常担心，担心她上幼儿园会不适应幼儿园的生活。

刚开始上幼儿园的时候，欣欣确实不太适应，她不敢和小朋友打招呼，上课的时候不主动和老师互动，总是安安静静地坐在那里，其他的小朋友也不和她说话，因此，刚开始的时候欣欣显得非常孤单。

欣欣虽然很内向，但她非常善良，喜欢帮助人。当有的小朋友不小心摔倒出糗的时候，其他小朋友都会哈哈大笑，但是欣欣不会，她会扶起摔倒的小朋友，帮小朋友拍掉身上的土。如果小朋友哭了，她虽然不会用语言去鼓励，但是她会给小朋友一个微笑，让小朋友感到很暖心。其他小朋友没带文具的时候，她也会主动把自己的文具借给他们，每次别人找她帮忙的时候，她也会非常热心地帮助他们。除此之外，悦悦不会去和其他的小朋友抢玩具，她正在玩的玩具如果别人想玩，她也会让给其他人。而且欣欣很少发脾气，即使不高兴了，也不会和小朋友大吵大闹。时间长了，小朋友们都非常喜欢欣欣，也愿意和她一起玩。而欣欣在其他小朋友的带领之下，也变得越来越开朗，脸上的笑容也变得更加灿烂了。

【案例3】

嘉禾是一个活泼好动、热情四射的小男孩。家里来客人的时候，总是会"叔叔，阿姨"的叫不停，还会拉着客人的手说不停，同时他还喜欢表现自己。有的时候，妈妈让他表演个才艺，他毫不怯场，积极主动地去展现。

有一次，爸爸的同事来家里做客。叔叔刚进门的时候，他站在门口，非常热情地和叔叔说:"叔叔好,欢迎来我家做客。"叔叔非常高兴,直夸嘉禾是一个懂礼貌的小家伙。等到叔叔坐下之后,嘉禾一会儿给叔叔倒水,一会儿给叔叔拿零食,还帮叔叔打开电视,帮叔叔调到他喜欢看的频道。嘉禾热情的表现得到了叔叔的赞扬。爸爸看到嘉禾这么懂事,心里也十分高兴。不仅如此,嘉禾还拉着叔叔去参观他的房间,给叔叔讲故事,和叔叔说个不停。

吃过午饭之后,爸爸对嘉禾说:"嘉禾,你给叔叔打个架子鼓吧,就打你最近学习的那一首吧。"听到爸爸这么说,嘉禾二话没说就走到了自己的房间,打开架子鼓,调好音响,拿出鼓槌,端端正正地坐到了架子鼓前,准备表演。嘉禾还开玩笑地说:"掌声在哪里,掌声响起来我的鼓声才能响起来啊。"叔叔和爸爸被嘉禾逗得哈哈大笑,一边笑一边给嘉禾鼓掌。嘉禾很认真地敲起了鼓。爸爸高兴地点着头,叔叔也被嘉禾的热情所感染,总是不时地为嘉禾鼓掌,嘉禾在掌声的鼓励下打得更加卖力了。一会儿,一首曲子就打完了,叔叔也到了该回家的时候。也许是意犹未尽,嘉禾不让叔叔走,硬要给叔叔再打一首,叔叔只好又待了一会儿。等到嘉禾打完另一首之后,叔叔要离开,嘉禾仍然不让叔叔走,非要给叔叔再唱一首歌。眼看着天色越来越晚,叔叔的脸上露出了尴尬的表情。爸爸对嘉禾说:"嘉禾,叔叔该回家了,等到叔叔下次来,嘉禾再给叔叔唱歌好不好。"嘉禾:"我不要,我就要现在给叔叔唱歌。"他紧紧拉着叔叔的手不松。爸爸只好强硬地将嘉禾的手拽开,让叔叔先走了。叔叔走后,嘉禾非常生气,和爸爸发起了脾气。

二、分析讨论

有一项调查研究表明,在孩子的成长过程中,孩子的学业成绩、智力发展和性格是家长最关心的三个方面。而在这三个方面,家长最头疼的是孩子的性格,因为性格可以直接影响到其他两个方面的发展。虽然孩子的性格经常被讨论,但在很多家庭中,仍然把孩子的学习和智力发展放在首位,总是很关心孩子的学业成绩和其他技能,却忽视了孩子的性格。

在当今社会,竞争非常激烈,这也使得今天的孩子面临更多的挑战和更大的压力。虽然他们有良好的物质条件,但他们也会出现各种问题:学业成绩下降,情绪控制能力差,心理自卑;社交能力差,不愿与他人打交道,喜欢独处，孤僻；冲动、敏感，经常因为别人的话而伤心；拖延；叛逆、自私、以自我为中心等。这些问题经常让父母头疼。因此，性格的培养应该引起父母的注意。

(一)性格的概念和分类

性格是人们对己、对人、对事物的态度和行为方式的总成。性格是人们在生活中基于好奇心、好胜心、自信心而不断形成的一种品行，健康良好的性格养成将影响每个人一生的发展。

1. 儿童性格分类

在引导孩子朝着正确的方向发展的时候，我们首先应该先了解一下孩子的性格特点，根据孩子的性格特点，采取正确的方法。儿童的性格大致分为以下几种：

(1)表现型。这种性格的孩子活泼、开朗、爱说、好动，其性格特点是思维活跃、反应灵敏，自我表现欲和交往能力强，口语表达能力也很好；但是，他们自制力较差，做事没耐性，喜欢东张西望。

小新今年6岁半，是个可爱的小男孩，平时倒是乖巧，但只要家里来了客人，就变成了一个"人来疯"。一天，小新爸爸的一个同事来问工作的事，小新本来在房间做作业，一听到有客人来，马上就开始"表演"。他一会儿为客人端茶倒水，一会儿开电视，一会儿表演自己喜欢的动画片，一会儿在沙发上上蹿下跳，一会儿又去房间拿玩具，看见客人与自己说话，更得势了起来，一会儿扮鬼脸，一会儿缠着客人跟自己玩游戏。小新妈妈虽然提醒过，但好像根本不起作用。小新就是一个典型的表现型性格的孩子，这类孩子天生很重视外表，极爱说话，语速快，热情大方，同情心很强，很能为人着想，这类孩子对什么事都保持热情，很难老老实实去做一件事，也难把精力集中在一个指定的任务上。

(2)思考型。这种性格的孩子温柔、听话、善于思考，其特点是自尊心强、有主见，凡事心中有数，做事有条理，有耐心、认真。但是非常爱面子，即使是做错了事情，也不能当面批评，否则就会伤害到他们的自尊心。

丽丽是个很听话的孩子，今年5岁，上幼儿园大班，她无论是在家里还是上学，总是安安静静的，不吵不闹，也不跟人吵架。她喜欢凡事按照老师和父母叮嘱的去做。例如，老师让大家做一个手工，如果是需要6个步骤的话，丽丽绝对不会投机取巧用5个步骤来完成。如果妈妈给了妞妞10元人民币，叫她一次只花5元，她是不会一次全部花完的。丽丽虽然听话，但并不是没有主见，相反，她喜欢思考，所以，她的学习和生活都井井有条，虽然只有5岁，但是她已经学会了自己收拾书包、房间，书本也不会乱放，这一点，大人们都夸赞。丽丽就是典型的思考型孩子，他们的优点是遇事沉着冷静，严谨细腻，做事从一而终，对待这类型的孩子只要给他一个清楚的目标，告诉他怎么做，他就会自动调整好速度，完成任务。但同时又有些敏感、情绪化，做什么事都比人慢半拍，他们还很害怕与人发生冲突，说话总是欲言又止。有时与人意见相左，只要看到人家脸色，他就马上把话吞回去，不敢讲出来。

（3）指导型。这种性格的孩子调皮、专横、喜欢捣蛋，其特点是适应能力比较强，敢说敢做，具有超强的创造性，不人云亦云，有自己的个性，十分讲"义气"，喜欢为朋友出力，但不喜欢遵守规则，平常看到的那些所谓的"孩子王"，基本上都是这种性格。

这天，洋洋妈妈邀请了和儿子差不多大的一些邻居家的小朋友来家里玩，她则和大人们喝茶聊天，可是不到一会儿，客厅就传来了孩子的哭声。他们连忙赶过去，原来是洋洋打了邻居家的儿子，事情经过是这样的：洋洋邀请大家跟他一起玩游戏，而他要当王子，但是这个男孩不同意，他也要当王子，而这个游戏里只能有一个王子，所以两人就打起来了。这里的洋洋就是指导型的孩子，这类孩子多半拥有领袖气质，他平时走路或说话，一定是抬头挺胸、咄咄逼人的样子，这种人不管在哪里，都会有一群追随者，唯他马首是瞻。这种领袖气质是天生的。对这类型的孩子不要用权威去压制他，要以朋友的角度与他谈话，这样才能减轻他的叛逆性。

（4）亲切型。这种性格的孩子孤僻、胆小、不喜欢讲话，其性格特点是做事情比较稳，规则性比较强，做事情的时候不容易出差错，专注能力很强，十分听话，他们的缺点是做事情的时候不喜欢和别人一起做，也不爱人际交往，喜欢独来独往，表现欲望不强，不喜欢把自己的想法告诉别人，什么事情都藏在自己的心里。

涵涵是个胆小害羞的孩子，她晚上不敢一个人去卫生间，看见地上的虫子也会哭。在幼儿园的操场上，有个滑梯，一到下课时间，大家都争先恐后地玩滑梯，可是涵涵就坐在旁边，不敢过去。马上就要上小学了，妈妈想着应该让涵涵一个人睡觉，可是无论妈妈怎么劝，涵涵就是不肯，妈妈想着法子哄她睡着了，然后离开。半夜，妈妈被涵涵的哭声惊醒了，原来是她发现妈妈不在身边而害怕，吓哭了，看到涵涵这样胆小，妈妈真的很无奈。这里，涵涵就是亲切型孩子，这类孩子随和、善良乖巧、很少和人争吵，但也胆小怕事，常常被喜欢惹是生非的小伙伴"欺负"。

2. 青少年性格分类

通常，在个体心理和个体行为层面，青少年学生健康良好性格的行为大致表现为：

(1)快乐活泼，例如：表情活泼、口齿伶俐，爱唱爱跳，记忆力强，双手灵活，思维活跃；

(2)安静专注，例如：该安静时能迅速安静下来，该坐时能坐好，该跑时跑得快；

(3)勇敢自信，例如：不过分娇气，不怕黑暗，不怕摔跤，不怕打针，不怕吃药，不怕登高，不惧怕陌生人；

(4)乐于助人，例如：总是关心他人，愿意与同学朋友分享，共同游戏，能够主动并有效地参与团队合作；

(5)好奇好胜，例如：总会对新鲜事物产生好奇心，愿意观察事物，喜欢别出心裁地做事；

(6)独立自主，例如：愿意并能够独立玩耍，不过分依赖家长老师，能够独立完成自己的分内事。

总体而言，健康良好性格的基本特征是：对学习和生活有正确、乐观的态度，做事有毅力，具备积极工作与学习的情感意志，具有健全的自制力。引导培养这样的性格，无疑是各级各类教育和学校教书育人的重点。

3. 良好性格的关键期

孩子养成良好性格有3个关键期，也是家长和学校要重点关注的：第一阶段，婴儿时期(0—3岁)，是孩子性格形成的第一个关键期，即"基本形成期"。第二阶段，幼儿园、小学阶段（3—13岁），这是孩子性格的巩固期。孩子在4岁左右会出现第一个叛逆期，又称"宝宝叛逆期"，孩子表现出强烈的自主意识，建立了自己的好恶观念，不愿意时时听从于大人；7—8岁时，会出现第二个叛逆期又称"儿童叛逆期"，表现出各种叛逆行为，如逢事自作主张，坚持己见，不服从家长、教师的教导等。这个时期，家长和教师就要紧密配合，及时纠正孩子性格中已经或者正冒头的各种瑕疵。第三阶段，中学时期（13—18岁），这个阶段青少年学生性格具有很大的可塑性。由于青少年阶段孩子生理、心理变化容易产生身心状态的不稳定，诸多社会问题也会时时冲击学生的心理，使本来身心尚不成熟的中学生对周边的人和事产生抵触情绪，如处理不当，极有可能长时间处于负面状态。家长和教师就要耐心引导，帮助孩子渡过难关。

童年早期的烙印对一个人的一生都具有持久深远的意义，不论是对儿童，还是对青年都是如此。等一个孩子长成了青年，再要他改变自己性格的许多方面，那将是非常困难的。虽然在关爱他的人们的努力帮助下，他仍有可能改变自己性格的某些方面，但那需要时间，需要他本人和他周围的环境的努力。因此，童年早期正是人一生中培养真正的人性品质、态度和行为的阶段。在此期间，人要培养积极的情感和态度，建立良好的人际关系，学会分辨好坏，培育良知，懂得善良与公正。孩子的性格多数是由家庭来建立的，父母不要错误地以为孩子的性格是天生的，也不要错误地认为孩子的性格是由学校、老师来培养的。家庭对孩子的性格影响是十分大的，父母如果想要一个性格好的孩子，就得从各个细微处入手。

（四）案例解析

1. 案例1解析

人是群居性动物，需要和他人交流、打交道才能更好地发展下去。如果总是一个人，没有社交活动，那就会被社会所淘汰。良好的社交关系对于人的发展至关重要的，对于孩子来说也是如此，如果从小就能建立一个良好的同伴关系，可以让孩子的童年更加快乐、更加阳光。

案例中的小宇因为和奶奶生活在一起，接触外面的世界比较少，也很少和其他的小朋友接触，才会变得很内向，同时由于缺少和他人的交流，便会非常的自我，爱生气，受不了和其他人分享东西，也会受不了一点点的委屈。这也就是为什么在刚开始的时候没有人愿意和他玩的原因。

同伴关系是年龄相近或相同的孩子之间的一种共同学习、运动、游戏等活动且协作的关系。良好的同伴关系有利于孩子的健康成长，能够促进孩子的社会技能的提升和认知的发展，对于孩子性格、品格、行为、习惯的形成都有着很大的影响。在孩童时期如果能建立起良好的同伴关系，便能让孩子对自我有一个正确的认识。能够交到朋友，被同伴所接纳，对于孩子来说是非常重要的。如果在孩童时期不能够被同伴所接受，总是被孤立，就会影响到孩子心理的健康发展。如果孩子总是被孤立的话，他们的内心就会非常的自卑，而且这种自卑感还会伴随到他们成年之后，对他们以后的生活也会有很大的影响。所以，良好的同伴关系对于孩子是非常重要的，能够让孩子感知到除了父母之爱以外的另一种亲密协作的关系。营造良好的同伴关系，对于孩子的身心健康发展非常有利，家长们一定要重视起这个问题，多为孩子创造交朋友的条件。

2. 案例2解析

欣欣的确是一个很内向的小姑娘，她胆小害怕，不敢主动和其他的小朋友打招呼，但是她凭借着内向型性格独特的魅力，感染了很多人，让其他的小朋友都了解她，从而愿意和她玩，而欣欣也因此交到了更多的朋友。可以说欣欣的性格是集内向型性格的优缺点于一身的，既有内向型性格的胆小、害羞、懦弱、不善交际，又有着善良、热心的品质。所以，当家有一个内向型的孩子的时候，不要只是看到他身上的缺点，也要及时发现他身上的闪光点，加以正确的引导，让他的性格能够得到一个良性的发展。

造成孩子内向的原因主要有先天遗传和后天环境因素的影响。先天遗传主要是孩子父母中有性格内向的人，孩子也会遗传这种性格。而后天因素则包括家庭环境、父母的教育方式、心灵上受到过的影响等。可以看到，那些父母过于严厉或者是父母保护过度的孩子，性格都很内向。因为父母总是很严厉，孩子就会非常小心，担心自己犯错会受罚，他们就会选择沉默，不去说话，他们不会自己去决定做什么，做什么之前都要先征得父母的同意。而家长过度保护的孩子也是如此，他们什么事情都有父母帮着解决，因此就不会自己想着去做什么事情。他们不用去担心人际关系，不用担心没有朋友怎么办，因为所有的事情都有父母帮着解决。这样下去，他们的内心世界就会越来越封闭，变得内向起来。家长们要根据不同的原因，找到相应的办法去解决问题。家长应当多引导孩子去和他人交朋友，用开放式的教育方法，和孩子成为朋友，打开孩子的心灵，让孩子变得活泼起来。

内向是有真假之分的，真内向和假内向有着明显的区别。假内向的孩子通常表现为在熟人面前很健谈，但是在陌生人面前却判若两人，变得沉默寡言，有的时候还会因为胆怯而脸变得通红。但是，在他们的内心深处是很想融入进去的，他们也是很希望能够和别人进行交流和接触的，他们只是不好意思主动与人交流而已。真内向的孩子则恰恰相反，他们在任何人的面前都是不喜欢说话的，他们喜欢独处，不喜欢热闹，不喜欢和陌生人接触，也不喜欢除了自己以外的世界，哪怕是和陌生人打个招呼，对于他们来说都是非常艰难的一件事情。他们的兴趣点很高，很少有事情能够激起他们的兴趣，他们非常执着，不愿意去改变自己内心的想法。

内向型的孩子并不是人们看到的那样难以接近，他们只是喜欢一个人待着，喜欢尽量待在自己的世界当中。但有的时候，他们的内心也非常渴望和外界接触，他们也想能够像其他人一样健谈，能够很快融入周围的环境当中，他们需要的是时间，需要的是克服心理上的障碍。家长们不要强硬地打开孩子的内心世界，将他们强行拉到他们不喜欢的世界中。要想让他们更好地融入现实社会，就需要多一点耐心，多给他们一点时间。

3. 案例3解析

嘉禾的性格开朗，活泼好动，懂礼貌，能够让客人感到高兴，而且毫不怯场，能够轻松自如地在客人面前进行表演。他的这种性格能很快得到大家的认可。但是嘉禾的身上也有着外向型性格人的缺点，那就是自控能力很差，表现得过了头。在爸爸和叔叔的赞扬声中，嘉禾的心理得到了满足，为了得到更多的赞扬，他就卖力地表现自己，直到客人要走了，他还是要坚持表演，最终让客人很尴尬。外向型的人是不知道适可而止的。而且嘉禾的脾气也很大，当客人走后，他就大发脾气，因为他的表演欲望没有得到满足。可以说，嘉禾是一个典型的外向型性格的人。性格外向型的孩子总是具有强大的吸引力，他们似乎和每个人都能很好地聊到一起；他们懂礼貌，经常能够获得他人的认可和欢迎。外向型的孩子是不缺少朋友的。

外向型的孩子总是不断地更换身边的朋友，每天都会花很多时间和朋友在一起，享受朋友带给他们的乐趣。虽然外向型孩子的朋友很多，但是他们却不能够很好地说出每个人的性格特点、每个人的兴趣爱好，或者是每个人的优缺点。虽然朋友很多，但是不见得他们的友谊有多深厚。外向型的孩子能够和不同的人交朋友，因为不同的朋友可以满足他们好奇、寻找新鲜和刺激的心理。交到的朋友性格差异越大，他们的这种心理就越能够得到满足。因此，外向型的孩子贪图多样化的选择。交到各种各样的朋友是外向型孩子最大的乐趣，他们可以和不同的人在一起玩，在一起体验不同的事情，这些能够让他们非常的开心。但是，外向型的孩子虽然朋友很多，但是他们之间的友谊却不能够维持很长的时间，因为他们的耐性差，如果和这个人玩得不开心了，他们就会去寻找新的朋友，而疏远原来的朋友。除此之外，外向型的孩子虽然看似很开朗，什么都和别人说，但是他们会把自己真正的想法藏在内心深处，不会去和朋友分享自己内心的真实想法或者经历。从心理根源上来讲，这样的孩子是冷漠的，他们不懂得如何面对深层的感情或感受，因此，干脆就不去探究，自然也就不会与人交流。这样建立起来的人际关系，很难经得起时间或危机的考验。所以，家长们一定要注意引导外向型孩子建立良好的人际关系。外向型的孩子虽然人见人爱，但在他们的性格当中也存在弱点。面对外向型的孩子，家长们需要做一些针对性的引导。

三、培养青少年儿童健康良好性格的方法

青少年儿童健康良好性格的养成，主要在于适当的家庭教育和学校教育，这既是孩子性格的养成地，也是性格引导的重要支撑点。

(一)家庭教育

家庭教育，毫无疑问是第一时间参与孩子性格养成的，其重要性居于首位。家长对孩子的引导，很有讲究。

1. 父母的言谈举止是孩子行为的楷模

父母要努力做孩子的榜样，和孩子主动交流，挖掘孩子心目中的偶像、

优秀的朋友，选取正能量的榜样作为孩子的成长目标。

2. 家教氛围要有利于孩子良好性格的形成

家长不能溺爱、娇宠孩子。在孩子幼小年龄阶段就要注意遏制住孩子馋、犟、霸道、懒惰、散漫、攀比的不良行为苗头，给予积极的成长指引。

3. 要注意培养孩子的独立性，激励孩子自己的事自己做

可以经常陪伴孩子到大自然去，使孩子敞开胸怀，开阔眼界，增强自信心；也可以多带孩子参加集体活动，鼓励孩子多与同龄伙伴交友游戏。

4. 家长对孩子的成长要求要适度，要合乎情理

特别是孩子进入叛逆期时，切不可对孩子提出过高、过多、过难的要求。有些家长平时不大管教孩子，而当偶尔发现孩子做错事时，却又指责、数落，没完没了，孩子面对这种情况往往会因为不知所措而把自己"保护"起来，对家长不理不睬：你说你的，我做我的，久而久之，孩子性格就会日益偏狭孤僻。

5. 要孩子做的事必须符合孩子的年龄特点并提出明确要求

年龄小的孩子很难做到连续两三个小时端坐书桌，一直老老实实看书做作业。这样的要求往往让孩子因"做不到"而产生抵触情绪。而要求小孩子认真做作业，家长不能简单地说一句："认真做作业啊。"要说清楚认真做作业的具体步骤，如先复习，再做题，有困难，再讨论，直至完成所有作业。

6. 要尊重孩子的情感

家长尊重孩子，孩子才会乐于服从家长的指导。一旦要求孩子做事，家长就要在尊重孩子的同时坚决要求孩子执行到位，不能半途而废，也不要轻易改变或放弃。出尔反尔很容易使孩子产生排斥，对健康积极的性格养成无益。

(二)学校教育

学校教育是青少年性格养成的重要时期。这个时期，教师的作用非常重要而且明显，这就要求教师能够为人师表、因材施教。具体而言，要做到以下几点：

1. 针对不同学生制订不同的培养方案

要观察学生的性格特点，根据学生的个性、特长、爱好设计对学生的培

养方案。学生良好性格是在实践活动中不断形成的，性格的不断发展与完善也需要通过实践活动来实现。所以，适当增设"劳动技术实践课程"、开展"小先生"教学法、组建"工学团"、开展体育和科技活动等，让优秀的学生起到榜样的作用，带领其他学生体验学习和劳动的快乐，激起学生对生活的兴趣，进而培养孩子们不怕困难、坚强、勇敢、耐挫折的性格。

2. 对不同性格的学生及时个别指导

教师既要考虑学生的共性，也不能忽视个性，不同学生需要具体的个别指导。比如，对性格上已形成较明显的不良特征的学生，要帮助他们明辨是非，启发他们的上进心，培养他们的自制力和克服困难的品质；而对具有健康良好性格的学生，除给予积极的肯定外，也要注意防止他们骄傲自大，避免虚荣、造作等不良性格特征的产生。

3. 发挥班集体的作用

学生生活的班集体具有互相引导、互相监督的潜在作用，能使健康良好的性格得到发展巩固。因此，学校可以巧妙地搭配组织小团队，引导每个学生不断发现自己性格的优势与不足，进而取长补短。

4. 鼓励学生自我教育

自我教育是培养学生良好性格的重要条件。随着先进理念的教学法的不断深入，学生自我意识水平也不断提高，自我教育的能力也在增长。教师要抓住机会指导学生进行性格的自我认识、自我控制、自我锻炼和自我修养，让学生们在自我感悟和自我提炼中，不断养成和巩固健康良好的性格。

要想让孩子养成良好的性格，家长除了树立良好的榜样，做好孩子的引导者，还要多和孩子沟通，成为孩子的朋友，走进孩子的内心世界，了解孩子的心理需求，从孩子的角度出发，争取创造一个和谐、温暖的氛围。良好的性格对于个人的影响非常大，是成就人生重要的条件之一。家长们要注重培养孩子的性格，让孩子树立正确的人生观、培养良好的生活态度和健康的心态，为未来的成长和发展打下坚实基础。

第六章 不良行为

不良行为也被称为行为困扰、行为问题或者问题行为，通常是指个人无法顺利适应多变的环境，致使个体在生理或精神上存在困扰而出现违背社会规范、家庭约束、道德甚至法律的行为。不良行为除包括普通的说谎行为、拖延行为、离家出走、攻击行为及吸烟酗酒外，还会发展成为反社会行为，甚至过失犯罪行为。分析和理解不良行为的内涵及形成原因，提早识别并提供有效的干预措施，将有助于儿童青少年良好品格的形成并促进儿童青少年健康成长。

第一节 说谎行为

说谎是孩子所有的问题行为中最不能被接受的，人们通常将它与"道德败坏"或者"品行顽劣"联系起来。很多家长也认为"犯什么错都可以原谅，但唯独说谎不能被宽恕"。但心理学的研究发现，孩子说谎是个普遍现象，早在两岁时孩子就开始说谎，而且当小孩子到了一定的年纪，会努力说谎。可见，说谎是非常复杂的心理现象，不能一概而论。正确识别不同年龄阶段"说谎"的表现并分析内在的原因，将有助于家长和学校采取不同的引导策略，继而促进孩子良好的道德品质的形成。

一、案例

【案例1】学妈妈说谎的小佳

小佳在家看电视,妈妈接到高阿姨的电话被约去逛街,而妈妈却说家里来了远房亲戚不方便出去。小佳很奇怪,小声嘟囔到:"就咱们两个在家,哪有客人在?"妈妈赶紧做出手势,示意小佳不要说话。过了几天,小佳的好朋友打电话约小佳出去玩,小佳想看电视不想出去玩,便说自己的表妹来家里了,要陪表妹玩。妈妈听到后告诉小佳不准说谎,小佳诧异地说:"妈妈上次不就是这样跟高阿姨说的吗?"

【案例2】总"说谎"的小元

3岁的小元最近总是有意无意地撒谎。明明一整天都在家里,他却说跟小朋友出去玩沙子了,玩得很开心,但事实是最近小元感冒,已经好几天没下楼了;明明小元没坐过飞机,却跟小朋友说周末坐飞机去看外婆了,但事实是小元最近很喜欢新买的飞机模型,前天与外婆视频时曾说到想外婆了;幼儿园开运动会,小元没有得到第一名,回家却非说他跑得最快;小元跟小朋友说他的小猫咪受伤了,他有点不开心,但事实是家里从来都没有养过猫咪。妈妈觉得有必要对小元进行说服教育,但结果收效甚微。

【案例3】爱表现的小东

幼儿园里,老师让小朋友用橡皮泥给小鸟做鸟窝,看谁做得又快又好。当老师喊"做好的小朋友请举手"时,4岁的小东便一边举手一边大声喊:"我做好了。"这时小朋友把羡慕的目光投向小东,老师也微笑地向小东走来,小东更加得意了。随后,老师让小东把做好的鸟窝展示给大家看,小东却把手中鸟窝藏起来了。原来小东还没做好,只是想得到老师的表扬。

【案例4】怕被惩罚的小杰

5岁的小杰像个顽皮的"小猴子"一样,每天在家里上蹿下跳,跑来跑去,一不小心把妈妈刚买的花瓶碰到地上摔碎了。妈妈听到响声便跑出来，看着散落一地的花瓶，便愤怒地质问小杰："花瓶是怎么摔碎的？"小杰看着暴怒的妈妈，小声说："是小猫咪碰掉的。"妈妈看小杰不仅不认错还有意说谎，气得在小杰屁股上狠狠地打了几下。

【案例5】习惯性说谎的小强

小强今年15岁，因为总说谎被妈妈带去做心理咨询。在与小强的交谈中，咨询师了解到小强从小就被妈妈管得很严，妈妈不准他出去玩儿，也不准许他吃零食，还常常被妈妈打。但小强忍不住，总想方设法往外跑(如撒谎说上补习班)，或者想办法多要钱买零食吃(老师上交15块钱就跟妈妈要16块钱)。直到被妈妈发现，一顿暴打后小强会收敛一段时间，但过几天又继续。小强每天抱着侥幸心理，通过谎言不断地与妈妈周旋，现在的小强可以面不改色地说各种谎言。

【案例6】自我服务偏向的小西

10岁的小西在家并不喜欢做家务，也不喜欢运动，总喜欢在家里看电视打游戏。但在周一的班长竞选中，小西却信心满满的站在讲台上说："我是一个团结同学、爱劳动、爱运动的富有爱心的学生，学习成绩也优异。假如我当上了班长，我会帮助学习不好的同学辅导功课，努力丰富同学们的课余生活……"小刚听到后不免产生了疑问："我了解到的小西并不是这样的，她一点也不爱劳动，她这是在撒谎，我该不该投她一票呢？"

【案例7】恶作剧的小玲

南京一名11岁的女孩小玲(化名)出于好玩，将同班同学小洋(化名)的照片上传到网上，并谎称自己是照片里女孩的母亲，女儿走丢需要"宝贝回家"的帮助。这件事情很快在网络上掀起了轩然大波，"骗翻"网友并惊动了公安部打拐办，但最后发现是小玲闲来无事的恶作剧。

【案例8】"帮助"朋友的小鑫

小鑫今年17岁,在寄宿制高中上学,他的同学兼舍友小明因与同学发生矛盾心情不好,晚上偷偷跑去网吧玩游戏未归。小鑫答应帮小明隐瞒,在值班老师查宿舍时未将实情告知老师。小明在网吧与人发生冲突,并将对方打伤,第二天警察找到学校后老师才知道实情。

二、分析讨论

由以上的案例可知,生活中的谎言似乎无处不在,但以上的"谎言"是否都是说谎呢?有没有假话呢?为了弄清楚这个问题有必要对说谎行为的概念、类型及说谎的原因进行简要的介绍。

(一)说谎行为的界定

判断一种行为是不是说谎行为需要包括意图、信息及信念三个要素。其中,意图要素指说谎是个体有意而为的行为。根据有意性特征可知谎言不同于假话,即谎言不一定是假话,假话也不一定是谎言。因为说谎者有时提供的可能是真实信息,但他的意图确是说谎,而诚实者因为记忆或行为的差错而提供了虚假的信息,但他并没有说谎的意图。信息要素是指说谎者操作或传递的信息的类型。根据信息要素特征,谎言被分为不同的类型,且可通过言语或非言语的形式进行传递。如根据信息操纵的策略的不同,可以将谎言分为隐瞒性谎言(发现可疑的事务但刻意忽略)与伪造性谎言(发现可疑的事务但直接否认);根据信息操纵的属性的不同,可将谎言分为事实性谎言(违反客观事实)和情绪性谎言(违反个体情绪体验)。信念要素是指说谎者试图使对方产生或维持一种信念,尽管说谎者明知这种信念是错误或者虚假的,但通过这种信念可以促使对方做出有益于说谎者的行为。

总之,说谎是指"通过言语或非言语的形式,有意地隐瞒、伪造或以其他任何形式操纵有关事实或情绪的信息,以诱导他人形成或维持一种沟通者本人认为是假的信念,无论成功与否,均可被视作说谎"。但值得注意的是,说谎不等于欺骗,自我欺骗也不是说谎。研究者认为欺骗比说谎范围更广,欺骗包括恶作剧、冒名顶替、隐瞒、伪造及赌博诈骗等多种形式,而说谎主要有隐瞒和伪造两种形式。此外，心理学的研究者认为人类具有"自我服务的偏差"的倾向，通常将好的结果归因于自己，而将坏的东西归因于外部因素，但人类又往往意识不到这种维护自我利益和自我形象的偏差的存在，从而常常表现出自我欺骗的现象。比如，生活中的夫妻两个都认为各自做的家务更多，而每个人都认为自己更优秀。

(二)说谎的类型

说谎是一种复杂的行为，需要认知、情绪和意志等过程的综合参与，也会因个体和情境的不同在性别、年龄、个性等方面表现出差异。因此，可以从心理发展水平、说谎的功能及说谎的严重程度等不同角度将说谎分为不同的类型。

1. 从心理发展水平的角度

从心理发展水平的角度，研究者提出"谎言发展的三级模型"，将谎言分为初级谎言阶段、二级谎言阶段和三级谎言阶段。(1)初级谎言阶段，发生在2—3岁，常表现为为了隐瞒自己的违规行为而说谎，并开始故意做出看似合理的错误陈述。(2)二级谎言阶段，发生在4—6岁，儿童开始区分自己和他人的想法，也开始明白他人也容易受错误观点的影响。通过说谎，有意在别人的大脑中创造一个与现实不符的错误信念。(3)三级谎言阶段，大约发生在7—8岁，此时儿童控制语言漏洞的能力越来越强，通过维持最初谎言和后续问题的回答之间的一致性以隐瞒他们的谎言。

2. 从说谎的功能的角度

从说谎的功能的角度可以将说谎划分为无意识说谎、逃避型说谎、虚报型说谎、取乐型说谎和包庇型说谎。(1)无意识说谎通常发生在2—4岁的婴幼儿，这个阶段的婴幼儿想象力极为丰富，吸收能力强，会以惊人的速度将看到、听到和接触到的事务快速记住，但因心智水平较低或语言水平有限，不具备区分想象与现实的能力(一般到3或4岁时，才能逐渐将想象和现实区别开来)，常将现实与想象中期盼的事物混淆而出现谎言。(2)逃避型说谎常发生在3—6岁，这个阶段会出现有意识的谎言，但并没有恶意，只是为了逃避惩罚或者逃避自己不想做的事情。(3)虚报型说谎在各个年龄段都可见到，主要是为了某些利益进行说谎。年龄较小的可能会为了得到表扬而虚报事实，如常见的"邀功"现象，明明没有收拾玩具，却说自己已经收拾好了。6岁左右的孩子可能为了获得关注而虚报事实，而年龄稍大的孩子则可能为了获得奖励或成人的赞赏而编造自己的成就。(4)取乐型说谎多出现在学前班到小学阶段，主要表现为编造一些虚假的事情来捉弄他人；在小学高年级到中学阶段，常以开玩笑、危害性不大的"恶作剧"方式说谎，但因心智不成熟，有时无法预估造成的不良后果。这类谎言容易失去大家的信任，害人害己。(5)包庇型说谎常发生在年龄较大的孩子中，在这些孩子看来维护小伙伴的利益是特别仗义、特别酷的事情，为了包庇朋友会主动帮朋友撒谎推卸责任，甚至帮忙承担后果，但往往不知自己的谎言会有损小伙伴的发展。

3. 从说谎的严重程度的角度

从说谎的严重程度的角度可以将说谎划分为微不足道型、吹嘘型、解释感受型和分离型。(1)微不足道型说谎一般发生在4－7岁，孩子喜欢在各种生活小细节方面，时不时地"骗"一下家长。(2)吹嘘型说谎一般发生在7岁以后，为了获得同龄人的羡慕或关注，故意夸大事实，以显示自己拥有的东西特别好。(3)解释感受型说谎主要指通过将讲一些听起来很悲伤但虚假的故事赢得别人的同情，以表达内心的感受。(4)分离型说谎主要通过说谎将做坏事的自己和好的自己分开，以此来维护自己的好形象。这类儿童看上去有主见、能处理生活中遇到的各种问题，但他们说的话基本是假的，即使被拆后，仍然坚持谎言并坚信自己所说的就是事实。

(三)说谎的原因

上述主要从不同角度对说谎的类型进行了介绍，发现说谎主要是为了欺骗别人、为了保护自己或者为了包庇别人。但也有研究者认为说谎是孩子大脑结构变化认知发展的表现。如王银杰认为孩子年龄小、个子矮，看到和体验到的事物与成人有别，因此常以夸张的方式表达自己的感受，如"我家里有一个像房子一样大的气球"。[①] 王银杰认为孩子学会说谎，一定程度上也表明孩子具备了抑制控制和工作记忆等认知技能。因此，说谎需要孩子有意识地

---

① 王银杰. 儿童行为心理学[M]. 北京：当代世界出版社，2018.

掩藏大脑中的真实答案，同时记忆并给予他人所希冀的答案。乔希西普[1]等认为处于青春期的孩子因为大脑快速发育的原因，使得14—16岁的孩子特别喜欢说谎，直到18岁以后，他们才开始学会坦诚地跟成年人沟通。

此外，外界环境因素也会对孩子的说谎产生影响。孩子具有很强的模仿能力，父母、身边的大人或者电视上出现说谎的镜头时，孩子就会无意识的记下来并出于好奇进行模仿，在适当的环境刺激下就会表现出说谎行为。若父母总是承诺孩子但却很少兑现，孩子就会错误地认为自己以后也可以这样说谎。

(四)案例分析

根据对说谎的概念、说谎的类型及说谎的原因的介绍，可以分析上述几个案例中哪些属于有意的说谎行为。

案例1中的小佳的行为属于有意识说谎，主要是在妈妈的不良示范下，学会了跟好朋友说谎。而案例2中的小元是无意识的说谎和解释感受型的说谎，由于智力发展水平有限，还不能将想象与现实进行很好的区分，将期待的事情说成了现实。如很想外婆，恰好最近又热衷飞机模型，于是就跟小朋友说坐着飞机去看外婆。此外，小元凭借自己的想象编故事，以表达自己最近的内心感受。

案例3中的小东属于虚报型说谎。幼儿具有较强的表现欲，每当学会一首儿歌，背会一首古诗时，都想跟大家展示一下。这种表现欲可以增强宝宝的自我意识和自我价值感，还可以调动宝宝学习的积极性。因此，小东为了得到老师的关注和表扬，就不自觉地说了"大话"，在老师和家长看来却是一种"谎话"。案例中4中的小杰是一种逃避型的说谎。通过妈妈的质问，小杰内心非常害怕，同时为了避免妈妈的惩罚，小杰本能的撒谎说不是自己打坏的花瓶。

案例5中的小强是一种分离性或者习惯性说谎。之所以现在说谎成性，主要是因为妈妈对他管教过于严格，忽略了小强的内在需求，导致小强不得不通过撒谎的方式满足自己的需求。案例6中的小西并不是说谎，是生活中

---

[1] 乔希西普.解码青春期[M].李峥嵘，胡晓宇，译.长沙：湖南教育出版社，2019.

常见的自我服务偏差,即自欺欺人。小西之所以会这样做,根本原因在于小西想将自己塑造成一个大家喜欢的形象,并争取大家投她一票。

案例7中的小玲属于取乐型说谎,11岁的小玲正处于对外界事物敏感的阶段。对外界的一些事物会有新鲜感和新奇感,喜欢参与成年人的一些活动,开玩笑和恶作剧也是这个年龄段最喜欢做的事情。案例8中的小鑫属于包庇型的说谎,小鑫出于同学的情谊,包庇了小明的不当行为。

三、心理干预策略

(一)以身作则并言传身教

父母是孩子学习的主要榜样,若父母不诚实,很难说服孩子要诚实。因此,家长要以身作则,给孩子树立良好的榜样,日常生活中要少在孩子面前说谎,承诺孩子的事情要尽力做,少食言。对于经常说谎的孩子,家长要先检讨和改变自己,再教育孩子。随着孩子辨别能力的提升,谎言也随之越来越少,诚信也越来越多。对于案例1中小元的妈妈而言,首先应该身正示范,其次,遇到不得不拒绝别人的情形时,也尽量不要当着孩子的面直接说谎话,因为孩子的心智不够成熟,还不能有效地进行分辨。

(二)区别对待不同年龄和不同类型的说谎

不同年龄阶段的说谎的表现和造成的严重后果不尽相同,因此,对说谎的教育也不能一概而论。因婴幼儿时期的说谎更多的是"非故意"的无意识说谎行为,与品性关系不大,家长切莫操之过急,也不必竭力避免。要认识到从"实话实说"到"耍小聪明",是孩子探索世界的一种方式,不要用道德规范来约束他,也不要揭穿他的谎言,更不要责骂孩子。相反,因婴幼儿时期是想象力发育的敏感期,应给予孩子充分的发展空间,鼓励孩子自由发挥他的想象力,帮助孩子辨别并区分现实与想象的不同,耐心的引导并指导孩子正确表达自己的想法。如对于案例2中的小元,妈妈应该帮助小元逐渐区分想象和现实的区别,给予小元宽松的环境,无须过多说服教育即可。

幼儿园中、大班到小学低年级阶段的孩子因趋利避害的本能,以及获取家长和老师关注的需要,使得他们易出现逃避型说谎和虚报型说谎。因此,家长需要细心观察孩子的言行举止,在发现孩子说谎时,及时了解孩子说谎的背后原因，采用循序渐进的方式打开孩子的心结，并一起帮助孩子寻找解决问题的方法。切莫简单粗暴的打骂孩子或者对孩子的说谎行为睁一只眼闭一只眼，甚至对孩子的说谎行为不闻不问。对于案例3中的小东，老师和家长应该培养孩子的客观自我认知，通过表扬的方式鼓励和发展还在的表现欲及表现力，提高孩子的积极性，避免盲目的严厉管教，打消孩子的积极性和自信心。

对于青春期的孩子的说谎行为应该严加管教。身体和心智的成熟使得青春期的孩子对外在世界有了全新的认识，在新鲜感和新奇感的促使下易出现取乐型说谎，而在同伴认同的需求的促使下易出现包庇型说谎。因此，对于取乐型说谎的孩子，家长要引导孩子预估事情的不良后果，把握好开玩笑的度，让孩子逐渐明确哪些玩笑能开，哪些玩笑不能开，以及哪些玩笑对哪些人可以，对哪些人不可以。案例7中的小玲在天性的促使下做了她这个年龄该做的事情，但她未预料到网络如此发达，威力如此之大。因此，作为家长应该尽量引导孩子做一些预估，减少不良后果的发生。对于出现包庇型说谎的孩子，家长要引导还在分辨说谎的利弊，防止还沉浸在自己"仗义"的自我认同里而失去理性的判断。

（三）了解需求并尊重孩子

孩子是独立的个体，具有独立的人格特征，也具有不同于家长的各种需求，当他们的需求不能通过合理的途径进行满足时，就会采取说谎的"下策"。因此，家长应该与孩子多沟通，了解孩子的需要，让孩子感受到父母的关爱与注意，并制订可以满足需求的实际规则。将孩子看成朋友，尊重孩子的需求与人格，切勿声色俱厉的训斥，甚至"翻旧账"，从而伤害孩子的自尊，让孩子可能连认错的勇气都没有了。

（四）正确处理孩子的第一次说谎

当孩子有意第一次说谎时，家长应该予以重视，不能掉以轻心。孩子在第一次说谎时会惴惴不安，即使蒙混过关也会十分担心事情败露。若家长发现但未及时纠正孩子的错误，孩子尝到说谎的甜头后，会强化这一不良行为。孩子会产生错误的认知，即"说谎虽然让我很不安，但是我得到了自己想要的东西，而且还骗过了爸爸妈妈，下次可以再试试"。慢慢地孩子会觉得家长是

"好骗的",胆子也会越来越大,谎话会越说越多,越编越像,最终就撒谎成性了。如案例中5中的小强妈妈,应该考虑到小孩子贪玩的本性,在小强完成作业的时候允许他跟朋友一起玩耍。另外,在对零食的限制上,最好不要过于苛刻,可以买一些适合小孩子吃的零食,满足小强的味觉需求。对于现在的小强,打骂这一简单粗暴的方式已经不能减少他的谎言,应该采取积极引导的方式进行。

(五)不要随意给孩子"贴标签"

很多时候孩子的说谎行为并不是为了故意伤害他人,更多的时候是为了逃避负面刺激或惩罚。因此,家长不能因为孩子的一次说谎就给孩子定性,将孩子的说谎与品行不良画等号,进而给孩子贴上"小骗子""谎话专家"等标签。这样做不但不利于孩子改掉说谎的毛病,反而会强化孩子继续说话,最后真的成为家长眼中的小骗子。让孩子认识到"诚实是一种美德,是高尚的品质,同时诚实也会减轻对过失的惩罚程度",这才是明智之举。

第二节 拖延行为

当成人不断地催促孩子"快、快、快"的时候,其实是要求孩子跟上成人的节奏,殊不知每个孩子都有自己的成长规律,都有自己的节奏。若家长常以成人的节奏去要求和催促孩子,常会导致孩子过分依赖或者极度反叛。拖延是孩子的天性,无论多大的孩子都会拖延,只有分析和了解孩子拖延的根本原因,按照孩子的生长规律加以对待,才会减少孩子的拖延行为。

一、案例

【案例1】慢性子的鑫鑫与急脾气的妈妈

上四年级的鑫鑫是个慢性子,做事总是不紧不慢,而他的妈妈李女士,却是个性情急躁、做事利索的公司白领。李女士喜欢对鑫鑫的事情大包大揽,不仅帮助鑫鑫做决定,还会提前帮鑫鑫安排好一切。如早晨,为了保证鑫鑫上学不迟到,她会提前给鑫鑫准备好第二天要穿的衣服,帮助鑫鑫收拾好书包,着急时还会喂鑫鑫吃饭。即使这样她还嫌弃鑫鑫跟不上自己的节奏,每天早晨都会不停地唠叨鑫鑫:"快点儿""抓紧点儿""再不快点儿,马上就要迟到了""你怎么这么磨蹭,一点时间观念都没有""每天催你很多遍,你就是不听。"越是催促,鑫鑫越是不知如何是好,动作也越发慢下来。

【案例 2】作业拖拉的特特

上二年级的特特还有个刚满 3 岁的弟弟。在他写作业的时候,弟弟要么在客厅玩得不亦乐乎,要么是在客厅看电视。妈妈也常抱怨:"特特做其他事情都不拖拉,一到写作业的时候就磨磨蹭蹭、边玩边写。一会上趟厕所,一会喝口水,总是不能专心。通常半小时就可以完成的作业,总是拖拖拉拉,两三个小时才完成。"妈妈越是训斥他,他写得越慢,甚至有时就坐那发呆,一个字都不写。

【案例 3】等价交换的文文

新年即将到来,妹妹诺诺的幼儿园布置了一项作业,要求孩子们利用周末时间,在爸爸妈妈的帮助下制作一张新年贺卡。妈妈把这项重任交给了上五年级的姐姐文文,让她带着诺诺一起制作贺卡。文文心想可以利用这个机会让妈妈给她买一套心仪已久的芭比娃娃,但因她买的芭比娃娃太多,有点担心妈妈会直接拒绝她。因此,一直拖延到周日下午,妈妈催问文文怎么迟迟不动手帮妹妹做贺卡,文文这时才支支吾吾地跟妈妈说:"妈妈,我肯定会帮她做的,完成作业时能不能给我买一套心仪的芭比娃娃呢?"妈妈恍然大悟,心想:"文文一直喜欢帮助妹妹,原来这次事出有因,担心我会责备她又买芭比娃娃,既然她确实喜欢,就满足下她的小愿望吧。"于是笑着说:"既然你喜欢收集芭比娃娃,那就作为新年礼物送给你吧!"听了妈妈的答复,文文很是高兴,开心的拿出已经准备好的材料递到妈妈面前:"妈妈,您看,材料早已备好,可以开工啦。"

二、讨论分析

以上案例反映了日常生活中普遍存在的拖延现象，小朋友做事情时，为什么总会磨蹭拖延呢？为了弄清楚以上问题，需要明晰拖延行为的定义并分析拖延行为的成因。

(一)拖延行为的界定

拖延(procrastinate)是指"推迟、延后、延缓、延长"的意思，可包括积极和消极两方面的意思。从积极的层面看，拖延可以避免不必要的工作和因冲动而牺牲精力，从而保存能量；而从消极层面看，拖延指完成任务时的懒惰，本书介绍的拖延主要指消极意义的拖延。拖延不仅会引发恼怒、后悔、强烈的自我谴责，甚至绝望等内在的痛苦，同时也会造成学业和工作成绩不理想、人际关系受损等外在不良结果。

拖延与磨蹭有一定的相似性但也存在差别。磨蹭被解释为拖拉、磨叽、迂缓、迟滞。从字面解释看，磨蹭和拖延都存在拖的属性。但从内涵或属性看，磨蹭指的是事情已经开始，但不停出现其他状况，导致目标任务无法完成；而拖延是指在规定的最后期限才开始目标任务，而一旦开始，必定完成得很好。年龄较小的儿童表现的是磨蹭或拖拉行为，而年龄较大的儿童青少年及成年人更多地表现出拖延行为。因此，在本书叙述过程中为了更清晰的说明问题，拖延或磨蹭及拖拉等词会混用。

(二)拖延行为的原因

拖延这个不良习惯的形成是内外因素共同作用的结果，而非一天之功。虽然拖延行为发生在每个孩子身上，但背后的原因可能不尽相同。如有的是因为内在原因所导致，而有的是受外在的影响而形成。因此，要分析清楚导致孩子拖延的真正原因，并采取相应的措施，才能事半功倍。

1. 性格原因

有些孩子做事果断，有主见，目标感强，而当自己的想法和意见不被接受和理解时，易出现消极对抗而出现拖延问题。而有些孩子做事情三分钟热度，比较粗心，高估自己的能力，做事情没有持续性，从而导致拖延。还有些孩子是因为自己没有主见和想法，需要有人监督时才能完成任务，而独自一人时则会无所事事，甚至长时间发呆。此外，还有些孩子是为了追求完美而出现拖延，常被称为"临床完美主义"，即他们的能力有限，但却追求尽善尽美。而在事情未达到自己理想的预期时，常出现消极的情绪或负性认知，甚至出现对失败的恐惧。久而久之，在"惧怕失败"的巨大心理压力下，他们只好拖延。

2. 注意力不集中

注意力是指人的心理活动指向和集中在某件事情上的能力。当指向性和集中性受到影响时就会出现注意力不集中的现象，这一现象可能是先天的病理因素所导致，但更多的是由后天的环境因素或习惯所造成。家庭环境不良或者父母未注意培养孩子专注做事的能力，就会导致孩子注意力不集中，从而养成做事拖拉的习惯。

3. 抗拒心理

当孩子做自己感兴趣和擅长的事情时，他们会主动去做且乐此不疲，而对于一些不感兴趣和不擅长的事情时，难免会畏缩、想逃避，甚至产生排斥和抗拒的心理。但因他们本身比较弱小，无法直接拒绝或逃避，更多的会采用无声的拖拉的方式进行反抗。

4. 依赖心理

父母是孩子最强大的依靠，孩子对父母会本能的产生依赖，孩子成长的过程本质上就是逐渐摆脱对父母依赖的过程。但一些家长往往意识不到这一点，常打着"为孩子好"的旗号，帮助孩子安排好所有的事情，替代孩子完成一些本该孩子自己可以完成的事情，进而让孩子产生"我做不好""不相信我能做好"等不信任的心理，从而对大人产生更强的依赖。而在大人无法帮忙的时候，就会把本该自己可以做的事情无限拖延下去。

5. 超出能力范围

当孩子吃饭、穿衣、系鞋带、整理物品等的生活技能不足，又无针对性的训练时，过早的要求孩子做到"既快又好"，是不现实的。而且心理学的研究也发现孩子的早期大脑发育与肢体动作发育之间存在不同步性，做事情的"规范性""顺序性"及"协调性"并非在同一时间发展完成。因此，常出现速度快出错率增加，按照顺序要求做又会太慢的现象。此外，孩子的经验和能力是逐渐积累的过程，在成长过程中会经历无数个第一次，在面对超出自己能力范围的一些事情时，也会变得无所适从。但家长往往忽略这一点，而不自觉地把孩子当作成人看待，对孩子提出过于琐碎和超出孩子接受范围的一些要求，而在孩子迟迟不肯动手的时候又会不顾及孩子的感受，指责孩子做事拖拉，从而迁怒孩子。

6. 缺乏时间观念

大多数孩子都没有时间观念，对时间的流逝也不够敏感，也不明白家长说的3分钟、5分钟到底是多长，吃饭、穿衣服和写作业也不知如何衡量快和慢。因此，在家长催促快点时会表现出无所适从。此外，家长的大包大揽也会在时间管理上阻断孩子直接面对时间的可能，从而使孩子缺乏时间观念。因此，会出现无意识拖拉的情况。

7. 等价交换

父母在孩子较小的时候常常通过物质奖励的方式鼓励或督促孩子完成一些力所能及的事情，但过度的物质奖励有时候会出现适得其反的效果，特别是随着孩子心智的成熟，会慢慢形成一种习惯，即总是挖空心思地想通过交换的方式帮助自己赢得更多索要礼物的机会。而当这种等价交换的心理没有得到满足时，一些孩子就会表现出拖延的行为。

8. 缺乏自控力

缺乏自控力是孩子出现拖延和拖拉的根本原因，尤其对于年纪越小的孩子来说，可能会因缺乏理智而表现出不能有效控制自己的行为，从而表现出拖拉。随着孩子自控力的不断提高，拖拉情况也会有所好转。

9. 家长的不当管教

首先，家长不以身作则。心理学的研究发现，0－6岁这一阶段的孩子基本不具有独立分辨能力，主要是通过学习和模仿抚养人（通常是爸爸妈妈）的行为获取信息并形成自己的行为习惯。如家长作息不规律，喜欢熬夜，那么孩子也就很难养成早睡早期的习惯；家长习惯一边看电视或手机，一边吃饭，那么孩子吃饭时就会变得比较拖拉，甚至出现不给看电视就不吃饭的现象。

其次，家长存在认识上的一些误区。如家长们普遍认为诸如吃饭、穿衣、写作业这些孩子都应该是自然而然就学会的，并不需要专门去教。再如，家长们的心中都会拥有一个"完美的孩子"及"完美的标准",而忽略孩子的"客观现实",因此,会要求自己的孩子"考试必须是一百分""必须按时完成作业"。此外,还有一些家长易将自己"完美化",总是以现在的自己去看待自己的小时候,认为自己小时候不会向孩子这样"无能"、这样"拖延"。

第三,家长的教育方式过于简单粗暴。如家长们通常采用"催""骂""吼"或者"哄骗","收买"或者"放任不管"的方式。实际上,这些方式不但没有从根本上解决孩子的拖延问题,反而使拖延问题越来越严重。

(三)案例分析

根据以上对拖延的定义和原因的分析,可以明晰以上案例中拖延的原因。案例1中的李女士就是典型的包办替代型的家长。因为自己是个急脾气,看到孩子"笨手笨脚"地穿衣、吃饭、整理书包时,就会忍不住帮孩子穿衣、喂孩子吃饭、帮孩子整理书包。李女士的包办代替暂时"帮助"了孩子,让孩子的节奏跟上了她的节奏,但实际上却剥夺了孩子成长锻炼的机会,培养了孩子的依赖心理,慢慢让孩子觉得这些都是家长的事情,跟自己根本没有关系。当李女士催促孩子说"迟到"时,孩子内心的想法是:"那是你迟到了,跟我没关系,因为我根本不需要考虑迟到的事情。"此外,李女士就像一面墙壁,也隔开了孩子与时间的联系,她的包办代替使得孩子不能正确感知时间,也剥夺了孩子管理时间的能力。

案例2中的特特因为家里环境不良而导致无法将注意力完全集中在写作业这件事情上,因此,在写作业时总是拖拉。从案例2的描述中可知,每当特特写作业的时候,弟弟都会在客厅玩耍或者看电视。面对枯燥无趣的作业,在客厅里欢声笑语的刺激下,使得本身缺乏自控能力的特特想知道外边到底发生了什么有趣的事情?他就会利用上厕所或者喝水的时间一探究竟。而回到课桌前因还沉浸在外边的世界中,使得特特出现分心,注意力不集中,无法安心写作业,甚至呆呆地坐着,心里默默地想着客厅的欢乐。同时,妈妈的训斥和责骂使得特特对妈妈心生怨气,产生抵触心理:"明明是弟弟打扰了我,为什么不把弟弟管好,反而指责我不好好写作业?"特特为了发泄对妈妈的不满,也会故意拖延。

案例3中的文文在"我帮妹妹做贺卡,你得给我买芭比娃娃"的等价交换心理的作用下,将妈妈安排给她的任务一拖再拖。而在事情无法继续拖延下去的时候,文文向妈妈说明了自己的小心思,好在妈妈比较明智没有直接回绝文文,而是在理性的分析下答应了文文的要求。

四、心理干预策略

(一)培养专注力

对于因注意力不集中而导致的拖延行为,可以通过培养孩子的专注力的方式进行解决。具体包括以下几个方面:在孩子做自己感兴趣的事情时,尽量不要去打扰孩子;将一些孩子不太感兴趣的事情或任务安排在孩子精神状态和情绪状态比较好的时候进行;营造一个利于集中注意力的家庭学习环境;引导孩子表达情绪并接纳孩子的所有情绪,减少负面情绪对专注力的破坏作用;培养孩子自主思考的能力,有助于自主意识水平的提升,进而促进专注力的提升;根据年龄特点适当安排任务,不超出孩子集中注意力的时间,如低年级的孩子集中注意力的时间是 $10\sim20$min,中年级为 30min 左右,而高年级可增至 40min 以上。因此,案例 2 中的特特妈妈,应该在特特写作业时,引导弟弟一起画画或者带弟弟到其他房间玩耍,减少对特特的干扰。同时,妈妈应减少对特特的唠叨和训斥,以减少特特的消极应对。

(二)提升自信心

当要做的事情是孩子第一次遇见或者超出孩子能力范围时,孩子因对自己没有信心或认为自己不可能完成任务,就会迟迟不肯做事情。这时需要父母鼓励和协助孩子完成任务,以此帮助孩子提升信心,以后遇到类似事情时才会胸有成竹的去面对,并快速付诸行动。因此,案例 1 中的鑫鑫妈凡事不能自己都大包大揽,而应在平时就培养鑫鑫生理自理的能力,只有他的能力不断得到锻炼,做事的效率才会得到提高。

(三)学会独立

随着孩子年龄的增长,自我意识也会越来越强,家长要实时观察和了解孩子的独立意识,给予及时的引导和正确的指导,使得逐渐摆脱对大人的依赖,从而帮助孩子学会独立。在 0-3 岁的探索期,要给予婴儿积极的陪伴、关注,使得安全感得到满足;在 3-6 岁的认知期,让幼儿学会认知;6-12

岁的思考期，儿童开始有自己的主见和是非观，家长要尊重孩子表达自我的需要；鼓励孩子独自面对一些事情；在12—18岁的定位期，不过度控制和否定孩子，帮助孩子独立面对外部世界。案例1中的鑫鑫妈应该学着放手，让鑫鑫自己独立完成一些他力所能及的事情。

(四)学会管理时间

建立时间观念、正确管理时间并高效利用时间，将有助于孩子在预期时间内独立分配好用于写作业、玩耍及休息的时间，有助于发挥孩子最大的潜能，高效完成任务，享受自主、自由快乐的时光。在学会管理时间方面，主要注意以下问题。

第一，分阶段培养。时间对于儿童来说是很抽象的概念，应根据儿童发展的不同年龄阶段，逐渐形成时间的观念。在0—3岁时，在孩子对时间初步建立印象阶段，主要通过观察父母的行为(如爸爸睡懒觉)感知时间，因此，这个阶段家长尽量避免自己拖延的坏习惯；在3—6岁，在孩子进入幼儿园时，生活变得开始有规律，幼儿虽不能完全理解时间，但开始养成许多固定时间做事情的习惯；在7—8岁时，进入小学阶段，开始形成时间观念，懂得合理分配时间；9—10岁，可以做时间的规划并自主管理时间。

第二，借助工具建立时间观念。通过外在的钟表、计时器等体现时间的工具，让孩子感受时间的存在认识；将催促的语言(早点起床、快点)换成准确的时间语言(在3分钟内穿完衣服)，让孩子准确的理解时间；通过一张时间轴清晰地呈现给孩子要做的事情和时间的关系，从而让孩子感知事情和时间之间的关系。

第三，学会记录时间。通过家庭时间记录表分别记录孩子和家长每天要做的事情，以及每件事情的开始时间和实际用时，持续记录一周以上，从而让孩子发现时间规律。

第四，学会分类管理。将孩子一天所用的时间分为固定时间点时间(固定时间做某个事情，强调某个时间点，如休息等习惯性的事项)、固定时间段的时间(完成某个事项，如作业所需要的时间，强调所用的时间的多少)和孩子自由的时间(留给孩子自行安排的时间)等三类。固定时间点时间要注重持续执行，固定时间段的时间要学会依照事情的难易进行归类，而孩子自由的时间一定要给孩子自主权。

(五)培养自控力

对于孩子而言,唯有发自内在的自控力,才能帮助他们战胜拖延和拖拉的不良习惯,避免更严重的拖延症的出现。拥有自控力的孩子,也会获得更大的成就。因此,父母在孩子很小的时候,有责任和义务根据孩子的个性特点,探索适合培养孩子自控力的一些方法。

第一,父母自我约束,遵守承诺。父母是孩子学习的主要对象,孩子看到父母能很好地控制自己的言行,也会慢慢效仿,通过家庭的熏陶,孩子会潜移默化的受到影响,遇到问题时就会学会约束自己。此外,父母的承诺也是对孩子自控力的一种约束。但一些父母为了让孩子听话,会随口说一些搪塞孩子的话,如写完作业就可以出去玩或者吃完饭就可以看动画片。但一旦孩子写完作业或者吃完饭,父母就忘了自己说过的话。日子久了,孩子发现父母总是开"空头支票",会失去对父母的信任,父母的承诺对孩子的自控力也不会起到应有的约束作用。

第二,父母要有耐心。父母在孩子犯错误或者拖延的时候,不能用简单粗暴的态度对待孩子,更不能将自己的情绪发泄到孩子身上。应该平心静气地跟孩子讲道理,让孩子明白是非对错,明白拖延带来的不良后果,并与孩子共同商讨提升效率的方法,这可以让孩子更好地约束自己。

第三,将长远目标具体化。目标过于宏大和长远对于本身缺乏自控力的孩子来说更是难上加难,无法实现。因此,可以将一些长远的目标细小化或者具体化为一个一个的小目标,在小目标达成后,会激励孩子继续努力去实现下一个目标,从而提升孩子的自控力。

第四,培养孩子的兴趣爱好。尽量让孩子多接触新鲜事物,并从孩子感兴趣的事情中挑选出一项,让孩子坚持做下去。

(六)积极引导

在儿童青少年做出良好的行为之后,父母会使用金钱、奖章、礼品等物质奖励进一步强化儿童青少年的良好表现,使其继续保持积极行为。但父母在使用物质奖励的时候一定要适度,不能为了奖励而奖励,从而出现盲目的施以物质奖励,让儿童青少年对物质奖励产生依赖,甚至在做事情之前,儿童青少年总是挖空心思地想如何从父母那获得更多的物质奖励。因此,父母在使用物质奖励的时候,首先要认真分析积极行为背后的动机、态度,并告知奖励的具体原因;其次,物质奖励和精神奖励相伴随进行,并最终过渡到精神奖励为主,以便让儿童青少年知晓奖励的最终目的是为了激发他们的内部动机及内在的兴趣。如案例3中的文文妈,虽然答应要给文文买芭比娃娃,但文文妈妈并不是对文文有求必应,而是在充分分析文文的需求是否合理的基础上,才做出的决定。

第三节 离家出走

青少年离家出走已成为世界性的普遍现象,常发生在8-18岁的未成年中,以青少年表现为甚。离家出走是个体、家庭、学校及社会环境等多种因素的交错相互作用下发生的不良行为,增加了个人的危险和不安、平添了家庭的困扰和痛苦,增添了学校的管理难度,埋下了不稳定的社会隐患。分析和了解离家出走的深层原因并实施针对性的干预策略,可有效防止离家出走的发生,并积极引导青少年健康发展。

一、案例

【案例1】无法忍受学习压力而出走

2021年12月23日9时许,海淀公安分局曙光派出所接到群众110报警。报警人称,在舞蹈培训班上课的12岁女儿小玲(化名)不见了。曙光派出所民警迅速到达现场,向女孩母亲了解情况。原来,小玲母女二人从外地来到北京学舞,并在附近租房。但是女孩在学习压力下,对练舞有抵触情绪,便与母亲产生矛盾,在上课时找了个借口去上厕所,之后就不见了踪影。

【案例2】

苗苗今年11岁,家里还有一个姐姐和一个弟弟。因父亲打骂后离家出走,在学校附近被找到。在老师与苗苗的交流中获知,苗苗的父亲重男轻女思想严重。自从弟弟出生之后,对弟弟宠爱有加,却很少关心苗苗,时常因为弟弟遭受父亲的打骂。这使得她性格内向、孤僻,非常讨厌这个家,特别讨厌他的弟弟和父亲。因弟弟犯错,父亲打骂后离家出走。

【案例3】

小军今年14岁,生活在三代人之家,婆媳有矛盾。母亲性格强势,喜争强好胜,父亲沉默老实,家中决定多由母亲做出。爷爷奶奶对小军很溺爱,对他百依百顺,而母亲则对他管教很严,这也是婆媳之间发生矛盾冲突的主因,小军为此也很苦恼。暑假期间,小军结交了一位社会青年。在妈妈看来这是一个"不良风气少年",妈妈告诉小军不要跟这个"不良少年"交往。小军在与妈妈争论的过程中,冲着妈妈大声叫嚷到:"我的事情不需要你管。"妈妈听后顿感委屈,便愤愤地对小军说:"你给我滚出家门,永远不要回来!"小军就真的离家出走了。

【案例4】迷恋网吧离家出走

乐乐,男,13岁,成绩在班级里名列前茅。但不知什么时候迷恋上了网吧,经常泡在网吧打游戏,学习成绩明显下降。为此,乐乐的父亲狠狠地打了乐乐。第二天,乐乐在上学的路上偷偷跑掉,班主任打电话寻找时父母才知情。乐乐父母本打算等晚上乐乐回来时训斥乐乐,可乐乐晚上也没回家,也没有音讯。经过家人的寻找,后来在网吧发现了乐乐。乐乐一直在网吧打游戏,完全没有顾及父母焦急的心情。

二、讨论分析

由以上的案例可知,离家出走似乎成为儿童面对挫折和不满的首要选择,知晓离家出走的内涵、类型及离家出走的形成原因,将有助于提早进行干预,并积极引导儿童青少年的健康发展。

(一)离家出走的界定

在中国,离家出走是一个较新出现和被关注的社会现象,对于青少年离家出走的历史背景和文献记载并不多,对于离家出走的界定也有不同的争论。如学者们曾用"离巢"一词,指代离家出走,将儿童、小学生、初中生等18岁以下的未成年人作为离家出走的行为主体。目前普遍认可的离家出走是指未满18周岁的未成年人在没有得到父母或监护人的允许或批准下,离开家庭或居住地一天以上的时间。由定义可知:(1)离家出走发生在18周岁以下的未成年中;(2)离家出走持续的时间是至少一天;(3)离家出走是在父母或监护人不知情的情况下发生的;(4)未成年人认同自己的行为是离家出走。

(二)离家出走的类型

青少年群体的离家出走具有异质性,了解和明确离家出走的类型,将有助于预防策略的选择和干预策略的实施。我国学者对离家出走的类型的分类可以概括为以下四种:(1)游戏型(也称为服从型或盲从型),这类青少年主要是出于贪玩或者在好奇心的促使下,盲目从众而离家出走;(2)逃避型(也称为避难型),是离家出走的主要类型,这类青少年主要是为了逃避家庭或学校等不利环境带来的巨大压力,或者避免家庭矛盾;(3)向往型(也称为企求型),这类青少年主要是因为家庭破裂或缺乏融洽气氛使一些青少年感到被家庭遗弃而出走,企图寻找家庭以外的寄托,或者因为家长过于纵容而感到无聊,在其他诱惑的促使下而选择出走;(4)反抗型(也称为报复型),这类青少年主要是实际受到或自认为受到不公平对待,通过离家出走向父母或师长表示抗议或宣泄不满。

(三)青少年离家出走的特征

从定义看,离家出走常发生在18周岁以下的未成年中,但研究发现离家出走主要以8—18岁的青少年为主。而且研究还发现,青少年的离家出走具有以下特征:(1)离家出走是解脱不良家庭氛围、学业压力及严厉惩罚的一种方式;(2)是要挟家长达到自己需求的手段;(3)具有轻率性和盲目从众性,并非处心积虑考虑周全后做出的决定;(4)具有过分理想的特点,以为可以解决所有事情,殊不知会面临更大的风险[①]。此外,研究发现青少年的离家出走

---

① 闫丽霞,张军华.青少年离家出走问题的现状剖析与对策思考[J].青年探索,2005(2):47-49.

存在性别的差异,即女生比男生更容易产生离家出走意念,但男生比女生容易发生离家出走的行为。

(四)青少年离家出走的原因

知晓青少年离家出走的原因,可在青少年离家之前预先介入,并设计早期干预的政策,减少离家出走的可能。

1. 个人原因

(1)不良个性的影响

出走青少年往往本身存在一些不良个性,如性格内向、孤僻、偏激、倔强,自尊心强、心理敏感而脆弱,自我中心和移情能力缺乏,抗挫折能力和适应能力弱,情绪自控能力薄弱,认知片面消极,渴望刺激,易冲动、不理智、敢冒险,说谎、逃学等行为问题较多。

(2)青春期心理特点的影响

处于青春期的青少年思想较活跃,但控制力差,易走极端;自我调节能力差,逆反心理强、易冲动;挫折耐受力差,使得他们易与家长、教师发生矛盾和冲突,但又无有效解决冲突的办法,因此,离家出走成为他们逃避问题的一种方式[1]。

2. 家庭原因

家庭是儿童青少年社会生活技能、道德规范、行为习惯等社会性形成的主要场所,也是儿童青少年人格特征的主要影响因素。戴福强等对初中生离家出走的影响因素进行调查研究,也发现家庭教育方式和家庭环境是影响青少年离家出走的主要原因。[2] 综合现有的研究发现,以下家庭因素对儿童青少年的离家出走行为具有重要影响。

(1)不良的家庭气氛

民主平等、和谐温暖的家庭气氛有助于儿童良好个性的形成和发展,也有助于良好行为的塑造,而夫妻对立争执、言行粗鲁、对长辈缺乏孝敬甚至

---

[1] 贺新宇. 青少年学生离家出走原因的多元分析与教育对策[J]. 大陆桥视野,2015(20):166-167.

[2] 戴福强,陆秀琴,王卫林. 初中生离家出走的影响因素分析[J]. 中国心理卫生志,1997(1):23-25.

虐待等不良家庭气氛易导致儿童青少年行为异常。

(2)不当的家庭教养方式

家庭教养方式是指父母或家庭中其他年长者在养育孩子时表现出来的、具有一定的内部一致性和稳定性的看法、态度和方式等，它能通过直接或间接的方式对个体的人生观、价值观和世界观的塑造，以及情感方式的表达和个性的成长等诸多方面产生潜移默化的作用。家庭教养方式包括权威型、专制型、溺爱型和忽视型四种。权威型家长在教养孩子的过程中注重"恩威并施"，既给予孩子充分的支持和关爱，又坚持相应的规则和纪律；专制型家长缺乏亲子沟通，他们试图用一系列准则控制孩子的行为和态度，倾向于使用强迫性手段要求子女服从；溺爱型家长注重对子女发展的支持，但较少对子女提出要求；忽视型家长偏向于关注家长自身需要，对子女既缺少规则要求，又缺乏有效支持。研究发现，忽视型与溺爱型家庭教养方式易导致儿童问题行为的出现，更易离家出走。

(3)变化的家庭结构与家庭角色

随着社会的发展我国的家庭结构也在发生重要的变化，出现了离异家庭、单亲家庭、重组家庭、留守家庭和隔代抚养的家庭，而家庭结构的变化使得儿童青少年更易受到伤害。

研究发现，单亲家庭或重组家庭、留守家庭的孩子出走的比例相对较大。如在单亲的家庭中，家长易将孩子当成全部的希望，无形中使得孩子承受过大的压力，在孩子无法承受之时，会选择离家出走。在重组家庭中，父母缺少对孩子的关爱，而在双方产生矛盾和冲突时又往往迁怒于子女，让孩子找不到"家"的温暖，甚至觉得自己成了多余的人。在农村留守家庭中，父母往往注重满足孩子的物质需求，而忽视情感需求，而在城市里也普遍存在"隐性失陪"或"半失陪"的现象。在隔代抚养家庭中，爷爷奶奶或外公外婆成为照看儿童青少年的主力，但隔代抚养者在教育孩子的时候往往力不从心或者过分溺爱。

此外，因父母忙于工作无暇照看子女，爷爷奶奶或外公外婆为照看儿童青少年不得不加入核心家庭中，使得核心家庭结构变为为三代人的家庭结构。相比核心家庭，三代人的家庭结构的家庭关系更为复杂，矛盾冲突也更多，不仅包括夫妻关系、亲子关系,还包括婆媳关系、翁婿关系及祖孙关系,不仅包括夫妻矛盾、亲子矛盾,还包括婆媳矛盾。同时,在三代人的家庭结构中孩子的教育者包括父母和祖父母两代人,但因思想观念的差异易导致教育思想和教育方式出现矛盾,而这些矛盾的长期分歧和冲突,不利于儿童的个性成长。

3. 学校原因

单纯因为家庭原因而出走的儿童青少年比较少,同伴关系不良、教师的不当做法,以及学校制度存在纰漏也是导致儿童青少年离家出走的主要因素。

(1)人际关系紧张

同伴排斥、教师关系紧张也更易导致青少年发生危险行为。随着同伴关系在青春期变得越来越重要,被同伴拒绝或伤害后,青少年的自尊感、归属感、控制感,以及有意义的存在感受到威胁,使得青少年不愿意去学校。如乌斯琴图亚等发现,被同伴恶意取笑、孤立或者被开色情玩笑、动作骚扰等青少年更易离家出走。[①] 同时,与师生关系好的初中生相比,师生关系不好的中学生更易发生离家出走等多种危险行为。

(2)教师不良教育行为

应试教育体制下,学校把中考、高考成绩作为衡量教师是否优秀的唯一标尺,导致教师的生存压力和工作压力与日俱增,不得不"唯分数是从"。教师为获取高分,维护教师的经济待遇和社会声望,常常违背心愿,责难、歧视排斥,甚至挖苦打击学习成绩较差的后进生,使得学生对教师产生严重的恐惧心理及仇恨情绪,觉得上学犹如受罪。因此,出走的学生表面上是"离家",实际上也是"离校"、远离他们不喜欢的老师。

(3)学习压力

调查发现35%的学生坦言"做中学生很累",压力大,这种压力来自自己的愿望、父母的期望和教师的要求。如在自己的高要求下,当自己制订的学习目标未达到时,青少年容易气馁甚至有逃避的想法。而在家长和教师的高

[①] 乌斯琴图亚,宋逸,段佳丽,等.北京市职业高中学生离家出走情况及相关因素分析[J].中国学校卫生,2015,36(6):818-822+825.

期望下，以及严峻而残酷的竞争下，若达不到教师和家长的要求，就会对学习产生了恐惧和厌倦心理，慢慢地发现再怎么努力也无法让教师和家长满意时，就会选择离家出走。

4. 社会原因

社会原因主要包括不正当娱乐场的诱惑，一些帮派的负面影响，以及大众传媒和网络的影响。如为了能无拘无束地上网、玩游戏而离家出走，在看了武侠小说、传奇文学后，盲目模仿书中的英雄人物"闯江湖"。

(三) 案例分析

在案例 1 中，小玲的离家出走主要是逃避型离家出走。她随母亲从外地来到北京参加舞蹈培训时，因无法忍受学习压力而离家出走。这种压力可能来自学习难度加大，小玲无法达到老师的期许而带来的压力，也可能是因未达到母亲的期许而带来的压力，还可能是家里条件并不宽裕，来到异地后家庭开销突然增加或者比预期的要大，无形中对小玲造成了压力。此外，12 岁的小玲正处于青春期，情绪波动大，逆反心理强，挫折耐受力差，在与母亲因练舞发生矛盾和冲突时，身处异地又无可倾诉的朋友，又找不到有效解决冲突的办法时，便选择了离家出走。

案例 2 中的苗苗的离家出走是反抗型离家出走。主要是因为自从弟弟出生后，苗苗感知到父亲的不公正对待所导致。父亲不仅忽视苗苗的需求和感受，还打骂苗苗，尤其是在与弟弟发生冲突时，父亲会不分青红皂白直接就打骂苗苗，这更加增加了苗苗不公正对待的感受，也让苗苗倍感委屈。此外，苗苗性格的变化也导致苗苗在体验到不公正对待时，常常选择默默忍受的方式，而不是将自己的感受和想法说出来，未让父亲意识到自己给苗苗带来的伤害。

案例 3 中，小军的离家出走是逃避型、向往型相混合的离家出走。促使小军离家出走的主因是家中缺少融洽、民主的气氛。这体现在 3 个方面：(1) 在管教小军时，祖父母对孩子过于放纵、宠爱和庇护，又对小军母亲的教育方式横加干涉，使得妈妈与奶奶小矛盾不断，而父亲对此又无动于衷；(2) 妈妈性格强势，什么事情都说着算，毫无民主可言，这让小军感到压抑；(3) 小军家还存婆媳矛盾，在这种情况下教育者（母亲和奶奶）的交互作用会相互抵消，既削弱了教育的积极效果，又容易使小军无所适从。小军的行为常常会得到肯定与否定等完全相反的评价，使得小军不知谁说的正确，一味地听妈妈的话又感觉对不起奶奶。因此，在与母亲发生冲突后，为逃避家庭矛盾，小军选择了离家出走。

案例4中，乐乐的离家出走属于游戏型离家出走。因乐乐最近沉迷网络游戏，在发生冲突的时候，便选择了离家出走，且选择了在网吧里继续打游戏。

三、心理干预策略

1. 个人层面

（1）接受现实与改变认知

承认和接受父母的不足，接受自己曾经遭受的伤痛和苦难，以及自己当前糟糕的生活。在承认和接受这些不可改变的现实基础上，寻找自己可以改变的地方，并积极形成合理的认知，努力做出改变，而非一味地逃避。

（2）提高心理韧性

心理韧性也被称为压力韧性，是指个体对不幸、逆境或挫折等压力情形的有效适应，使个体在压力中也能保持正常的心理和生理机能，远离精神疾病的侵袭。在压力状态下，个体除了避免受到伤害之外，还会获得成长与积极发展，若能形成良好的心理弹性应对机制，将有助于减少家庭不良环境的负面影响，提高应对压力的能力，从而避免离家出走的发生。

2. 家庭层面

（1）提供良好的家庭心理氛围

互敬互爱的家庭有利于孩子良好情绪、健康心态的形成。因此，家庭成员之间要协调好家庭的矛盾，父母和老人要在教育观念和教育方式上尽量协调一致。同时，提倡权威性家庭教养方式，减少忽视型和溺爱型教养方式的不良影响。如案例2中苗苗的爸爸应该改变自己重男轻女的陈旧思想，多关心苗苗，同时对苗苗的弟弟也不要过分溺爱、娇惯，以防弟弟被惯坏之后，通过负气出走，来要挟父母。

此外，在三代家庭的家庭结构中，一定要秉持"夫妻关系大于亲子关系"的原则，凡是都应以夫妻关系为主，亲子关系为辅，这样家庭角色才不会错位,才能够良好运行,也才会拥有良好的氛围。如案例3中的小军的家就处于家庭错位中。小军的母亲之所以强势,一方面可能是因为她本身的性格使然,但另一方面小军的父亲有不可推卸的责任。小军父亲应该意识到在教育小军的问题上,他与妻子的责任是首位的,其次才是爷爷奶奶的责任。作为首位责任人他应该与妻子的教育观念保持一致或者在妻子对的时候应该强力支持妻子,从而让自己的母亲知难而退,也让他的母亲明白家庭中夫妻关系是第一位的。这样即可以促进夫妻关系,又可以巧妙地化解婆媳矛盾,在教育观念和教育方式上也更容易达成一致。

(2)尊重和理解孩子

尊重孩子的独立人格,不挖苦讽刺孩子,不随意将孩子与别人家的孩子作对比,让孩子经历一些挫折和磨难教育,吃一些苦。家务劳动,只要适合孩子做的,应让孩子去做。根据孩子的年龄,让他们参加一些社会活动,做错、做坏也不怕,家长要抓住机会给予指点,直到圆满完成。积极培养孩子的勇气、自信心、责任感,使孩子健康成长。对于案例1中的小玲妈妈,从外地带小玲到北京学习舞蹈,足见妈妈对小玲抱有很高的期望值,这无形中给小玲带来了很大的压力,妈妈在小玲练舞时未达到理想效果时,应该放低姿态多安慰小玲,不要跟小玲上纲上线,更不要反复强调带小玲出来学习舞蹈自己付出了多少时间和金钱,更不要挖苦讽刺孩子基础差、底子薄等。

3. 学校层面

(1)以立德树人为根本任务

教育事业不仅要传授知识、培养能力,还要把社会主义核心价值体系融入国民教育体系之中,引导学生树立正确的世界观、人生观、价值观和荣辱观。因此,要以立德树人为教育的根本任务,摆脱唯分数论的束缚,积极探索社会实践课程,加强对学生的生命教育和挫折教育,加强学生的法制教育,讲明青少年离家出走的危害和后果,培养学生的综合素质,引导学生身心、学业及人格的和谐发展。

(2)完善管理制度做好预防

严密、完善的学生管理制度可以有效预防学生的离家出走。如完善考勤制度,做好进校、离校实时登记和堂课考勤,完善学生请假、销假手续。完善学生心理测评制度，跟踪和追踪学生的心理变化，对心理异常的学生（如性格孤僻、人际关系不良、学习成绩下滑）给予及时的心理辅导和心理咨询。

(3)尊重学生主体地位

学校和老师要树立"一切为了学生、为了学生的一切、为了一切学生"的学生发展观，把学生放在教育教学的本位和首位，给予学生人文关怀，创设民主、宽松的氛围。教师要放下自己的师道尊严，用一颗诚心与学生平等地交往，以心换心，用真诚去打动学生，赢得他们的信任，与他们成为无话不谈的知心朋友。

(4)加强家校协同合作

初为家长，并不懂得如何教养孩子，为促进儿童青少年的健康成长，学校和教师应担当起指导家长科学教育的责任。可以通过家长会、家长委员会及家庭学校等方式，对家庭教育进行科学指导，从而引导父母转变不良的家庭教养方式和家庭教育观念，提高家长的自身素养，认清家长的责任和义务。

4. 社会层面

(1)营造良好的文化氛围

政府部门要净化学校周边的环境，杜绝学校周边出现休闲娱乐场所（如游戏厅、歌舞厅或网吧），并努力营造良好的文化氛围，积极宣传促进儿童青少年心理健康成长的优秀榜样和健康知识。

(2)严格审批媒体报道

为有效减少儿童青少年的离家出走，各有关单位应该严格审批有关离家出走的新闻报道，治理净化不健康的网络、影视作品、文学读物等，以减少对儿童青少年的暗示与误导。同时，还要禁止未成年出入娱乐场所、舞厅和游戏厅等不良场所。如对于案例4中的乐乐，若网吧认真核实乐乐的身份证，并严格遵守和执行未成年进入网吧的有关管理条例，乐乐既不会有机会进入网吧，也不会长时间沉浸在网络游戏中不能自拔，从而也不会导致他对学习失去兴趣。

总之，儿童青少年的离家出走是个人、家庭、学校及社会等因素共同作用的结果，应该举各方之力，协同合作，共同为儿童青少年的健康成长塑造良好和谐的生活和学习环境。

第四节 攻击行为与校园欺负

攻击行为是儿童和青少年心理健康临床医生转诊的一个主要来源。校园欺负是一种特殊的攻击行为，近年也呈高发态势，成为全社会不容忽视的社会治理问题。攻击行为与校园欺负对个人、家庭、学校及社会都会造成不良影响。不仅会造成个体的身体伤害和心理创伤，损害家庭的利益，还会破坏学校的平等团结、和谐友爱氛围，扰乱正常的教学管理秩序，甚至会威胁社会的安全。通过对攻击行为和校园欺负的内涵进行讨论，运用相关理论阐释攻击行为与校园欺负行为的成因，并提出综合防治校园欺负的策略，将有助于创建安全、有纪律的校园环境，使教师能够安心教学、学生能够潜心学习，应是整个社会的共同职责和使命担当。

一、案例

【案例1】喜欢拳打脚踢的小强

小强，5岁，是班级里个子最高、最壮的小男孩，性格外向，不怕陌生人，喜欢与人交往，绘画能力强。因父母工作忙，小强基本是由爷爷奶奶看护。爷爷奶奶很溺爱、迁就小强，若爷爷奶奶管教小强，小强常常表示愤懑并对爷爷奶奶拳打脚踢。家里是小强的爸爸说着算，爸爸在管教小强时常采用恐吓、打骂的方式。每当小强犯错误时，爸爸往往先是训斥，然后是一顿痛打。小强在幼儿园时，也常与小朋友发生冲突，遇到意见不合时，常动手打人、抓人，甚至踢人，还常常骂人。

【案例2】"根号二"的痛

小丽，女，14岁，是班级里最矮的孩子。同学们给她起了个"根号二"的绰号，这让小丽很郁闷，但同学们都这样叫，她也不好吱声。但她心里总是不好受，感觉这个绰号比直接叫她矮子更伤人。慢慢地小丽变得郁郁寡欢，也不愿意与同学一起参加集体活动，总是独来独往。

【案例 3】被排斥的小童

小童父亲因过失杀人入狱后，小童母亲为了减少其父亲对他的不良影响，便在四年级时带小童由大城市转到三线城市就读。因小童学习成绩优异，经常得到老师的表扬，很快在新的学习环境中交到了很多新朋友，这让小童很开心。小方是班级中的学霸，小童的到来不仅与她形成了成绩竞争关系，还让她失去了很多要好的朋友。小方无意得知小童家的事情后便告知班级中的同学。同学们知道事情后开始在背后对小童指指点点，有意无意地开始疏远小童。每当小童想融入同学中时，大家便一哄而散，还互相窃窃私语，大家不能跟杀人犯的孩子一起玩耍。这种情况一直持续到小学六年级，最终小童患上抑郁症，甚至尝试割腕自杀。

二、分析讨论

以上案例反映了攻击行为的不同形式，随着和谐校园建设，明晰攻击行为的概念、成因愈发重要。

(一)攻击行为的界定

Anderson 和 Bushman 认为攻击是指存在伤人意图的伤害行为反应或伤害行为倾向[①]。该定义说明攻击具有三种基本属性：攻击是一种可观察的行为反应或行为倾向；攻击是一种有意伤害他人的行为，且受害者有动机想要避免这种伤害。攻击行为不仅会导致受害人在受到攻击后出现创伤后应激障碍、焦虑、抑郁等危害，同时也会导致攻击实施者出现反社会倾向。

(二)攻击行为的类型

1. 身体攻击、言语攻击与关系攻击

从攻击的形式看，攻击行为可以分为身体攻击、语言攻击和关系攻击。身体攻击是指用肢体或者器物对身体造成伤害的行为，言语攻击指通过说坏

---

① Anderson C A, Bushman B J. Human aggression[J]. Annual Review of Psychology, 2002, 53: 27-51.

话、制造谣言等言语方式伤害他人的行为，而关系攻击指有目的地操纵、威胁或者损害他人的人际关系来伤害他人的行为。关系攻击也常被称为间接攻击和社会攻击，三者之间有一定的相似性，但也存在差别。间接攻击是指攻击者对受害者造成伤害，而受害者并不知晓攻击者身份的行为；社会攻击指有目的地通过非面对面的或者隐蔽的方式损害人际关系或者他人社会地位的行为，这些行为通常需要第三方的参与，表现为传播流言、社会拒绝和排斥，以及消极的面部表情或姿势等。关系攻击强调对关系的操作，可以是直接的方式，也可以是间接的方式，而间接攻击强调的是对攻击者身份的不知晓和间接性，社会攻击强调的是第三方的参与。

在低幼儿年龄阶段，主要表现为身体攻击，这是因为幼儿缺少与同伴沟通的社会经验，当自己的愿望得不到满足时，就会采用抢、夺、抓、咬等行为。随着年龄的增长，2—4岁的婴幼儿的身体攻击逐渐减少，言语攻击增多（如嘲笑、讽刺、给同伴起绰号，甚至漫骂），女孩比男孩更多的使用关系攻击，如"我不和你玩了""我和小丽是好朋友，你不是我们的好朋友"等。

2. 反应性攻击与主动性攻击

从攻击的动机或功能的角度，攻击行为被分为反应性攻击与主动性攻击。反应性攻击是指在感受到被激惹或者存在危险时，做出的防御性行为，而这种反应常常超出实际应该有的应激反应。反应性攻击是由情绪驱动、误解他人的线索（如敌意归因偏向等）等导致，发生时常伴有愤怒等消极的情绪体验，也被称为敌意性攻击、被动性攻击、报复性攻击。而主动性攻击是指伤害他人来获得个人的利益或实现个人目标的行为或倾向，可以在没有激惹或低愤怒水平的情况下发生，一般没有强烈的情绪唤醒，也被称为预谋性攻击、工具性攻击、侵略性攻击或者冷血性攻击。主动性攻击常被用来解释恐怖袭击、抢劫及校园欺负行为。

（三）攻击行为的相关理论

关于攻击的理论自研究开始就非常丰富，这些理论为研究攻击产生的原因及后果提供了可测量的框架，指导着攻击的相关研究。这些理论主要包括挫折-攻击理论、认知新联想理论、社会学习理论、脚本理论、兴奋传递理论、社会互动理论、一般攻击模型和最新的 I^3 理论。

1. 挫折—攻击理论

早期的挫折—攻击假说，认为当一个人的目标被挫败时，就会产生一种想要攻击的冲动，这一观点可以解释生活中每天出现的大部分攻击，但很明显并不是所有的挫折都会引起攻击。

2. 认知新联想理论

认知新联想理论将挫折即引起攻击的观点进行延伸和修正，认为任何令人厌恶的刺激都会产生这种冲动，如挫折、挑衅和身体上的疼痛，可以自动触发与攻击性相关的各种想法、记忆、表达性的运动反应，以及与战斗和逃跑倾向相关的生理反应。该理论还强调了高层次的认知过程，如归因和评价，是如何调节这些自动的刺激以达到攻击的目的。认知新联想理论不仅包含了早期的挫折—攻击假说，而且还提供了一个因果机制来解释为什么厌恶事件会增加攻击倾向。这个模型特别适用于解释敌意攻击，但同样的启动和扩散激活过程也适用于其他类型的攻击。

3. 社会学习理论

社会学习理论认为当人们看到另一个人的攻击行为时，尤其是当那个目标人有很高的地位或因为这种攻击行为而受到奖励时，他们就会变得具有攻击性。社会学习理论解释了通过观察学习过程获得的攻击性行为，并为理解和描述指导社会行为的信念和期望提供了一套有用的概念。社会学习理论，特别是关于发展速度和期望变化的关键概念，以及社会世界在理解攻击性行为的习得和解释工具性攻击方面特别有用。

4. 脚本理论

脚本理论认为个人从他们周围的世界，包括大众媒体，学习具有攻击性的脚本。脚本，它指的是博学的、高度可访问的，是情境特定因果联系、目标和行动计划的综合心理表征，一旦环境触发了攻击脚本的一个关键方面，就会导致个体从事复杂的攻击行为。这一理论特别适用于社会学习过程的泛化和复杂的感知—判断—决策—行为过程的自动化或简化。

5. 兴奋传递理论

兴奋传递理论指出，生理觉醒过程缓慢。如果两个唤起事件在短时间内被分开，第一个事件的唤起可能被错误地归因于第二个事件。如果第二件事与愤怒有关，那么额外的兴奋会使人更加愤怒。根据兴奋传递理论，人们会错误地将生理唤醒归因于攻击性。如果个体在遇到引起愤怒的刺激时正在经历偶然的（不相关的）生理唤起，他们的愤怒可能会因为偶然的唤起被错误地归于这个刺激而加剧，这种加剧的愤怒反过来又会引发攻击。兴奋转移的概念还表明，如果一个人有意识地将他或她的高度觉醒归因于愤怒，那么愤怒可能会延长很长一段时间。因此，即使觉醒已经消散，只要愤怒的标签还在，那个人仍然准备好要去攻击。

6. 社会互动理论

社会互动理论强调个体通过攻击行为来实现工具性目标，如获得有价值的东西，对感知到的错误进行惩罚，或建立期望的社会身份。该理论解释了攻击性行为（或强制性行为）的关联影响行为，即一个行为者使用强制措施来产生目标行为上的改变。强制行为迫使行为人为了获得有价值的东西（如信息、金钱、商品、性、服务或安全），为了对感知到的错误行为施加惩罚，或者为了实现理想的社会和自我认同（如强硬、能力）而采取强制行为。

根据这一理论，行为人是一个决策者，他的选择是由期望的报酬、成本和获得不同结果的概率所决定的。社会互动理论解释了更高层次（或最终）目标所激发的攻击性行为。即使是敌对的挑衅行为也可能是一个潜在的目标，比如，惩罚挑衅者以减少未来挑衅的可能性。这一理论提供了一个很好的方式来理解最近的发现，即攻击性通常是高自尊受到威胁的结果，特别是对无根据的高自尊（即对被侵犯者的自尊）的威胁。

7. 一般攻击模型

Anderso 和 Bushman 建立的一般攻击模型（The general aggression model，GAM）关注攻击风险因素的一般类别和过程，而关注特定的变量或过程。一般攻击理论是对认知新联想理论、脚本理论、社会学习理论、兴奋传递理论、社会互动理论等领域特异性理论的综合，通过将这些理论统一成一个连贯的整体，GAM 为理解许多情况下的攻击性提供了一个广泛的框架。它综合考虑了社会、认知、个性、发展和生物因素对攻击性的作用。GAM 用于理解许多情况下的攻击，包括媒体暴力效应、家庭暴力、群体间暴力、温度效应、疼痛效应和全球气候变化效应。

第一部分　儿童青少年心理问题

一般攻击模型包括近端过程和远端过程，第一个方面是近端过程，由3个主要焦点组成。第一个焦点是强调个人与情境的输入，即攻击的危险因素。个人的输入包括个性特征、生理性别、信仰、态度、价值观、长期目标和脚本。第二个焦点是强调相互关联的情感、觉醒和认知路径或机制，这些输入通过这些路径或机制影响攻击行为。情感路径包括情绪、情感和表达动机倾向；觉醒途径包括强化主导行为倾向和错误归因过程；认知途径包括敌对的想法和脚本。第三个焦点是强调评估和决策过程，以及积极或非积极的结果，个人评估情况并决定如何做出回应。所选择的行动会影响所遇情况，进而影响个人因素和情境因素，重新开始新的循环。当缺乏资源和动机来改变他们对形势的直接评价时，个人很可能会冲动行事。然而，如果他们拥有资源和动机，他们可能会重新评估情况，并采取更深思熟虑的行动。一旦一个行动被执行，这个行动就会影响社会交往，从而改变个人因素和环境的因素，重新开始近端过程的循环。

一般攻击模型的第二个方面侧重于远端过程（见图6-1），它在近端过程的每一集的背景下操作[1]。GAM的这一方面概述了生物因素和持续的环境因素如何共同影响人格，而人格反过来又会改变个人因素和环境因素。增加发展攻击性人格可能性的生物因素包括：注意力缺陷多动症、执行功能受损、荷尔蒙失衡、血清素水平低和唤醒水平低。增加发展攻击性人格可能性的环境因素包括：支持暴力的文化规范、不适应的家庭或养育方式、艰难的生活条件、贫困、受害、暴力社区、暴力或反社会的同伴群体、群体冲突、责任的扩散，以及长期接触暴力媒体等。

---

[1] Allen, Anderson, Bushman. The general aggression model[J]. Current Opinion in Psychology, 2018, 19: 75-80.

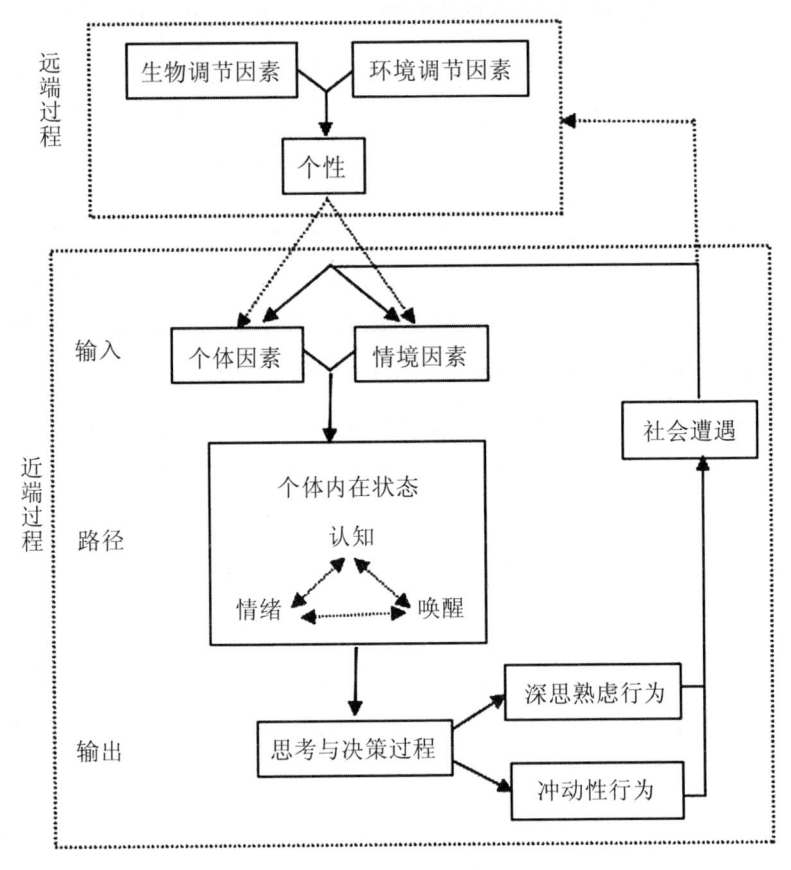

图 6-1　一般攻击模型图[①]

8. I³ 理论

Finkel 的 I³ 理论认为具有不同功能的风险因素的相互作用导致了攻击行为的发生[②]。I³ 理论包括一个结果（行为）、一个中介（行为倾向）及三个因素（刺激因素、驱力因素和抑制因素）（见图 6-2）[③]。其中，刺激因素（Instigation），指的是煽动或者激起个体对目标对象产生攻击行为的线索或场

---

① Allen, Anderson, Bushman. The general aggression model[J]. Current Opinion in Psychology, 2018, 19：75-80.
② Finkel, E J. The I-3 Model：Metatheory, Theory, and Evidence[J]. Advances in Experimental Social Psychology, Vol 49. J. M. Olson and M. P. Zanna. 2014，49：1-104.
③ 张璐，乌云特娜，金童林. I³ 模型视角下个体行为的表达机制[J]. 心理科学进展，2021，29 (10)：1878-1886.

景，如来自目标的身体和言语的直接挑衅、目标障碍、社会排斥，以及源自目标之外的人或事物的影响等；驱力因素（Impellance），指的是增加个体在特定情境下体验到实施攻击行为的倾向性或强度，如人格变量的马基雅维利主义、自恋、特质愤怒和敌意沉思，以及社会规范、生物因素等；抑制因素（Inhibition），指的是增加对刺激和驱力作用的抑制性，降低攻击行为发生的可能性因素，如自我控制、执行功能、情绪调节未被耗尽的自我调节资源、丰富的认知处理时间等。当刺激因素和驱力因素的强度超过抑制因素的强度时，攻击行为最可能发生。

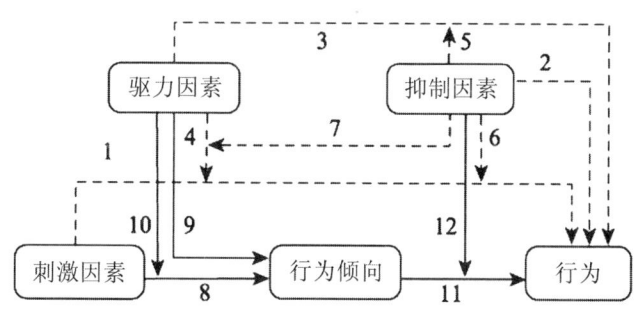

图 6-2　I^3 结构图[①]

除了上述应用较广泛的攻击理论外，学者们又陆续从人格、动机、社交互动、时间进程的角度提出特质愤怒和反应性攻击的综合认知模型、攻击的社交互动理论、攻击的时间路径模型以深入理解特定类型的攻击。

（四）校园欺负行为的影响因素

校园欺负是校园生活中反复出现的主动性攻击行为，可以表现为身体欺负、言语欺负和关系欺负。作为一种特殊的攻击行为，可以用上述介绍的攻击相关理论进行解释外，还有一些具体的因素会影响校园欺负行为的形成。这些因素包括个体特征、父母的教养方式、学校因素、社会因素和各因素的综合作用。

1. 个体因素

个体因素是攻击行为或欺负行为的一个重要影响因素。常具有高神经质

[①] 张璐，乌云特娜，金童林. I^3 模型视角下个体行为的表达机制. 心理科学进展，2021，29(10)：1878-1886.

倾向，即以自我为中心，共情能力差，对人对事冷漠，易冲动且易暴躁的个体常在遇到挫折、挑战及他人威胁时表现出攻击行为。而被攻击者或欺负者常具有高精神质倾向，一般性格内向、低自尊且高自卑、遇事易焦虑和抑郁。这些负面的人格特征可能会制约人际交往方式、问题解决能力和社会价值观的形成，从而在一定环境的刺激作用下，导致攻击行为的发生或者成为被欺负的人。此外，也有研究发现个体的性别、年龄、是否抽烟等对攻击行为发生具有一定的影响，如男性较女生更容易发生欺负行为，年龄较小的男性若同时还有吸烟行为则更容易发生欺负行为。

2. 家庭环境因素

家庭环境因素是导致青少年攻击行为的主要因素。首先，不良的家庭教养方式会增加攻击的发生。如研究发现父母若经常采用暴力性言行举止和处事方式纠正儿童和青少年的不良行为时，儿童青少年就会效仿这种方式，并在父母不在场时，采用攻击行为的方式要挟同伴以达到自己的目的。也有研究发现[1]，父母过多的干涉和管控儿童青少年，易导致儿童青少年对立反抗的情绪状态，从而促使他们在遭遇不顺时，更易发生攻击行为。其次，不安全的依恋关系会增加学生成为被欺负的对象的概率。不安全的依恋关系使得儿童青少年在于同伴交往时，因缺乏安全感而表现出懦弱、退缩等行为，从而易成为被欺负的对象。最后，父母角色的缺失也是攻击行为的一个重要的影响因素。这是因为父母长期与子女分离，易导致儿童青少年缺乏安全感，易出现孤独感和焦虑情绪，脾气暴躁易怒，从而具有更强的攻击行为倾向。有研究发现[2]，与父母关心较少的儿童青少年相比，父母偶尔关心或者经常关系的儿童青少年表现出更少的攻击行为。

3. 学校因素

(1)教师认识上的错误

从国内外的调查研究看，攻击和欺负行为无时无处不在，但有些教师对

---

[1] 王梦婷. 留守儿童校园欺凌的家庭因素分析及治理对策[J]. 教育教学论坛，2019(20)：232-233.

[2] 王建，李春玫，谢飞，等. 江西省高中生校园欺凌影响因素分析[J]. 中国学校卫生，2019，39(12)：1814-1817.

于校园欺负存在认识上的误区。如有教师认为男孩子"粗鲁"好动,攻击是生活中很自然的事情,不必过多在意;有教师认为某些学生是令人讨厌的,经常激惹其他同学,被欺负是他们咎由自取;还有教师认为被欺负者应该进行反击,而不是告诉老师,殊不知处于弱势的被欺负者若进行反击,往往会导致欺负行为的升级,继而遭受更长久、更大伤害的欺负行为[①]。可见,教师认识上的误解和偏见,以及对待欺负事件的态度会无形之中助长了校园欺负的发生。此外,在唯分数的教育评价机制中,学校更多关注学生智育上的训练与提升,而对道德教育不够重视,忽视了学生良好品德的培养也会助长欺负行为的发生。研究还发现,不良朋友关系(不良团体)也会促使欺负者在受到团体成员恶劣行为的影响使用攻击和欺负的行为。[②]

(2)校园排斥

校园排斥是校园欺负的前提和发展动因。校园排斥是指学生在校园生活中被他人或其他团体拒绝或忽视,难以建立和保持正常人际关系,致使其归属需求和关系需求受到阻碍的现象和过程,常包括拒绝、差别对待及有意忽视等不同形式。与身体欺负和言语欺负相比,校园排斥更为隐蔽且不易被察觉,易对个体造成更持久的心理伤害。不仅会引起个体更消极的心理反应,也会导致个体自尊水平降低;不仅会增加个体出现焦虑、抑郁等情绪问题的可能性,还会增加表现攻击等反社会行为的可能性。此外,校园排斥还会促使被排斥者结交不良同伴,进而增加校园欺负等攻击行为的表现。

(3)师生关系、同伴关系不良

不良的师生关系、同伴关系会增加学生遭受欺负的概率,而融洽的师生和同伴关系则会减少学生遭受欺负的可能性。如有研究发现,教师对学生的支持,可提升学生的同伴接纳度及社会胜任力,进而降低遭受校园欺负的可能性。也有研究发现,与师生关系、同伴关系越融洽,学生遭受校园欺负的可能性越小[③]。

---

① 张宝书.班主任应对校园欺凌的预防策略研究[J].教学与管理,2020(12):63-65.
② 茹福霞,黄鹏.中学生校园欺凌行为特征及影响因素的研究进展[J].南昌大学学报(医学版),2019,59(6):74-78.
③ 李佳哲,胡咏梅.如何精准防治校园欺凌——不同性别小学生校园欺凌的影响机制研究[J].教育学报,2020,16(3):55-69.

4. 社会因素

社会因素是影响儿童青少年校园欺负行为发生的不可忽视的环境因素，目前，主要探讨社会传媒的不良影响。如研究发现，社会传媒中未得到严重惩罚和谴责的暴力者，易成为儿童青少年模仿的榜样，甚至是心中的"英雄"，从而误导儿童青少年形成攻击行为和暴力手段是行之有效的错误观念。此外，儿童青少年在玩一些网络暴力游戏时，主要是通过以暴制暴或者攻击的方式取胜对方，这就无形中会使儿童青少年形成武力是解决问题的最佳方式的执念，甚至让儿童青少年变得冷酷无情，而缺少同情心。

5. 各因素交互作用

综上可知，目前对攻击行为和校园欺负的影响因素的研究主要以单因素为主，但越来越多的研究者发现校园欺负并非单因素造成，而是个体、家庭、学校及社会等多因素共同作用的结果。如有研究发现，校园欺负是个体因素（如性别、年龄、吸烟、肥胖）与家庭因素（如家庭经济状况、父母的职业、教育程度及父母情感支持等）交互作用的结果。

(五) 案例分析

案例 1 的小强是攻击者或者欺负者的角色，常表现出身体攻击和言语攻击行为。形成的原因主要是因为父母工作忙，无暇照顾小强，导致小强任性、蛮横及不讲道理。爸爸管教孩子的方式简单粗暴，从不和颜悦色的与小强讲道理。小强慢慢地了解到爸爸在家里的权威后，也会有意无意地学习爸爸处理问题的方式。当小强的目的未达到时，虽然小强不敢直接对爸爸拳打脚踢，但他会指向爷爷奶奶，在幼儿园里也会习惯性的指向小朋友。

案例 2 中的小丽是被欺负者，她因自己生理上的缺陷而遭受同学们的言语攻击。绰号或者别号在现实生活中很普遍，多数人在成长过程中都有被他人起绰号的经历。一般来说，绰号有时是同学之间亲密关系的体现，并无恶意。但是一些针对他人的生理性缺陷而起的侮辱性的绰号，不仅会增加当事人自卑的情绪，还会给当事人带来难以抚慰的心灵伤害，甚至是性格的改变。

案例 3 中的小童主要遭受了同学们的关系欺负。小童转到新环境后，本来就有点不适应，但在老师的鼓励和表扬下，才逐渐拜托了摆脱父亲对他造成的不利影响，开始结交新的朋友并开启新的生活。但是好景不长，在小方的鼓动下,不仅没人愿意跟她一起玩,还有意躲着她,这在无形中让小童遭受了同学的关系欺负。关系欺负更为隐蔽,对受害人的伤害也更大。案例中的小童不仅学习成绩受到了影响,她的情绪也受到了严重的影响,甚至产生了轻生的念头。

三、心理干预策略

随着攻击行为理论的不断细化与整合,以及对认知行为治疗、家庭治疗等心理治疗方法的不断探索,对攻击行为的干预方案也在不断地完善与发展。实践证明,社会技能训练和家庭干预是攻击行为的有效手段。而对于校园欺负行为的干预,除可以使用以上所介绍的攻击行为的干预方法外,还需要结合儿童青少年心理发展特点,分角色、分年龄阶段进行个体的干预引导,并通过减少校园排斥和提升教师的性别角色意识等方式提前减少校园欺负的发生。此外,校园欺负是多个因素共同作用的结果,单一主体和措施无法根治校园欺负行为。因此,可以建立家庭、学校及个体的联合网络,共同预防攻击行为和校园欺负的发生。

(一)社会技能训练

1. 认知训练

社会信息加工理论认为信息加工过程包括线索编码、线索解释、目标定向反应产生、反应决定及行为实施等六个阶段,而具有攻击性的儿童在这六个加工阶段中存在缺陷。如在线索编码阶段,攻击性儿童较少使用当前情境中的社会线索,更多使用攻击性图式,选择性注意攻击性社会线索;在线索解释阶段,攻击性儿童具有敌意归因倾向;在目标定向阶段,攻击性儿童常具有关系破坏性目标定向,易追求导致负性情绪或攻击性结果的目标;在反应产生阶段,攻击性儿童产生的反应数量少、缺乏弹性,且多为攻击性反应;在反应决定阶段,攻击性儿童易对攻击反应进行积极评价,且对攻击行为有乐观的结果预期[1]。如应纠正案例1中小强的不良认知。让小强认识到打人、骂人、欺负小朋友是不对的,不但老师不喜欢,小朋友也不喜欢这样的小朋

---

[1] 寇彧,谭晨,马艳.攻击性儿童与亲社会儿童社会信息加工特点比较及研究展望[J].心理科学进展,2005(1):59-65.

友,但如果小朋友犯了错误,改正错误后大家都会原谅他的。

因此,研究者可以通过改善或转变个体的社会认知的方式(如纠正敌意归隐偏差),并提供适当的问题解决技能(如社交技巧训练、自我控制训练)对攻击行为进行矫正,常用的方法包括言语指导、榜样示范、行为演练、结果反馈及积极强化等方式。

2. 移情训练

研究发现,具有高攻击倾向的儿童青少年一般缺乏移情或共情的能力[①]。移情指对他人情绪状态和情感体验的识别感知,分为认知性移情和情感性移情两个维度。两者的不平衡发展与儿童青少年的身体攻击、言语攻击,以及愤怒和敌意存在一定的关系。移情包括识别他人情感状态的能力、采择他人观点的能力和移情反应能力等,以此为基础而发展出来的移情训练可以降低儿童青少年的攻击行为。移情训练是指以提高对他人情感的理解和分享能力为目的,对受训者进行专门的有针对性的指导活动。具体可以使用小游戏、故事讨论及情境再现的方式进行情绪情感的识别、情绪情感的体验、情绪情感的联系及情绪情感的正确表达等方面的训练,从而使得具有高攻击倾向的儿童正确识别他人表情,增强对他人情感的理解和分享能力。

3. 情绪管理

具有高反应性攻击倾向的个体愤怒感更强,缺乏冲动控制能力且具有较差的情绪调节能力,因此,通过对高攻击倾向的儿童青少年进行情绪管理训练,可以有效降低攻击行为的表现。具体可通过3种方法实现:一是通过角色扮演改变情绪表达方式;二是教育儿童通过放松训练和情绪宣泄的方式,宣泄愤怒情绪;三是通过积极联想的方式,培养儿童的积极情感。

(二)家庭干预

社会技能训练对于攻击行为的干预虽然有一定的效果,但常受限于儿童青少年语言发展水平,使得干预效果不佳。而家庭干预可摆脱语言发展水平的限制,且对儿童青少年的影响持久而深刻。家庭行为疗法适用于2—7岁的儿童,要求儿童的主要照料者和儿童共同参与干预,共包括两个阶段。第一

---

① 杨欣妤,汪凯. 移情训练对小学高年级儿童攻击行为的干预研究[J]. 长春大学学报,2018,28(8):25-28.

阶段：父母积极回应（如表扬、抚摸等）儿童的正确行为，而忽视儿童的错误行为。第二阶段：父母通过明确直接的指令增强儿童的服从性。当儿童服从父母的指令时，便给予积极的回应，而不服从时，则会给予儿童禁闭（座椅禁闭和房间禁闭）惩罚。通常先使用座椅禁闭，让儿童坐在椅子上，并告知"待在这里，要安静"。若座椅禁闭无效时则采用房间禁闭，将儿童放置于安全的房间内让其保持安静。若能在房间保持安静则放回椅子，若放回椅子还不能保持安静则重复以上步骤，直到儿童学会听从父母的指令为止。

张田和傅宏采用家庭行为疗法对儿童的攻击行为进行了两个阶段五个主题为期三个月的干预。[①] 研究主要围绕恰当的关心、正确发出指令、对待不服从行为、家庭规则及在其他场景（如商场的过道、公园的椅子）的应用等五个主题进行，结果发现家庭行为疗法具有很好的干预效果。家庭干预疗法花费的时间较短，且不受言语本身的限制，也适用于年龄较小的幼儿。此外，该方法针对性强，可以有效矫正攻击行为。在矫正不良行为的同时还有助于良好亲子关系的塑造。

(三)学校干预

1. 分角色、分年龄进行干预

(1)针对不同角色精准施教

对于欺负者应采用疏导的方式进行，让其认识到不同经济社会地位、健康状况，以及不同民族、种族、性别、社会身份的人具有不同的差异，不能对他们进行骚扰或欺负；对于被欺负者应该给予情感支持，提供情绪管理和调试方面的指导，并提高他们应对人际关系问题的能力，要鼓励他们在遭受欺负时果断自信、大胆发声；而对于旁观者积极引导其在免受伤害的前提下，公开反对欺负，及时制止欺负行为的恶化，并为被欺负者提供合理的帮助。

对于幼儿园阶段的幼儿主要采用绘本的方式，进行理解和尊重人与人之间差异的教育。如采用北师大刘文利教授主编的《我们的身体》《我爱我家》《多彩的幸福》等绘本。这几本书可以让幼儿认识到性别的共同点和差异性，认识到不同肤色和不同发色的人及残疾人，也可以让幼儿了解到不同的家庭类型、

---

① 张田，傅宏. 家庭行为疗法对儿童攻击行为的干预研究[J]. 中国临床心理学杂志，2018，26(1)：184-188.

不同的职业及不同的生活方式。对于小学阶段的学生主要使用健康教育读本的方式，了解最常接触到的校园欺负。如《珍爱生命——小学生性健康教育读本》以人权、平等视角培养学生尊重差异、珍爱朋友的态度，拥有和他人和谐相处的技能，了解友谊的美好和个体外貌、种族、性别、性倾向等的平等。对于初中生主要结合身心发展特点深入讲解校园欺负的话题，认清校园欺负的不同形式和类型，围绕友谊、权力等主题展开。

2. 通过接纳与承诺疗法减少校园排斥

校园排斥是校园欺负的前提和动因，通过对校园排斥的干预可提前防范校园欺负行为的发生。接纳与承诺疗法作为一种积极的心理干预方法，该方法包括6个核心接纳、认知解离、关注当下、以己为镜、价值观和采取行动等六个核心技术，对焦虑、抑郁及校园排斥等心理健康问题具有很好的干预效果。

张野等[1]的研究发现，围绕《青少年校园排斥问卷》中的遭遇校园排斥的四个子维度(被拒绝、被中伤、被差别对待和被忽视)设置校园排斥的团体干预方案，并将接纳与承诺疗法运用在该团体方案中，可有效减少校园排斥的发生，具体的实施步骤如表6-1所示。

表6-1 接纳与承诺疗法在学生校园排斥的团体干预研究中的应用

维度	课程主题	目标
拒绝	了解拒绝	1. 认识拒绝的本质，熟练掌握情绪ABC理论的内容和适用范围 2. 建立共情，学会面对拒绝时形成合理的情绪状态 3. 在试图对他人进行故意拒绝时，能够学会从对方的角度思考问题；在被他人拒绝时，能够主动调适自己的情绪，构建良好的人际关系
	做个受欢迎的人	1. 了解受欢迎者和不受欢迎者的个性特点、行为表现和态度等 2. 不断强化接纳意识，尝试感受接纳他人时的喜悦心情 3. 主动改变自身不被他人认可和欢迎的心理与行为特点，努力敞开心扉接纳他人，将自己改造为受大家欢迎的人

---

[1] 张野，肖晴，张珺. 初一学生校园排斥的团体干预研究[J]. 辽宁师范大学学报(社会科学版)，2020，43(6)：54-60.

第一部分　儿童青少年心理问题

续表

维度	课程主题	目标
忽视	忽视之我见	1. 认识忽视的含义及其分类 2. 当产生故意忽视他人的想法时，提醒自己要形成同理心；当面对他人的有意忽视时，要积极应对，不能回避 3. 尝试站在对方的角度思考问题，积极进行人际交往，建立和谐的人际关系
	沟通的真谛	1. 了解人际沟通的重要性，学会人际间的沟通技巧 2. 提升自身的人际沟通能力，能够从人际沟通中体验到快乐 3. 在与他人进行交往时能够自主运用沟通技巧
差别对待	人人都是平等的	1. 了解平等的含义 2. 形成人人平等与尊重他人的意识 3. 在日常生活中能够平等对待和尊重他人，减少差别性对待
	人人都有闪光点	1. 认识到自身和他人都有优秀之处 2. 逐渐形成积极看待自身及他人的意识与观念 3. 能够对自身和他人做出积极、合理的评价
中伤	告别中伤	1. 掌握中伤的含义及其分类 2. 深刻认识到中伤的危害，积极快乐地学习和生活 3. 与同学和睦相处，学会保护自己
总结	相亲相爱一家人	1. 认识到全班同学是一个整体，同学之间需要相互合作，共同成长，交往过程中不应该排斥他人 2. 从群体合作中体验到快乐 3. 互帮互助，增强群体凝聚力

3. 教师社会性别意识提升训练

教师是儿童青少年的重要他人，但因受性别偏见及性别刻板印象的影响（如男生要有男生样，女生要有女生样），教师大多无从识别常见的校园性别欺负，甚至成为直接的性别欺负者。因此，围绕性别角色、性别气质及性别表达多元化的理解，可让教师正确感知和识别性别欺负（如"娘娘腔"和"男人婆"），唤起教师多被欺负者的同理心并提高教师对欺负行为进行干预的自我效能感。具体可以从以下几个方面进行：(1)通过自我反思的方式，对性别角色进行重新的认识，如回忆自己被否定及被打压的性别形塑记忆，并反思自己是如何将这些"被淹没"的个人体验无意之中对自己的学生产生有害影响的；(2)通过心理剧扮演的方式，唤起对那些穿着打扮与生理性别不符合的学生的同理心；(3)通过了解学生真实的性别故事，使教师意识到既要借入已经发生的欺负事件，还要在日常课程和师生接触中提倡性别平等。

4. 共同学习模式干预

Bonell 等[1]提出的共同学习模式采用的是单一连贯的干预措施，这一干预措施不仅可以很好地解决多因素共同作用的校园欺负问题，还可以有效避免多个单一措施给学校造成的负担。共同学习模式主要是基于学校为基础的干预措施，主要进行 3 个方面的干预：(1)全学校干预。不仅仅提供课堂课程，而是进行全校层面的预防欺负的相关校园政策与体系建设，以增加学生与学校的接触，防止欺负对学生(尤其是社会处境不利学生)造成的不良影响，进而减少暴力和反社会行为的发生。(2)恢复性实践培训。通过恢复性实践培训旨在解决学生间及学生与教师间的冲突，以防止进一步的伤害。这种方法可以是让被欺负者向欺负者传递欺负行为对他们所造成的伤害，并使欺负者承认和修正机制的行为。如学生可以与教师谈论他们的感受，并与教师保持良好的关系，或者是在冲突发生时，教师召集冲突的双方并对冲突事件进行反思，从而制订解决策略防止进一步的伤害。(3)社会情感教育。开展面向学生群体的社交情感技能课程，教导青少年管理情绪和人际关系所需的技能，加强社会关系，改善心理健康水平，从而减少欺负的发生。

---

[1] Bonell, C, Allen, E, Warren, E, et al. Effects of the learning together intervention on bullying and aggression in english secondary schools (inclusive): a cluster randomised controlled trial[J]. Lancet, 2018, 392(10163): 2452-2464.

第七章　性心理问题

个体成长是一个复杂的过程，其发展历程大致分为三个方面：生理发展、认知发展和心理社会性发展。这三个方面的发展又会产生相互的影响。而在生理发展中生殖系统的发育又是一个非常重要的方面，由此带来的各种生理心理发展现象影响着个体的成长。但是在所有文化中，与性有关的话题都相对隐秘，使得在成长过程中个体产生的许多与性有关的心理、行为表现常常不能得到理解，个体碰到有关性的相关问题时也常常得不到有效的指导。本章主要针对个体在儿童青少年时期常见的一些性心理、行为表现进行介绍，以期更多的读者了解相关内容，掌握相对合适的应对办法。

第一节　3—6岁儿童常见性心理、行为表现

人们普遍认为，只有进入青春期的个体才会产生各种性心理发展方面的相关问题。但值得人们注意的是，生殖系统的发展、成熟是一个系统的发展过程，这个过程早在胚胎阶段就已经在基因的控制下开始了。在我国文化中，更多会用"纯真""纯洁"等观念看待儿童，更多情况下会认为儿童是无性的。在日常生活中即使人们看到了年幼儿童在发展过程中表现出的一些与性的发展有关的心理、行为表现，很多人也采取玩笑的心态看待，甚至将其视为严重的病态心理或行为，并不能以正常、平常的心态对待。无论以哪种方式对待都是对性心理、行为的发展采取了较为极化的反应，不利于引导儿童正确

面对性心理、行为的发展。

一、案例

【案例1】

"我家孩子5岁了，是个男孩，今年上幼儿园大班。最近一段时间，我发现孩子总是会不停地用手摆弄自己的生殖器，并且看起来很满足的样子。刚开始发现的时候我会直接批评他，告诉他这样的行为不好。但事后观察，他还是会有这样的行为，只不过不会在我面前这样做，是我家孩子产生什么问题了吗？我很担心这会影响他的健康，我该怎么办？"父亲讲述了事情的经过。

【案例2】

"我家宝宝4岁了，是个乖巧的小女孩。最近我发现她总是有意无意地在床边、椅子边摩擦生殖器，刚发现时我以为她那里发炎了不舒服，让其脱掉衣服检查后也没发现异常。之后偶尔也会看到她有这样的行为，还有的时候会发现她手上有抚摸生殖器留下来的气味。我问过她为什么要这么做，她说不知道。我很害怕这会影响她后续的生长发育啊！"作为母亲，心急如焚。

【案例3】

珊妮带4岁的儿子到好朋友婷婷家做客，婷婷的女儿今年4岁半，一到朋友家，两个同龄的小朋友很快玩到了一块儿。一会儿，珊妮和婷婷发现两个小朋友玩起了过家家，一个装成妈妈，一个装成爸爸，玩得不亦乐乎。午饭的时候珊妮故意逗儿子说："你不是说要和妈妈结婚吗？这么快就和小姐姐结婚啦？"珊妮的儿子回答："现在在小姐姐家，我要和小姐姐结婚，回去再和你结婚。"这时婷婷也告诉珊妮，她的女儿也说过长大要和爸爸结婚……

二、讨论分析

(一) 个体早期生殖系统的发育

人类生殖系统的发育、成熟是人类群体具备繁殖后代能力的关键。在男、女两性别群体中其生殖系统各器官的结构、形态和功能并不相同，并且根据器官所在部位不同，又分为内生殖器和外生殖器两部分。人类生殖系统的发育是一个循序渐进的过程，这个过程开始于胚胎期，虽然最终的发育形态不同，但男女两性的生殖器官从发育的源头上其实是同源的。

在精卵结合形成受精细胞的几周后，男女两性的胚胎期生殖器官在解剖学上都一样，基本上是类似女性生殖器官的形态。在后续胚胎的发育过程中，SRY基因会使生殖腺发育为睾丸，没有SRY基因则生殖腺会发育成卵巢。在此之后，内生殖器和外生殖器的发育由胚胎生殖腺分泌的荷尔蒙所决定。如果生殖腺发育为睾丸，睾丸分泌睾脂酮则最终促使雄性内外生殖器的形成；而如果生殖腺发育成卵巢，会促使雌性内外生殖器的形成。出生之后，人体生殖器官在性激素的作用下持续生长发育，其某些部位富含神经末梢，对刺激较为敏感。

儿童在出生之后，首先要经历将自身与外界其他事物相分离的过程。最初这个过程如何实现呢？有研究者认为，正是由于对自身身体各部位的探索所产生的感受与探索其他事物时产生的感受有差别，才使得上述过程得以实现。那么对身体各部位的觉察了解也包括对生殖器官的觉察和了解。同时，由于生殖器官某些部位富含神经末梢、具有对刺激较为敏感的生理特点，就可能促使个体不断通过刺激它而体验这种特别的感受。

(二)性心理发展阶段说

著名的精神分析流派的代表人物弗洛伊德曾就个体追求体验兴奋、愉悦的感受做过相应的分析。他认为个体的外在行动并不是没有原因可循的，之所以产生各种各样的行为，是由于个体内在动力的推动而产生的，这种内在动力被称为本能。在弗洛伊德看来，人类有两种最基本的本能，一类被称为死亡本能，死亡本能推动个体要么产生向外的破坏性行为表现，如对其他人的攻击性的表现、人类群体对外群体所产生的战争行为；要么是推动个体产生向内的破坏性行为表现，如自伤、自残等。与死亡本能相对的另一类则被称为生本能，生本能又包括性欲本能与个体的生存本能，它们促使个体产生各种行为来达到实现个体生存和种族繁衍的目的。弗洛伊德对生本能的探讨受到达尔文进化论的影响，在研究内容中其着重对人的性欲本能进行了探讨。

性在弗洛伊德看来有着广泛的含义，它包含人们追求快乐的欲望，这也成为人一切心理活动产生的内在动力。能量不断产生之后就会聚集，聚集到一定程度会造成机体的紧张状态，而个体在追求快乐欲望的驱动下就要寻求紧张的消除，进而会以各种不同的途径来释放这种能量。弗洛伊德通过长期的观察与研究，提出在不同的年龄阶段，能量的释放方式有所不同：在 0—1 岁左右，儿童的口部最敏感，个体能量的释放和愉快的体验来自口部，因此称为口唇期；1—3 岁，随着神经系统的逐步成熟，个体逐步能够控制肛门部位的括约肌活动，此时个体敏感部位由口部转移到了肛门，这个时期称为肛门期；3 岁到 6 岁这个阶段，被称为性器期，个体逐渐意识到男女两性的差别，将自己第一个爱慕的对象锁定为跟自己异性别的父母一方。

(三) 案例分析

针对案例中提到的情况，随着出生后生理器官不断发育，小朋友们可能在玩耍中会无意触碰到、挤压到性器官，产生兴奋，体验到愉悦的感受，这都属于正常生理现象。同时，由于这个年龄段小朋友的好奇心在不断增强，对于探索自己仍保有很大的兴趣，因而有了特殊的感受时可能会不断地进行尝试、体验，这属于正常的情况。另外，受外部环境各种因素（尤其是家庭结构模式）的影响，个体逐渐对两性差异有了更多的认识和了解，开始对异性群体有了好奇，对与异性形成的关系也有了自己初步的认识和想法。例如，有的孩子会认为喜欢的最高表达形式就是跟对方生活在一起。怎么才能生活在一起呢？那就要通过结婚的形式。而孩子们最初所感受到的关爱来自父母，也就可能自然而然地把父母中跟自己性别不同的一方锁定为结婚的对象。

三、心理干预策略

1. 树立正确观念

针对这个阶段儿童的种种表现，成人首先需要了解性心理发展相关的知识，建立起自己良好的关于性发展的观念。对于儿童在成长过程中由于生殖系统不断发展所引发的种种行为以接纳的态度对待，帮助孩子形成对于性、性器官的正确观念。

2. 正向积极引导

过于频繁集中于性兴奋体验的儿童，成人则一方面要引导其认识到这是个人的一种相对较为私密的体验，引导其在表达的过程中注意社会规范对个体的要求，即要在较为私密的环境中进行表达和体验。另一方面也需要积极引导儿童将其兴趣点逐步扩展到自己身体体验以外的更广阔的世界中去。积极地鼓励其参与各种活动,引导孩子观察、体验外部世界中各种事物发展变化的过程。

生理发展过程是个体必然要经历的,有相应的生理结构出现,该结构具备相应的功能,作为人类群体中的一分子,其繁殖后代的能力也才会得以体现。但同时个体也被其所处社会赋予了更多的责任,也就需要将其注意力在一定程度上引向其他方面,不断发掘其各种潜力来适应外部的环境。

第二节　6—11、12岁儿童常见性心理、行为表现

在我国,6周岁的儿童会进入到小学接受系统的学校教育,教育内容涵盖了德、智、体、美、劳等各个方面。在接受系统教育的过程中,个体将自己的注意力更多地投注到自身以外的更广阔世界中,学习如何了解和探究周围的人、事、物及各方面之间的联系。伴随这个过程,个体自身生理的发展也在继续,其中心理、行为的发展也会受社会规范的影响而表现得更为间接和隐蔽。

一、案例

【案例1】

"我家孩子9岁了,男孩,大概从半年前开始,经常会盯着邻居家阳台上晾晒的女性内衣看。前不久,我发现他在晚上会偷偷把我的内衣裤藏在自己的枕头下,早晨又悄悄放回我的衣柜。最近天气比较炎热,我们在周末总带他到海边沙滩上玩水,今天早晨我发现他把我的泳衣藏在了他的枕头下……"

【案例2】

"小外甥10岁了,姐姐在聊天时跟我说,最近孩子的班主任找她谈话,向她反映,最近小外甥会在体育课上做活动的时候把女同学的头发放到自己嘴里,已经有几位女同学向班主任老师反映了这个情况。姐姐跟我商量,是不是该带孩子找专业的心理咨询机构咨询一下。"

二、讨论分析

(一)性心理发展阶段说

大约 6 岁左右儿童会进入学校开始接受正规的、系统的学校教育,此时儿童会在学校待更长的时间。进入学校,在老师的引导和带领下儿童开始系统地接受人类文明积累的各方面的内容,这就好似在儿童面前打开一扇巨大的窗,吸引他进入到一个更广阔的世界里去探索。在弗洛伊德的理论中,6—7岁的儿童会进入潜伏期,直到青春期到来之前结束。此时儿童对性冲动的抑制的能力有所加强,同时,外部系统的学习活动增强了儿童对外部事物的感知能力,他们会对除自己以外的其他事物产生更加浓厚的兴趣。绝大部分儿童在了解外界事物的过程中会不断增强自身探究问题的能力,当自己的注意力更多地被外界事物所吸引时,其对自身生理上的一些反应需求的满足也就变得不那么强烈。

但不可否认的是生殖系统本身的发育过程并没有停止,它仍然在为青春期产生的剧烈变化做着准备,个体也会在这种生理因素的影响下寻找释放能量的途径。恋物可能会成为一种释放能量、消除紧张感的方式。恋物大体可以分两种形式,包括爱恋倾慕对象的某一身体部位及与爱恋对象相关的物品。在实际的案例中,常见的身体部位的恋物对象可包含乳房、胳膊、腿、头发等。常见的与爱恋对象相关的物品包含贴身衣物(内衣、内裤、丝袜)、鞋等。

(二)案例分析

案例中的儿童有这样的行为反应意味着性在他/她的意识体系中并没有因为外界大量新鲜刺激的涌入而产生弱化,同时也表明个体对不同性别个体了解的渴望。儿童所有的看似有偏差的行为都是在向外界传达一种信号:我有这样的需求,我有这样的渴望,我需要了解相关的内容。

三、心理干预策略

作为儿童周围的成年人,首先需要正确识别这些信号,明白这是伴随儿童生理发展所产生的需求不能被满足的替代现象。嘲笑、强制禁止都不能达到很好的影响效果,要善于观察儿童通常会在什么情况下表现出这类行为,选择适合这个年龄段儿童观看的书籍、动画等帮助他了解相关的内容，使其理解自己行为背后的原因。其次，要不断引导儿童明白社会规范对一个人的要求，配合相关的自控力训练，逐渐提高儿童的自控能力，避免儿童对性的探索行为升级为影响、妨碍、伤害他人的行为。第三，多为孩子提供丰富多样的能够产生高级精神愉悦的活动。第四，鼓励孩子参加能量消耗大并能在参与的过程中产生愉悦体验的各类体育活动。

第三节　11、12－18岁儿童常见性心理、行为表现

个体生长到11、12岁，青春期如约而至。青春期是个体由童年期向成年期过渡的时期。在这一时期，个体首先在生理上会产生巨大的变化，尤其是性的发育和成熟，是青春期生理发育的三大巨变之一。由于生理上的快速发展，个体更清晰地意识到男女两性之间的差别。由于相关生理因素及社会因素的影响，个体心理上也会相应地产生一些变化。个体可能会对自己身上出现的一些生理变化感到十分的震惊，可能会强烈地意识到被某些个体所吸引而不能自我控制，可能会采取一些方式来满足自己的生理需求……

一、案例

【案例1】

"楠楠的父母在他很小的时候就分开了，他的母亲一直很自责，觉得是由于她和前夫的问题才给孩子带来本不必要的伤害。因此，母亲对楠楠从来都是嘘寒问暖、倍加呵护。而楠楠也非常懂事，学习很用功，与母亲基本是无话不谈。可是，在楠楠初中二年级刚开始的时候，发生了一件他认为特别重大的事件。一天夜里，楠楠遗精了。在这之前，因为家里只有母亲，虽然有舅舅，但平时因为学习忙也很少能有机会跟舅舅见面，所以身边没有人告诉过他这个年纪的男孩子身上会发生什么变化。但同时，他也觉得这件事不能告诉他的妈妈。可是正因为没有这方面的任何知识，这次经历让他非常恐惧，生怕自己因此而死掉。从那天以后，他每天晚上睡不好、容易做噩梦，白天

又无精打采、昏昏沉沉。时间一长，他发现自己上课注意力不集中，老师讲的内容他也记不住，学习成绩也迅速下降。"

【案例 2】

"小宇今年读高中二年级，以前同学对他的评价是很绅士、待人接物很有礼貌。可到了高中二年级，周围的同学发现小宇好像变了一个人。小宇自己也说他觉得自己脾气变得很暴躁，不愿与同学交往，尤其讨厌异性。最近的一次考试，小宇的成绩很不理想，对于最近半年成绩的快速下降，小宇自己也很苦恼，想不通的时候常常把怒火发到自己身上，例如，用拳头砸墙、用柳条抽自己的胳膊。小宇从上高中开始就给自己定下考上某名牌大学的目标，发誓如果做不到那就不活了。他常常跟自己周围的长辈说，他讨厌和班里的男生交往，因为他们爱玩儿，又玩儿不出什么名堂，根本就是混日子；但他更讨厌与女生交往，说女生们接近他无非是出于那种不齿的想法。可从他同桌的观察里，小宇的行动并不跟他自己的说法吻合，很多次小宇都是自己故意找理由去接近班里的女生的。"

【案例 3】

"茹茹今年 16 岁，有着娇好的面容、匀称的身材。她称自己常常会产生类似窒息的感觉，就是那种心跳加速、呼吸急促甚至喘不过来气的憋闷感觉。这种感觉是从初中暗恋上班里的一个男孩儿时开始的。每次看到这个男孩儿的时候她就会出现这种反应，尤其当男孩儿从她身边走过，她的感受会更加明显。可是，每每她去主动寻找男孩儿的身影，只要一刻没看见他，就会感到很失落。中考之后，她和那个男孩儿分别升入了不同的高中。上高一以来，茹茹不仅没有忘掉男孩儿，反倒对那位男孩的思念日见加深。这样的状态经常让茹茹不能进入学习状态。在高一年级的最后一次考试中，茹茹多个科目不及格，最终不得不申请休学。"

【案例 4】

"小林，在上初中的时候接触到了网络游戏，除学习以外的时间都花在与朋友打游戏上。后来因为要升学的原因，朋友逐渐不跟小林在一起玩儿游戏了，之后小林总是感觉很空虚、很无聊。一次偶然的机会小林接触了几个网站，开始了手淫。小林后来每到周末和暑假就开始疯狂手淫，甚至有时父母在家也会背着父母偷偷手淫。到了高中一年级小林患了鼻炎，在高二寒假时遗精、鼻炎等都有所加重，自己感到有些恐惧，到医院做了相关检查，结果显示并不严重，之后心情有所放松。目前小林上高三，现在遗精几乎是一星期一次，自己感到非常痛苦，自述在家很多时候会感到特别空虚，什么事都不愿做，甚至在上课期间都开始走神了，脑子里总不断闪现一些图片，想摆脱都摆脱不了，感觉就像进了人间地狱一般，非常恐怖……"

二、讨论分析

(一)青春期个体生殖系统的发育

与性有关的荷尔蒙的急剧上升标志着青春期的开始。这一过程大致可分为两个阶段，第一阶段是肾上腺的成熟。位于肾脏上部的肾上腺分泌的雄性激素水平在不知不觉中逐渐增高，其主要成分是脱氢表雄酮（dehydroepiandrosterone，DHEA），这一过程在通常意义上的青春期到来之前就已经开始了。耻毛、腋毛、面部毛发的出现及身体的快速发育、皮肤油脂分泌旺盛和体味的产生都受到脱氢表雄酮的重要影响。第二阶段是性腺功能的初现，性器官成熟和更明显的青春期的变化就出现在这一阶段。女孩卵巢分泌的雌性激素增加，刺激女性生殖器官发育及乳房发育。男孩睾丸分泌的雄性激素也在增加，尤其是睾酮的增加。这些激素促进男性生殖器官发育、肌肉发达和体毛生长。实际上男孩和女孩体内都具有雌性激素和雄性激素，均由肾上腺产生，但是女孩的雌性激素水平更高，而男孩的雄性激素水平更高。对女孩来说，睾酮影响其阴蒂的发育，以及骨骼、阴毛和腋毛的生长。个体的性腺、生殖器官和第二性征会在青春期迅速发育并达到成熟，男孩性成熟的首要标志是产生精子，会伴随第一次射精的出现。女孩性成熟的首要标志则是月经来潮。性成熟意味着个体获得了繁殖能力，而繁殖的实现则意味着两性个体的结合。在人类漫长的发展过程中，繁殖能力的实现不仅具备生物学意义，也具备一定的社会学意义。人是有高级心理活动体验的，两性肉体上的交融不仅意味着新生命诞生的可能，也使得人类个体之间通过这样的方式进一步达到心灵的契合状态，进而增进了彼此之间所建立的联系。

一些研究表明，在人类群体中，处在青春期的无论是同性恋个体还是异性恋个体，最早能回忆的较明确的性吸引都是在上述第一阶段，即肾上腺成熟并逐渐分泌出更多的雄性激素的时期出现的[①]。可见与性相关的各种心理和行为的表现均与生殖系统本身的发展和成熟密切相关。

(二)性心理发展阶段说

在弗洛伊德的性心理发展阶段说中，最后一个阶段是生殖期，这个时期从个体青春期开始，一直贯穿整个成年期。在弗洛伊德看来，之前在潜伏期一直被压抑的性冲动终于可以通过社会所认可的方式得以表达，个体会在家庭之外的社会成员中寻找建立亲密关系的对象。但随着人类社会的不断发展，人类个体社会化的过程变得更加漫长，社会要求个体在真正步入社会之前要做大量的准备工作，这也就意味着人们需要待在学校的时间越来越长。对于很多国家和地区而言，个体经历青春期的过程恰好与中学阶段所重合，而学校又要求个体要把时间和精力花费在学业上，这进一步限制了学生性需求的满足。

在很多物种中，性需求的满足及繁殖活动的实现都天然地具有一定的隐秘性。在人类社会中尤其如此，与性相关的话题也因此变得较为隐秘。人们无法像谈论人体其他生理系统一样来公开地谈论生殖系统的发展与表现。而人又是天生好奇的，同时对未知的领域又是充满恐惧的，这也更进一步增加了相关话题的神秘性。

(三)案例分析

针对楠楠的情况，可能很多步入青春期的少男少女都会经历，伴随生理系统的不断成熟，人们自身的身体会有各种变化，而青春期的变化又相较其他阶段更为剧烈，并有一些特殊表现(遗精、月经初潮)。针对这些剧烈的变化及必然出现的标志性事件，最亲近的父母(也是身边最愿意传授各种经验的成年人)却很少会主动与个体进行交流。又由于存在男女两性的天然差别，这就使得与自己异性别的父母更少能够根据自己的经验与孩子进行交流。虽然在相当长的时间里人们积累了相当多的相关知识，但却很少通过合适的途径

---

① McClintock M K, Herdt G. Rethinking puberty: The development of sexual attraction[J]. Current Directions in Psychological Science, 1996, 5(6): 178-183。

向社会中的新生个体去传授这方面的内容，以至于个体由于知识储备的不足而出现不必要的过分紧张、焦虑和恐惧的情绪。

针对小宇的情况，很多少男少女在经历青春期的变化时会变得非常敏感，会体会到自己身上发生的一些需求变化。但同时，在这个阶段生发出的需求满足的要求又可能是与人们对这个年龄段孩子的社会期望相冲突的。当个体特别关注身边其他人对自己的评价，特别想要使自己的行为符合社会期望时，他解决内部矛盾的方法就可能会采用弗洛伊德所说的反向作用的防御机制来实现。特别想接近异性，却跟别人说自己特别讨厌异性。觉得异性跟自己接触是出于某种目的，但反过来可能这种需求正是自己想要被满足的。因此，在内部冲动强烈的推动下，小宇出现了言行不一的表现。

针对茹茹的情况，由于步入青春期，与性相关的荷尔蒙急剧上升，使得绝大多数个体对身边的异性产生兴趣，开始体验到"心动"的感觉，也会对亲密关系有所憧憬。而真实的亲密关系实则建立在相互了解和产生实际互动的基础之上，而茹茹恰恰缺乏这方面的实际经验。暗恋对象吸引茹茹的特点被无限放大，形成一种光环效应而遮蔽了其他特点，再加上求之不得的实际情况，更使得这个暗恋对象的吸引力被无形中增加了不少。虚幻的憧憬遮盖了现实体验的双眼。

针对小林的情况，由于个体发展的一个目标是进行社会化，个体需要对周围的人、事、物产生探索的兴趣，掌握相应的知识技能，个体才能更好地融入社会。当代社会对人的要求更高，因此，个体待在学校做准备的时间会变得更长，即没有步入社会，无法体验到压力感，也没有对需要掌握的内容产生兴趣，因此体验到了更多的无聊感。而外界环境偶然的刺激，使得小林开始了对性的初步探索，并以此来应对自己觉得无聊的生活，对性需求的满足产生了过分的依赖。

三、心理干预策略

1. 树立正确的观念

青春期是每个个体都无法逾越的发展阶段，在这个阶段个体身体发育会经历比较明显的变化，而其中非常明显的就有生殖系统逐渐成熟的相关变化。

这种变化是在基因逐渐表达的过程中所体现出来的。青春期的发育过程使个体从外表上看上去更接近成年人，但其认知能力及经验与成年人又有一定的差距。此时，处于青春期的个体往往以做出模仿成人的行为的方式来体现自己的成人感，而以性的方式来实现从儿童向成人的转变是其容易选择的方式之一。性需求的体现和满足不应被自己或周围的成年人视之为不可控制的"猛虎"，而恰恰应视其为成长的积极信号。无论从社会大环境层面，还是学校教育层面和家庭教育层面，作为成人，都有责任引导孩子正确面对这个里程碑式的发展过程，需要拥有谈性不色变的勇气，应将生殖系统发育的内容作为教育的重要方面采取合适的途径来传播。

另一方面，作为社会未来发展的主要力量，一代代的青少年要为自己未来的发展做深入的思考，要在相对有限的时间里深入挖掘自己各方面的潜力、锻炼自己各方面的能力、为未来步入社会做好准备。成人感不应仅仅局限于满足性的需求，成人的世界更多意味着可以承担责任、为自己的行为承担后果、完成社会任务。拓宽视野、从事可能的社会实践都有可能使处于青春期的个体真实地认识到所处社会环境的真实面貌、激发其自我发展的动力，以这样的方式转移这个时期青少年的注意力，使其更好地投入到当下需要其努力投入的学习活动中。

2. 家庭治疗

家庭是个体所处的最重要的社会单元，虽然青春期的到来很大程度上由基因决定，但有证据表明，在女孩生理发展的过程中父女关系可能是影响青春期时序的一个关键因素。那些在学前期就与父母形成非常亲密并富有支持性的亲子关系的女孩，要比那些与父母关系冷淡疏远或是由单亲母亲抚养的女孩更晚进入青春期[1]。对此现象进行解释的一种观点是，男性和女性都会释放信息素来吸引异性[2]，同时因为存在自然的乱伦防御机制，所以经常暴露在

---

[1] Ellis B J, Mcfadyen-Ketchum S, Dodge K A, et al. Quality of early family relationships and individual differences in the timing of pubertal maturation in girl: A longitudinal test of an evolutionary model[J]. Journal of Personality and Social Psychology, 1999, 77: 387-401.

[2] Savic I, Berglund H, Gulyas B, et al. Smelling of odorous sex hormonelike compounds causes sex-differentiated hypothalamic activations in humans[J]. Neuron, 2001, 31: 661-668.

父亲信息素中的女孩其性发育会被抑制,因此其进入青春期的时间较晚[①]。可见,家庭关系在个体发育过程中也是重要影响因素。

家庭治疗是将家庭视为一个整体,进行治疗时,将重点放在家庭成员的互动与关系上,从家庭系统的角度来解释个人的行为与问题,认为个体的改变有赖于家庭整体的改变。这种观点与上述的研究结果不谋而合。因此,对于在性心理及行为上有异常表现的个体也可以通过家庭治疗为个体重新构造一个亲密、具有支持性的家庭环境,进而达到影响个体发展的目的。

个体的发展历程从来都不是一个简单的、单一的过程,它包含着发展的诸多方面,而这些方面之间也有其复杂的影响规律,当人们逐渐更加了解自身的发展特点及规律,也就会具备从容面对和解决发展中必然可能产生的"问题"的能力。

---

① Ellis B J, Garber J. Psychosocial antecedents of variation in girls' pubertal timing: Maternal depression, stepfather presence and marital family stress[J]. Child Development, 2000, 71(2): 485-501.

第二部分
儿童青少年心理障碍

第八章 焦虑症

焦虑是人类在进化过程中自然形成的，为了适应环境的一种情绪反应。焦虑是一种普遍存在的情绪体验。焦虑是指向未来的，应对挑战或威胁的一种自我保护性情绪反应，它可以让人们调动各种内外部资源做好准备，以应对潜在的挑战或威胁。适应性的焦虑情绪，其强度与现实挑战或威胁的程度相对应，并且这种焦虑会随着现实挑战或威胁的消失而消失。由此可见，焦虑情绪本身的目的是为了适应生存，它有利于调动自身的潜能和各种资源来应对现实的挑战和威胁。也就是说，当人们感到适度焦虑的时候，身体和思维就会进入一种准备状态，使注意力集中到焦虑的事情上，从而更好地进行回应。适度的焦虑可以激发潜能甚至提高活动成绩，促进个体的发展和成长，保护个体少受伤害。而非适应性的焦虑情绪，其严重程度与客观的威胁或挑战处境不相符，或者在挑战或威胁事件结束后焦虑情绪仍然长时间持续，这样就会产生不舒适的身体感觉或者使活动受限，从而影响学习、工作、人际交往等生活的各个方面，更严重的甚至会成为焦虑症。

儿童青少年焦虑症是儿童青少年群体中最常见的心理疾病之一，其终身发病率为15%~20%。当儿童青少年患上焦虑症之后，就会造成上课思想不集中、学习成绩下降、不愿与同学及老师交往，或由于焦虑、烦躁情绪与同学发生冲突，继而拒绝上学、离家出走等各种问题，对儿童青少年的学业和人际交往等社会功能造成巨大的影响。如果没有得到及时有效的治疗和干预，儿童青少年焦虑症常导致学业问题，社会功能不良，物质滥用问题，以及增加在成年早期产生其他精神障碍的风险。因此，儿童青少年焦虑症已经成为社会广泛关注的问题。

一、案例

【案例 1】

A某，女，14岁，身高大约1.6m，身材修长，体形偏瘦，无重大疾病史，现就读于当地某初中三年级。A某因学习中总有各种担心和紧张而感到困扰，比如，每到写作的时候就感觉不安，忧心忡忡，担心完不成作业；担心自己考试的时候拉肚子；担心睡不着觉；担心学习的时候效率不高。

A某自述从本学期开始出现担心考试考不好，考试之前睡不着，有一点声音就会醒，感觉睡得很轻，醒得也很早，睡醒了也感觉很累。一到快考试的时候就很紧张，身体各种不舒服，包括心慌、心悸、肚子疼，学习的时候也难以集中注意力，感觉很烦，多次考试之前请假不去上学。考试的时候感觉喘不上气、恶心、呕吐、肚子疼、拉肚子，在消化科就诊，排除生理方面的器质性病变。

A某目前主要是对学习状态和考试的担心，主要表现为注意力难以集中，焦虑情绪显著，具体表现为担心、害怕、忧心忡忡、恶心、肚子疼、拉肚子。

A某是家中独女，父亲为某公司高管，经常出差；母亲为某医院医生，经常需要值夜班。因A某父母的工作性质，她的日常生活和学习主要由退休在家的奶奶照顾，奶奶退休前曾是某小学的老师。

A某从小就特别乖，而且学习成绩一直很好，小学阶段基本都是年级前十名，从未出现过成绩下降的情况。由于父母工作都很忙，A某从出生起就由奶奶照顾生活起居。奶奶从3岁起就开始教她古诗、认字等，她学得多、学得好奶奶就会奖励她，奶奶对她的要求是比较严格的。在初中之前，A某在同龄人中一直表现很突出，从幼儿园起就比较受欢迎，老师和同学都喜欢她。A某有一次期中考试成绩不太理想，就开始感觉睡不好觉，之后越来越严重。因为考前拉肚子，家人还专门带她在消化科进行过检查，没有任何生理方面的问题。

【案例 2】

B某，男，13岁，现就读于某中学二年级。B某因紧张、手抖、心慌等就医。

B 某上初一的时候,有一次头部受了外伤,不太严重。之后,就经常感到头痛,不想上学,四处就医,经检查头部也没有任何器质性问题,但头疼的症状仍然没有缓解。然后就休学一年,之后曾到中医科就诊,服用一段时间中药,同时扎针,感觉头痛有所缓解。但 B 某还会常常感到紧张,手抖,心慌,发作时间不一定,从十几分钟到几个小时,甚至到半天。

B 某目前主要常感到紧张,手抖,心慌,胸闷,头疼,恶心,因身体不舒服处于休学状态,在家情绪不好时会向家人发脾气。

B 某是家中长子,父亲为某私营企业老板,工作繁忙而且经常需要出差;母亲为全职家庭主妇,主要照顾 B 某和其姐姐的学习和生活;姐姐为某高中二年级学生。父母经常发生争吵。

B 某从小就特别乖,性格内向,学习成绩一直一般,相反姐姐从小一直成绩优异,现就读于某重点高中的重点班。B 某从小由妈妈亲自照顾,妈妈对 B 某的各种诉求非常敏感。因姐姐学习成绩一直比较好,妈妈一直用姐姐这个榜样来要求 B 某,对 B 某学习方面的要求也是比较严格的,并且经常把姐弟俩进行比较。B 某从初中的一次外伤之后,就经常感觉头疼,母亲带 B 某各地就医,但是没有任何器质性的病变,神经内科医生建议就诊心理科。

二、讨论分析

(一)焦虑症界定

焦虑症又称焦虑障碍,不是一种疾病而是一组疾病,它的主要表现是以病理性焦虑情绪为主,通常表现为持久地体验到过度的紧张、不安、担忧和害怕,同时伴有灾难化和高估危险的认知,时间通常持续 6 个月以上,总体警觉水平增高,同时存在各种各样的回避行为和安全行为,以及自主神经系统的生理症状。不同的精神疾病分类系统对焦虑症的分类不同,《国际疾病与相关健康问题统计分类》(第十一版)将焦虑障碍分为恐惧性焦虑障碍和其他焦虑障碍。恐惧性焦虑障碍又分为广场恐惧症、社交恐惧症和特定恐惧症。其他焦虑障碍又分为惊恐障碍、广泛性焦虑障碍和混合性焦虑等。《精神障碍诊断与统计手册》(第五版)中焦虑障碍主要包括分离焦虑障碍、选择性缄默症、特定恐惧症、社交恐惧症、惊恐障碍、场所恐惧症、广泛性焦虑障碍、物质所致的焦虑障碍，由于其他躯体疾病所致的焦虑障碍和其他特定的焦虑障碍。

儿童青少年焦虑症是儿童期青少年最普遍的心理障碍之一，其主要特征表现为与其年龄发展阶段不相符的，过分的担心、害怕和焦虑，并常伴有头晕、心悸、出汗、尿频和运动性不安等症状。此外，还会表现出情绪不稳、注意力涣散、学习效率低等情况。儿童由于受其神经发育水平的限制，儿童焦虑的表达形式与成人大不相同，而且受其认知发展水平的影响，他们很难意识到他们的焦虑和恐惧是不合理的。随着年龄的增长，神经发育水平的提高，青少年基本上能表达出他们知道他们的担心害怕是不合理的。儿童焦虑症主要包括儿童分离性焦虑障碍、广泛性焦虑障碍、惊恐障碍、强迫性障碍、社交恐惧障碍等。儿童时期最常见的焦虑症是分离性焦虑障碍、广泛性焦虑障碍和特殊恐惧症。

(二)焦虑症的发病特点

焦虑症是最常见的心理障碍之一，其患病率高，而且焦虑症常与抑郁障碍、物质滥用等其他精神障碍共病。此外，各种不同种类的焦虑症也存在共病的情况，场所恐惧症常与其他焦虑症共病，特别是与特定恐惧症、惊恐障碍和社交焦虑障碍共病。在有焦虑障碍的个体中，女性多于男性，男女比例大约为1:2。焦虑障碍的起病从儿童青少年期开始，在成年期达到顶峰，老年期有所下降。

不同种类的焦虑障碍在不同国家和地区的发病率不同。惊恐障碍的全球年患病率在2%至3%之间，亚洲、非洲和拉丁美洲国家的患病率较低在0.1%至0.8%之间。场所恐惧症的发病率约为1.4%至1.7%。社交焦虑障碍的患病率大约在3%至13%之间。广泛性焦虑障碍的终生患病率约为5.8%至9%，男女比例约为1:3。特定恐惧症在不同国家和地区的发病率不同，在亚洲非洲和拉丁美洲约为2%～4%。

(三)焦虑症的种类

1. 恐惧性焦虑障碍

恐惧性焦虑障碍又称恐惧症，诱发焦虑的通常是某些容易识别的、外界的，并无实际危险的情境或物体。恐惧性焦虑障碍通常伴有脸红、心悸、出汗、气促、恶心等自主神经症状。恐惧性焦虑障碍最突出的行为特征是采取各种方法试图回避诱发焦虑的情境或物体。患有恐惧性焦虑障碍的个体明明知道情境或物体并没有真正的威胁，也知道自己的反应不合理，但在相同情景仍然不断出现恐惧情绪和回避行为。反复的恐惧情绪和回避行为会导致明显的心理痛苦，影响其学习生活和社会交往。恐惧性焦虑障碍包括场所恐惧症、社交恐惧症、特定恐惧症、其他恐惧性焦虑障碍和未特定恐惧性焦虑障碍。

(1) 场所恐惧症

场所恐惧症(agoraphobia，AP)又称为广场恐惧症或幽闭恐惧症。场所恐惧症主要表现为对某些特定情境的恐惧，如害怕处于封闭的空间、人群聚集的地方；害怕进入商场、影院、教室等公共场所；或者害怕乘坐汽车、火车、飞机交通工具。当有场所恐惧症的个体处于以上这些情境中时，或者预判将会处于这些情境中时，都会引发强烈的担心和恐惧。这种担心和恐惧并非偶然的，而是持续性的。他们担心在这些场所会出现极度的焦虑和恐惧感，得不到帮助又无法回避。因此，会极力回避这些情境，他们甚至害怕单独外出或者单独留在家中，同时也表现出对亲属特别依赖。当场所恐惧症特别严重时，个体甚至无法出门。在有人陪伴的情况下，场所恐惧症的症状会有所减轻。由于场所恐惧症限制了有障碍的个体的活动范围，甚至是困在家中，因此在各种恐惧性焦虑障碍中对有障碍的个体功能影响最大。

某些场所恐惧症始于惊恐发作，个体担心在某个特定场景中惊恐发作，害怕无法被及时救治而使自己失控或死亡，然后发展出预期性焦虑和回避行为，进而发展为对特定情境的恐惧和回避。因此，有学者认为场所恐惧症是惊恐障碍的持续发展。而另一些有场所恐惧症的个体从未体验过惊恐发作。因此，更多的学者认为场所恐惧症是一种独立的疾病。

(2) 社交恐惧症

社交恐惧症(social anxiety disorder，SAD)又叫社交焦虑障碍。社交恐惧症主要表现对开会、演讲、聚会等社交场合或人际接触时，感到尴尬、不安和窘迫，表现出过分的担心、紧张和害怕，预期自己在社交情境中表现不好而遭到他人的负面评价，因而极力回避。有社交焦虑恐惧症的个体无法回避某些社交情境时，会表现出明显的脸红、出汗、发抖、心跳剧烈、肌肉紧张等躯体反应，甚至可能出现惊恐发作。他们中有些害怕与别人近距离接触；有些害怕在他人的注视下活动；有些害怕当众演讲；有些害怕与重要人物说话；有些害怕与他人对视。他们知道自己的担心、紧张、害怕是不合理，但无法控制。社交恐惧症通常伴有较低的自我评价和害怕负面评价。严重的社交恐惧症者会回避几乎所有的社交场合，从而影响日常生活、社会交往和职业生活等方面的功能。

儿童在发展过程中会表现出不同程度对新环境或陌生人的恐惧。而儿童社交恐惧症必须出现在与同伴交往的过程中，而不仅仅是与成人互动时，主要表现为特别害怕成为被注意的焦点，同时表现出明显的回避行为。儿童社交恐惧症中的害怕或焦虑也可能表现为哭闹、发脾气、惊呆、依恋他人、畏缩或不敢在社交情境中讲话。这种害怕与社交情境的实际威胁显著不相符。

(3)特定恐惧症

特定恐惧症又称为单一恐惧症。特定恐惧症表现为对某一种特殊的情境、物体或活动的恐惧，这种恐惧是持续的、过度的和不合理的，也就是说这种恐惧与特定情境、物体或活动的实际危险不相符。有特定恐惧症的个体在面临特定对象或情境时，或预期可能会面临特定对象或情境时，就会体验到强烈的恐惧和焦虑，甚至会出现惊恐发作；为避免体验恐惧，他们会主动回避引发恐惧和焦虑的情境、物体或活动，尽量减少与特定对象的接触，并且这种恐惧情绪和回避行为是持续的，是引发痛苦或者导致学习、生活、社交等重要功能损伤。特定恐惧症的对象可以分为五类，第一类动物，包括猫、狗、鸟、蛇、昆虫等；第二类自然环境，包括风、水、高、黑暗、污物等；第三类情境，包括桥、电梯、飞机、隧道等；第四类血液，包括打针、抽血等；第五类其他，包括死亡、癌症等。

由于儿童的认知发展水平有限，他们不能意识到害怕和恐惧是过分和不合理的，他们害怕和恐惧的表现与成人不同。儿童特定恐惧症中的害怕或焦虑也可能表现为哭闹、发脾气、惊呆或依恋他人，这种害怕与特定对象的实际威胁显著不相符。此外，儿童对于特定对象的恐惧和害怕还有可能是个体某个特定发展阶段的正常现象。不同年龄段的儿童恐惧和害怕对象不同，幼儿主要害怕陌生情境、高度和黑暗，学龄期儿童的害怕对象主要与其生活学习情境有关。

2. 其他焦虑障碍

其他焦虑障碍的主要症状表现是焦虑和恐惧，而且诱发焦虑和恐惧的不限于某种特定的外部情境，某些不舒适的躯体感觉，或者仅是焦虑预期都可以引发焦虑和恐惧。

(1)惊恐障碍

惊恐障碍(panic disorder，PD)是反复发生不可预期的惊恐发作。惊恐发作是突然的、与特定情境无关的、强烈的害怕、恐惧或躯体不适，症状通常在10min内达到高峰，持续约0.5至2h，然后逐渐消退，自然缓解。惊恐发作的躯体不适主要表现为心悸、心慌、出汗、发抖、气短、哽咽感、胸痛、恶心、头昏、发冷或发热、感觉异常；还会感觉现实世界不真实或感觉脱离了自己；害怕自己失控或者发疯；还会体验到濒死感。值得注意的是，惊恐发作不仅仅会出现在惊恐障碍中，也就是说有惊恐发作不一定就是惊恐障碍，多种躯体疾病和精神障碍都会伴有惊恐发作。双相情感障碍、抑郁障碍、社交焦虑障碍、广泛性焦虑障碍、创伤后应激障碍等精神障碍都会出现惊恐发作。有惊恐障碍的个体会持续担心再次惊恐发作，通常表现出预期性焦虑，也会表现出回避行为，甚至发展出场所恐惧症，从而严重影响学习、生活和社交。

(2)广泛性焦虑障碍

广泛性焦虑障碍(general anxiety disorder，GAD)最突出特征是多对象的、控制不住的、持续的、弥漫的过分的焦虑和担心。这种焦虑和担心与周围的特定情境无关，而且这种焦虑和担心是脱离现实的。广泛性焦虑障碍在认知方面表现为对现实生活中各种问题的过分担心，预期会发生最坏的情况，注意力难以集中等；在情绪方面表现为烦躁、紧张、激动、易怒、恐惧等；生理方面表现为易疲倦、难以入睡、睡眠不充分、肌肉紧张、口干、胃部不适、恶心、腹疼、呼吸困难、心悸等；行为方面表现为紧张不安、不能静坐、来回走动、搓手顿足各种症状。

儿童突出的表现可能是经常需要安抚和反复出现的躯体不适。儿童青少年广泛性焦虑障碍通常表现出过分地、广泛地担心自己的学习、体育和社交表现；他们需要家人不断地进行安慰和保证，他们的这种焦虑不安不易被其养育者察觉，因此，常常通过头痛、失眠、心悸等躯体不适来表达。广泛性焦虑障碍共病率较高，在儿童期与分离性焦虑障碍共病较多，在青少年期常与抑郁障碍共病。

3. 强迫障碍（详见本书第十二章）

在 ICD10 和 DSM－Ⅳ 诊断标准中，强迫障碍被视为焦虑障碍中的一种，而在 ICD11 和 DSM－5 中，强迫及相关障碍被界定为独立的疾病种类。强迫障碍（obsessive compulsive disorder，OCD）的主要特征是反复的强迫思维和强迫行为，强迫思维表现为反复的、持续性的、闯入性的和不想要的想法、冲动或意向，强迫动作表现为检查、清洗、排序等外显性强迫动作或仪式化动作，和计数、祈祷、默默重复字词等内隐性强迫行为或仪式化动作。强迫思维是令人痛苦的、非自愿的、难以控制和消除的，它们不仅仅是对现实生活的担心，更是一种奇怪的、没有必要的担心。这种强迫思维会引发个体体验到强烈的紧张和焦虑，为了缓解紧张焦虑，有强迫障碍的个体一般会试图压抑这些强迫思维，或者采用相应的强迫行为来中和它们，但往往是不成功的。强迫思维和强迫行为是耗时的，每天所用时间超过 1h。同时，强迫思维和强迫行为会带来明显的紧张、焦虑和痛苦不安，会影响学习、生活、社交等生活各个方面的功能。

强迫障碍的女性病患偏多，但比率没有其他焦虑障碍那么高。在儿童期，男孩的患病比率要多于女孩。在青春期，男女患病率接近。之后，患病率就是女性居多。有研究表明，绝大多数有强迫障碍的儿童都有一种以上的强迫观念或同时有强迫性动作或仪式化动作，而且他们的症状会发生变化。由于受到神经发育水平的限制，幼儿不能明确地表达重复性动作或精神活动的目的。

4. 分离焦虑障碍

分离焦虑障碍（separation anxiety disorder of childhood，SAD）又称为离别焦虑障碍，发生于童年，其核心症状是个体与其依恋对象分离时，会表现出与其发育阶段不相称的、过度的害怕或焦虑。有分离障碍的个体会担心失去依恋对象,或担心依恋对象发生不幸的事情,他们不愿离开家去上学,不愿独处,还会反复做与离别有关的梦。这种担心、焦虑和害怕是持续的,儿童和青少年至少持续 4 周。分离焦虑障碍会引起有临床意义的痛苦,或者导致明显的学习、生活和社交方面的功能损害。

值得注意的是,在幼儿期和儿童早期,所有儿童都会发生某种程度的分离焦虑,这种焦虑如果是与其发展阶段相称的,就是适应性的,而且是不会损害其功能或者引发痛苦。当这种焦虑与其发展阶段不相称,或者持续时间超长,社会功能受损,才可以考虑诊断为分离焦虑障碍。儿童期主要表现为不切实际地担心依恋对象会发生不幸的事情,不愿离家,拒绝上学;青少年期则主要表现为各种躯体不适和拒绝上学。分离性焦虑障碍的发病年龄平均为 7.5 岁,发病率并无性别差异。

(4)焦虑症的病因分析

焦虑障碍的病因涉及遗传因素、神经化学因素和心理社会因素等多个方面。如关于社交焦虑障碍的双生子研究表明,同卵双生子的一方如果患病,另一方患病的可能性为 24%;异卵双生子如果一方患病,另一方患病的可能性为 15%。关于惊恐障碍的双生子研究表明,同卵双生子的同病率高于异卵双生子。关于惊恐障碍的神经生化研究表明,去甲肾上腺素、5-羟色胺、多巴胺等神经递质、蓝斑脑区和乳酸盐代谢均与惊恐障碍有关。在心理社会因素方面,有学者认为有胆小、羞怯、依赖、被动等性格倾向的个体更容易发生恐惧性焦虑障碍。认知理论认为惊恐发作是个体对自身躯体感觉的灾难化解释所致。有研究表明,早年的父母冲突、被虐待、被抛弃等负性经历也可能导致社交焦虑障碍。

(五)案例分析

结合焦虑症的界定、分类和病因分析,根据认知行为疗法对案例 1 分析如下:

1. 症状评估

(1)基础情绪评估

首次访谈中,A 某焦虑自评量表的原始分为 45,标准分为 56(常模为 29.78±10.07)。抑郁自评量表的原始分为 44,标准分为 55(常模为 33.45±

8.55)。A某体验到强烈的焦虑情绪，表现为忧心忡忡、担心和害怕。

(2)焦虑症状的评估

诱发线索方面，当前令A某感到焦虑的情境主要有两类。第一类是与考试相关的情境；第二类是与学习相关的情境。身体症状方面，A某出现的自主神经症状是典型的由焦虑引发的消化系统症状，包括恶心、呕吐、腹痛、腹泻。行为回避方面：A某发展出多种用来缓解焦虑的回避行为，包括拖延(写作业等引发焦虑的任务)、深呼吸、分散注意力(去看手机)等。

2. 个案概念化

在前期评估的基础上，挑选出最具有代表性的线索进行具体分析，重点在于理解回避行为的短期效果可以缓解焦虑，但这种负强化会维持焦虑进一步发展。A某主要表现出三类典型的焦虑信念：第一类是"灾难化"，如A某认为"如果我成绩不好，就没人会喜欢我""我考不好就完了"；第二类是"低估自我"，如A某认为"我没法保持之前的好成绩""我不会学了，我也学不进去"；第三类"无法忍受身体不适"，如A某认为"我无法喘气，感觉快要窒息了"，"我肚子太疼了，我没法参加考试"。

在A某的成长经历中，严格的家庭教育，奶奶的高要求和高期待，父母忙于工作与A某的分离，考试失败后感受到来自家人的冷落等负性经历逐渐让A某形成了"我没有用、我不可爱"的信念，以及与"灾难化、完美主义"等相关的信念。之后，以上信念系统与考试失败的生活经验相互作用，使A某更加确信自己的信念，也让A某对学习情境更加敏感。当生活中再遇到类似情境时，她更倾向于做出灾难化的解释，如"我考不上大学就完了""我注意力不集中我就没法学习"等。这些解释会引发强烈的焦虑和恐惧，使A某体验到窒息、肚子疼等强烈的身体感觉，也让张某采取了拖延、分散注意力、深呼吸等一系列暂时缓解焦虑的回避行为，从而也由此进入焦虑的恶性循环。

3. 干预策略

心理教育：首先，让A某看到焦虑情绪、生理反应与灾难化认知和回避行为之间的关系，看到回避行为的短期效益可以降低焦虑，但是长期效益却是维持焦虑。通过行为功能分析表帮助A某看到焦虑的诱发线索和她自己的应对策略，看到应对策略的短期有效和长期维持焦虑的作用。其次，针对情绪敏感性，教会A某接纳和放松技术，再布置家庭作业让A某持续进行练习，降低其生理唤醒水平和总体焦虑水平。认知技术：聚焦于A某在某情境下的"解释"进行认知重评。例如，在某次月考前的模拟考试这个情境中出现的灾难化解释"我这次要是考不好就完了"，通过正反证据法引导A某认识到考得不理想（没有达到自己的预期目标成绩）的可能性没有想得那么大，就算这次考试不理想，结果也没有自己想象的那么严重。行为技术：使用暴露与反应阻止技术，让A某"习惯化"那些不舒适的躯体感觉。

结合焦虑症的界定、分类和病因分析，按照认知行为疗法对案例2分析如下：

1. 症状评估

（1）基础情绪评估

初始访谈中，B某焦虑自评量表的原始分为52，标准分为66（常模为29.78±10.07）。抑郁自评量表的原始分为52，标准分为65（常模为33.45±8.55）。B某体验到强烈的焦虑情绪，表现为恐惧和害怕。

（2）焦虑症状的评估

诱发线索方面，当前令B某感到焦虑的情境主要有两类。第一类是与身体感觉相关的情境（内部线索）；第二类是与学习相关的情境（外部线索）。身体症状方面，B某出现紧张、手抖、心慌、胸闷、头疼、恶心及全身不舒服等。行为回避方面：B某发展出多种用来缓解焦虑的回避行为，包括回避学习情境（休学），试图控制呼吸、分散注意力（去看手机）等。

2. 个案概念化

在前期评估的基础上，挑选出最具有代表性的线索进行具体分析，重点在于理解回避行为的短期效果可以缓解焦虑，但这种负强化会维持焦虑进一步发展。B某主要表现出两类典型的焦虑信念：第一类是"灾难化"，如B某认为"我难受我就没法学习""我考不好就完了"；第二类是"无法忍受身体不适""身体不适我就没法学习"等，如B某认为"我头疼、难受，没法学习""我心慌、手抖，我没法写字，没法参加考试"。

在B某的成长经历中，严格的家庭教育，妈妈的高要求和高期待，父亲忙于工作与B某的分离，妈妈经常性地将其与姐姐进行比较，妈妈长期地不满意等负性经历逐渐让 B 某形成了"我无能、我不可爱"的信念,以及与"灾难化、身体感觉很重要"等相关的信念。之后,以上信念系统与受伤的生活经验相互作用,因受伤请假带来的获益,也让 B 某对自己的身体感受更加敏感。当生活中再次遇到类似情境时,B 某更倾向于做出灾难化的解释,如"我心慌、手抖没法写作,没法学习""我头疼、恶心难受,没法学习"等。这些解释会引发强烈的焦虑和恐惧,使 B 某体验到心慌、手抖、头疼、恶心等强烈的身体感觉,也让 B 某采取了回避学习情境、试图控制呼吸、分散注意力等一系列暂时缓解焦虑的回避行为,从而也由此进入焦虑的恶性循环。

3. 认知行为疗法干预策略

心理教育:首先,让 B 某看到焦虑的恶性循环。通过行为功能分析表帮助 B 某看到焦虑的诱发线索和自己的应对策略,看到应对策略的短期有效和长期维持焦虑的作用。其次,针对身体敏感性,教会 B 某接纳和放松技术,再布置家庭作业让 B 某持续进行练习,降低其生理唤醒水平和总体焦虑水平。认知技术:聚焦于 B 某在某情境下的"解释"进行认知重评。例如,在有身体不适的情境中出现的灾难化解释"我手抖,我写不了字",通过正反证据法引导 B 某认识到自己对身体的不适也是可以耐受的,即使在身体不舒服的情况下,写字、学习的结果也没有自己想象得那么严重。行为技术:使用暴露与反应阻止技术,让 B 某"习惯化"自己的躯体感觉。

三、焦虑症的心理干预

(一)认知干预

认知行为干预中的认知干预目的在于识别非理性信念,通过心理教育让有焦虑症的个体意识到当前困扰与认知歪曲有关,不合理的信念和态度决定了他们对情境的感知和解释方式。认知干预就是要教会他们挑战不合理的信念进行认知重评,增强认知的弹性,而且鼓励他们用实际行动去验证更加适应的新信念的有效性。

有焦虑症的个体通常存在灾难化、高估危险和低估自我的认知评价特点,同时存在对焦虑高敏感、夸大危险的认知特点。这种认知特点在焦虑症的发病过程中起着重要作用。例如,有广泛性焦虑障碍的个体对威胁性刺激异常敏感，他们会自动化关注潜在的威胁，并认为自己无力应对这些威胁；有惊恐障碍的个体通常会对不适的身体感觉做出灾难化的解释，如解释为心脏病发作、中风、会失去控制或发疯，从而更加恐惧；有社交恐惧症的个体通常认为在社交情景中会得到他人的负面评价，认为自己无法应付社交场合；有特定恐惧症的个体往往会过高估计了自己害怕物体或情景的危险。

认知重评的过程是从识别功能不良的自动思维开始，首先要找到那些重要的、经常出现的、引发痛苦或造成功能损害的自动思维。那些被反复使用的单一的解释方式用来解释一类情景时，就会将其他的可能性排除在外，这就降低了评估特定情境的思维灵活性。焦虑症的非适应性思维模式分类三类。第一类是高估危险，即使在没有证据的情况下，仍然高估负性事件发生的可能性，习惯化的用负性的方式去解释特定的情境，同时也会忽略其他可能性的证据。第二类是灾难化，即在没有考虑其他可能性的情况下，进行自动化的预测，认为会发生最坏的结果。第三类是低估自己的能力，无论是在高估危险还是灾难化的情况下，都低估了自己的应对能力。要明确的是正是这些固化的解释使焦虑陷入无限的循环之中。

认知重评过程在识别自动思维之后，要做的就是不要把自己一贯化的解释看作是真理，而要明白它只是对情境的一种可能的解释。要开始去寻找其他的可能的解释，而不是自动化的认为最坏的情况一定会发生，并认为当发生时我们无法应对。认知重评的目的就是提高思维的灵活性，针对特定的情境寻找替代性的解释。

在评估焦虑症的自动思维时可以考虑以下问题：①我是否百分之百的肯定糟糕的结果会出现？②最坏的情况会发生什么？有多坏？③我的这种想法或恐惧有什么证据支持？④事情的结果真的会像自己想象的那么糟糕吗？⑤在这样的情境中，过去发生了什么？⑥还有其他可能的解释吗？如果最坏的情况真的发生了，我能处理吗？我会怎么处理？⑦如果发生不好的事情，自己会孤立无援吗？当有焦虑症的个体经过认真思考之后，就会产生对同一情境的替代性评价，从而增强思维的灵活性。

(二)行为干预

认知行为干预的行为干预部分的目的在于习惯化或耐受躯体感觉，缓解焦虑情绪和减少回避行为。焦虑症最主要的行为表现就是各种各样的回避行为，而正是这些回避行为会强化不合理信念，从而导致在焦虑的恶性循环中越陷越深。行为干预通常包括放松训练、暴露疗法和社交训练。

1. 放松训练

放松训练可以使有焦虑症的个体在经历或想象焦虑和害怕的事件时，调整和控制其生理警觉水平，从而减轻焦虑症状。此外，还可以让有焦虑症的个体意识到除了回避，还可以采用放松的方法来处理自己焦虑和害怕的情绪。采用渐进式的肌肉放松方法来学习不同肌肉群的放松，先在咨询室中进行学习和训练，然后再以家庭作业的形式在家进行不断的练习。采取舒适的坐姿，全身都处于舒适的位置，从上到下，依次对各部位的肌肉先紧张 5～10s，然后放松 15～20s，注意紧张与放松之间的不同感受，重点关注放松时的身体感觉。按照以上程序进行反复的练习，鼓励有焦虑症的个体每天进行练习，并在日常生活中感到焦虑时多采用放松的方法。

2. 暴露疗法

暴露疗法的目的是为了对焦虑和恐惧的对象或情境习惯化。在焦虑症的认知行为治疗中，暴露是治疗的核心，暴露的体验一方面能够有效缓解焦虑的症状，另一方面还可以检验认知偏差，从而深化认知干预的效果，进而增强认知的灵活性，促进个体成长。暴露疗法又分为逐级暴露和满灌疗法。逐级暴露是根据有焦虑障碍个体评估的焦虑恐惧程度分级，在能够忍受的焦虑层级内，从最低等级的焦虑恐惧情境开始暴露，然后逐渐增加难度并进行暴露。在暴露练习期间要将新建立的应对焦虑的反应迁移到现实生活中，并不断练习巩固效果。暴露的方式是多种多样的，包括现实暴露、想象暴露、内感性暴露、虚拟现实暴露等多种方式，在实际使用过程中，要根据个体的实际情况采用最恰当的暴露方式，如社交焦虑障碍采用虚拟现实暴露的方式更加合适，惊恐障碍采用内感性暴露更合适。

在暴露疗法使用的过程中，需要注意的是：第一，在暴露练习过程中，要强调全身心的投入焦虑情境，充分体验，而不可以使用任何回避行为或安全行为；第二，在暴露情境选择时要充分考虑暴露情景的现实危险性，避免发生真正的危险；第三，暴露治疗对个体的治疗动机要求较高，否则很难开展有效的暴露练习,因此在治疗过程中,要注意激发治疗动机。

(三)精神动力学干预

精神动力学干预在关注焦虑症状的同时,更关注引起焦虑症状的原因。精神动力学认为焦虑既是心理障碍产生的原因,又是解决问题的关键。它注重早年客体关系对个体心理成长的影响,通过探索个体早年的成长经历,来解释精神症状产生的原因和发展。通过心理动力学的治疗情景再现有障碍个体的潜意识心理冲突模式,修复有障碍个体早年的心理创伤,帮助有障碍个体获得心理成长,从而达到治疗的目的。精神动力学治疗可分为长程精神动力治疗和短程精神动力学治疗。

1. 长程精神动力学干预

长程精神动力学治疗的目的为矫正长期存在非适应的思维和行为方式,帮助有障碍个体更好的理解和接受自己,认识自己的情感冲突并发展出更具适应性的应对策略。长程精神动力学治疗是让有障碍的个体感到被完全接纳,从而在会谈中逐步暴露其过去曾出现过但现在已忘掉的感情和行为。在精神动力学治疗中移情是一个很重要的技术,让有障碍个体回忆起已忘掉的问题,并将其与早年生活中的挫折或逆境联系起来,同时与有障碍个体目前的问题也联系起来。通过移情中的感情体验,还可以使得有障碍的个体能够控制这些情感,而在以前他几乎是从不提起,深压在其内心深处。随着移情的深入,反移情亦随之产生,因此治疗师要时刻意识和检查自己对有障碍个体的情感反应就显得非常重要。治疗可以使用移情解释或修通将目前与过去的行为联系起来,帮助有障碍的个体认识自己的感情。在治疗结束阶段,移情关系必须逐步减弱,以提高有障碍个体的自立能力,使其不再依赖于治疗师。精神动力学的治疗常用的技术还有自由联想、解释、宣泄、释梦、阻抗分析等。

2. 短程精神动力学干预

短程精神动力学治疗是在传统的长程精神动力学治疗的基础上逐步发展起来的。短程精神动力学治疗不是单纯的缩短疗程,而是在其治疗理论的基础上,设置明确的治疗目标,从而引导个体改变。它强调有障碍的个体人格成长发展的连续性,倘若出现精神动力学上的冲突,便会影响到有障碍个体的成长和发展。通过强调这个中心冲突,经过治疗可以得到改变。短程治疗的五个基本特征包括：及时干预；短程动力学治疗师的活动水平相对较高；短程动力学治疗具有明确、有限的治疗目标；资料有清晰明确焦点的确认和保持；与有障碍个体共同商定治疗时限。

以广泛性焦虑障碍为例，精神动力学治疗的关键在于重建心理发展的连续性，修通过往的关键心理动力冲突，从而促进个体成长和发展，进而带来改变，最终达到缓解非适应性焦虑的目的。在治疗过程成中，首先要与有广泛性焦虑障碍的个体共同商讨确立咨询目标、明确设置，并建立良好的治疗关系。然后识别其自我防御机制，自我防御机制是缓解焦虑的重要策略和手段，与广泛性焦虑障碍有关的自我防御机制包括压力、抵消、合理化、认同和退化。识别和寻找焦点冲突，在治疗中加以修通。通过精神动力学的各种技术重建防御机制和外化内在冲突，帮助有广泛性焦虑障碍的个体接受自己的局限性，积极面对问题，完善和整合自我功能，从而消除病理性焦虑。

（四）家庭治疗

家庭治疗不是以个体为基本治疗对象，而是以整个家庭为干预单位的一种心理治疗方法。家庭治疗不仅仅是一种心理治疗理论，更是一种思维范式，它强调以系统和动态的视角来看待家庭成员。家庭治疗通过呈现、理解和改变家庭成员间与症状有关的互动模式来达到治疗的效果，通过会谈、行为作业及其他非言语技术来消除症状，促进个体和家庭功能的恢复。家庭治疗将个人的问题放到整个家庭甚至家族社会文化背景中去理解，即使问题的发生与家庭无关，问题得以维持和恶化的过程也与家庭有关，所有家庭成员之间循环往复的彼此影响。家庭治疗要回到家庭互动情境中，改变家庭的病理性互动模式，最终帮助患者的症状得到改善和治疗。

系统式家庭治疗是家庭治疗的一种模式，它关注家庭系统中成员之间的互动性联系，重视个体与环境的相互作用，通过当下发生的事情去谈问题行为及症状的意义，强调以发展的、全面的、积极的、多样的视角去看待问题。系统式家庭治疗的第一步，建立工作关系，以尊重、平等的态度与家庭成员建立治疗关系，淡化有障碍个体的角色。了解家庭成员对问题的定义和解释，以及求助动机和期待。第二步，要了解家庭的社会文化背景、家庭互动模式、家庭生命周期、家庭代际结构、家庭成员对焦虑症的看法和解决策略、绘制家谱图等家庭动力学特征。第三步，要通过循环提问、积极赋义和改释等干预技术，以及家庭作业来帮助家庭认识和理解焦虑症产生的背景，充分挖掘并利用家庭的内在资源，改变家庭固化的观念和互动方式，重建良好的互动模式，从而消除焦虑症状。第四步，当家庭中维持焦虑的平衡已打破时，就可以缓解焦虑。

(五)人本主义心理治疗

人本主义心理干预是将人看作整体，强调以人为本，关注人的本性、价值和尊严，强调建立良好的治疗关系既是治疗的基本前提，又是促进改变的积极资源。人本主义把自我实现看作是一种本能，干预有障碍个体内部的自我实现潜力，使有障碍个体有能力进行调整和改变，使有障碍的个体体验到自我价值，学会与他人交往，从而达到干预目标。

罗杰斯认为，心理咨询的目标在于人格的成长与完善。具体表现为来访者更少地使用非适应性的心理防御机制，能够更加开放性地接受不同经验；来访者对社会的适应性不断地增强，可以更好地处理在现实生活中遇到的各种问题；来访者变得更加自信，与他人的关系也能处理得更好；来访者减少紧张与焦虑情绪，实现现实自我与理想自我的基本一致；强调人的生命和社会价值，实现人的生命价值与社会价值的统一。

人本主义的治疗方法包括：第一是非指导性原则，建立良好的治疗关系首先要支持和鼓励有障碍的个体选择要处理的问题，以及想要做出怎样的改变。第二是真实真诚原则，治疗师要真实、真诚地对待来访者，也要真实真诚的自我开放。这样才能够获得信任，从而建立良好的治疗关系。第三是治疗师要做到无条件积极关注来访者，表现出无条件的积极关注，无条件的关心、尊重和非占有性的接纳、不评价，以及肯定的态度和反应。第四是要做到共情，要站在来访者的角度体会来访者的感觉、想法和体验，并及时将这些理解与来访者沟通。这样来访者就会感受到自己是被理解和被接纳的，就可以更加自由、更加充分地宣泄自己的感情，表达自己的体验，从而促进改变和成长。

第九章 抑郁症

青少年是一个比较叛逆的群体，这一时期的孩子不论在生理还是在心理上都会出现一些变化。青少年也会面临着很多问题，比如说学业、情感、家庭温暖等。这时候如果得不到应有的关怀，很多青少年就会患有抑郁。

世界卫生组织的调查数据显示[1]，所有精神卫生疾患中，抑郁症是青少年疾病和残疾的主要原因之一。在国内，9－18岁青少年抑郁症状的检出率为14.81%左右。但"青少年抑郁症"依然没有得到广泛的重视与讨论。和成人抑郁症患者不同，孩子们与社会连接微弱，难以有效求助，甚至无法意识到自己身上究竟发生了什么，他们的痛苦隐没在学校和家庭的方寸之地，无声地蔓延。

二、案例

【案例1】

小敏（化名），女，13岁，长头发，小眼睛，身材修长，是一个活泼开朗、能言善辩的女孩子。从小就在优越的环境中长大，父母都是自主创业，过着衣食无忧的生活。由于父母工作比较忙，小敏从小就被送到乡下的外婆家抚养，直到上中学时外婆病逝，才回到城里和父母生活。父母因为从小没能很好地照顾她，感到有点愧疚。回到家后，小敏受到父母的格外呵护，享受着

---

[1] 张帅，范晓莉，李士龙，等.青少年抑郁症患者出现非自杀性自伤行为的影响因素分析[J].保健医学研究与实践，2022，19(03)：6-9.

"小公主"般的生活。由于疏于管教，小敏学习成绩不是很好，初中毕业，就读于某中专院校。

初中第一年时，参加了学校和系上的各类学生干部、干事的竞选，结果都失败了。面对如此"沉重"的打击，一向好胜的她陷入了自我否定的泥潭。由于争强好胜的性格，在寝室里好与人争执，又很少忍让。长此以往，寝室的同学都不敢"惹"她了，人际关系也开始出现了危机，总怀疑别人在议论她，对每个室友都充满了敌意。每次看到别人高兴地在一起玩或学习时，内心充满了孤独感；晚上常常做噩梦，睡眠出现问题，精神状态不佳；没有胃口，常常不知道自己为什么发脾气，也很难控制自己的消极情绪，最终变成了同学中的"另类"。她很痛苦，也努力尝试过改变自己，但坚持不下来。精神萎靡，对生活缺乏热情，自我否定几乎表现在她生活的所有内容中，甚至产生了自闭的状态。

在初三的时候就谈恋爱了，男朋友是小敏的同班同学，这样的美好时光一直持续到初中毕业，他们去读了不同的学校。虽然分隔两地，但一直有联系，一直保持着恋人的关系。这样的生活一直持续到第二学期，一天小敏正在睡午觉，突然手机响了，打开一看是男朋友发的信息，上面写着"小敏，我们分手吧"。打电话过去得到同样的结果，躺在床上的她，越想越觉得委屈，她不能接受……她感到空前的绝望和无助，感到活得没有面子，不知道生活下去还有什么意义，想到了死，她想用一种最不痛苦的方式来结束自己的生命。于是她想到了服安眠药，跑了几家药店，终于买到了二十多片安眠药，回到寝室后，一口气把它们吃下去，躺在床上昏死了过去……直到她寝室的同学回来和她说话，发现她不理她们，才发现事情不对，她们立即把她送到了医院，经过抢救，脱离了危险……

【案例2】

小刚，16岁，性格内向，不善交往。在高一下学期起不愿去学校，无论老师和家人怎么劝都无济于事。无奈之下，休学一年，9月份又重读高一，结果期中考试都不及格，不愿意跟同学交往，不参加集体活动，之后又不肯去上学。现在，整天把自己闷在家里，什么也不想干，也很少出门。

通过进一步与小刚谈话，咨询师了解到：小刚厌学的原因就在于，小刚的父母是某大学的教授,他们对小刚的教育从小就是"教育有方",希望他以后能超越自己的成就,有个更好的未来。但是,小刚从小就贪玩,学习成绩一直都不太好。后来,随着初中学习科目的增多,高中学习课程难度的增加,小刚越来越觉得老师讲的知识听不懂,再加上每次考试都是全班倒数几名,他觉得自己很没用,给父母丢脸了。

父母为了不给孩子造成压力,不但没责备他,还不断鼓励他。他们给小刚报了很多学习班,希望小刚能努力把落下的知识补起来。但是,由于需要补的"漏洞"太多了,小刚的考试成绩一次比一次糟糕。小刚绝望了,不管自己再努力,结果还是照旧。以后的每一次考试,他不再复习准备,上课也不想听。从那以后,小刚变得少言寡语,越来越内向,自我封闭,直至辍学。现在,他的症状越来越严重了,不知道怎么办才好,想一死了之。

二、分析讨论

儿童、青年的抑郁问题在全球范围受到广泛关注。一些学者曾认为青春期的抑郁症是发展过程的表现,并认为这是"青春期障碍"。据成人抑郁症的追溯调查,大部分患者的第一抑郁症都在青年时期。因此,对青年时期的抑郁症和行动上的问题的心理介入越来越受到关注。其实,抑郁症的发作特点并不都是完全相同,有的抑郁症患者会突然发作,一点迹象都没有,有的可能会"预热"几天,有的患者经常遭受抑郁症周期性的侵扰,而有的患者则好几年才复发一次,这些都是正常的!为了更清晰地理解实例中的行为表现及形成原因,有必要将抑郁障碍的定义、诊断标准及影响因素进行详细介绍。

(一)抑郁症界定

抑郁障碍(depressive disorder)是由各种原因引起的以显著而持久的情绪低落内在活力缺乏或兴趣减退为主要特征的一类精神障碍。抑郁障碍的病因非常复杂,与遗传、生物学、心理、社会和环境等多种因素有关,并且各因素之间相互影响。叔本华曾说过:"人的一生就像钟摆一样在满足与痛苦之间摆动,不知在何时,抑郁就会侵袭到某个个体。"世界卫生组织调查显示,神经精神疾病在全球范围内造成31%的疾病伤残损失健康生命年,其中11%来自抑郁障碍,并预测到 2030 年抑郁障碍将居于全球疾病负担的首位[1]。目前,抑郁障碍已成为全球重大的公共卫生问题和重点防治的疾病。

(二)抑郁症临床特征

抑郁障碍是一组以抑郁心境为核心症状的临床症状群,主要表现有三大核心症状:

1. 情绪低落

一段时间里,患者每天的多数时间都感到闷闷不乐,情绪的基调灰暗低沉,往往面带愁容,爱哭泣,内心体验也十分痛苦,这种状态基本不受外界环境的影响。

2. 缺乏兴趣或愉快感

患者往往对以前非常喜欢的活动都缺乏兴趣,不愿去做,通常感到无法从日常生活中体验到快乐,称为快感缺失。

3. 精力不足或过度疲劳

即使没有做什么活动也感到很疲倦,有的患者感到工作效率下降,难以集中注意力,做事拖延。

绝大多数抑郁症患者通常对自我、对周围环境、对未来持消极态度和负性认知,自我评价较低,选择性关注自己的缺点和不足,认为自己是低人一等的失败者,表现出自卑,低自尊,通常接触被动,自我封闭,不愿与人交往,不愿参加社会活动。遭遇不良生活事件时,易内归因,过分内疚自责,甚至出现脱离现实的负罪感,他们感到悲观绝望,活着没有意义,重度抑郁患者甚至会出现自残自杀行为。自杀是抑郁障碍最危险的症状之一,其自杀率是一般人群的 20 倍。费力鹏等学者研究发现我国自杀者中 40% 患有抑郁障碍。如一个青年男性因母亲患癌症晚期去世,将母亲去世完全归因于自己的疏忽,没有定期给父母体检所致,为此深感内疚自责,最后跳楼自杀。

抑郁障碍患者通常伴有记忆力、注意力、思维能力等多种认知功能的损害,工作或学习效率下降,能力减退。部分患者表现为精神运动性迟滞,自感脑子反应迟钝,思考困难,好像生锈了一样,行为举止缓慢,难以做决定。

---

[1] 王增纳,张晶.青少年抑郁症识别与防治工作探究[J].科教导刊.2021,(25):190-192.

抑郁障碍患者通常还会出现睡眠障碍。最具特征性的是早醒，其他还有入睡困难，多梦易醒，睡眠浅，睡眠感缺乏，睡醒之后仍感疲乏无力。少数患者睡眠时间增加。此外，大部分患者感到食欲减退，体重下降，少数患者反之。大部分患者性欲低下，快感缺乏，少数患者反之。

部分重度抑郁患者会出现幻觉妄想等精神病性症状，但是与典型精神分裂症的幻觉和妄想有所不同，没有完全脱离现实基础或与文化不相适应的妄想，常见的情况为罪恶妄想、无价值妄想、虚无妄想等。

少数抑郁障碍患者的表现形式不易被察觉。有的患者内心深处有强烈的抑郁体验，但在外人面前却与常人无异，谈笑风生，有学者称为"微笑型抑郁"[①]。有的患者反复诉说多种躯体不适，如胸闷气短、心悸、食欲减退、消化不良、口干、便秘等，多辗转于综合性医院的内、外科求治，各项化验检查均未见明显异常，但是症状无法缓解，由于其抑郁情绪不明显，被称为"隐匿型抑郁"，一般中老年患者多见。

(三) 正确识别青少年抑郁症

与成人相比，儿童和青少年的精神障碍在行为上体现得更加"非典型"，也更难被发现和诊断。北京大学第六医院儿童精神科医生林红介绍，根据美国精神病学会制定的《精神疾病的诊断和统计手册》，在儿童和青少年中诊断重性抑郁障碍(MDD)，需要至少两周持续的情绪变化，具体表现为悲伤或易怒，缺乏兴趣或快感缺失，这些症状需要给患者带来功能上明确的改变。"其中儿童和青少年可能比成年人表现出更多的焦虑和愤怒，更少的植物性神经症状，以及更少的绝望言语"。这是一种慢性疾病，在一天中的大部分时间里，患者以抑郁和/或易怒情绪为特征，并伴随着食欲不佳、睡眠问题、精力不足、自尊低下、注意力不集中和无望感等症状，持续至少一年。

北京安定医院儿童精神障碍团队领衔专家、教授郑毅说，对成人来说的怪异现象，如自语自笑，对正处于生长发育期的学前儿童可能就是正常的，因此诊断儿童精神疾病更加困难。以抑郁症为例，郑毅说，成人患抑郁症候

---

① 吴远，徐霄霆. 书写表达在微笑型抑郁中的适用性分析[J]. 中国健康心理学杂志，2014，22(1)：146-149.

的典型表现为"三低",分别是情绪低落、思维迟缓和活动减少,伴随着食欲下降和睡眠障碍;而对儿童来说,可能就只是表现为"烦"。"儿童就是以烦、以行为异常为主,少有唉声叹气和流泪的表现。"郑毅指出,儿童患抑郁症后很少会哭泣或表达消极想法,反而时常表现出易激惹、发脾气、离家出走、学习成绩下降和拒绝上学。但麻烦的是,"儿童死的念头很突然,冲动间就出问题了"。

儿童在12岁左右会进入青春期,直至18岁成年。这期间抑郁也以更高频率出现。在2021年10月公布的"中国儿童青少年精神障碍流行病学调查"显示,在73 992名来自全国各地的青少年中,12－16岁所患精神疾病的概率,显著高于6－11岁。其中,焦虑症的患病率在8－11岁间较高,年龄超过12岁后,注意力缺陷、破坏性障碍和抽动障碍的患病率会显著下降,但抑郁症和药物使用障碍的患病率随着年龄的增长而增加。

2006年的一项国际分析研究表明,13岁以下儿童抑郁障碍的患病率为2.8%,13－18岁青少年为5.6%。其中,重性抑郁障碍在儿童中的患病率约为2%,在青少年中的患病率为4%~8%。总体来看,13岁以上青少年抑郁障碍患病率为13岁以下儿童的两倍。孩子的突然长大,总是令家长措手不及,也会对可能的病情存在误解。在医生的诊室里,一个黑瘦的中年男子独自坐火车赶到北京,倾诉最令他苦恼的孩子的"网瘾"问题。几天前,因为被没收了手机,上初三的儿子冲动之下打人,把自己锁在房间,摔完东西后吃了一整瓶药自杀。在这位憔悴父亲的意识里,孩子可能病了,但仍有"胡闹"的成分。他特意向医生提起,孩子被送去洗胃后,血液里的药物浓度并不高,他认为孩子没有吃完整瓶的药,不是真的想自杀。"孩子马上中考了。"他心存侥幸,称自己打算请班主任好好劝劝孩子,争取让孩子参加半个月后的英语听力考试。他还问医生,有没有药能治孩子的"网瘾"。医生告诉他,沉迷网络只是现象,孩子其实是情绪出了问题,喜欢玩手机是因为觉得和人交流没意思,认为孩子已经有生命危险了,建议孩子休学住院。

在孩子成长的过程中,一些家长会忽视孩子真实的想法,没有尊重和理解孩子的感受。这位父亲不断问"孩子为什么会这样?'心结'在哪里?"医生提高了声音回答:"问题就是孩子抑郁了,你要意识到这是个病,原因很复杂。"

又继续强调,"骨折也要治疗,不会努力一下就长好的。"

许多青少年患者身上抑郁与焦虑共存。焦虑体现为对上学和成绩的担忧,抑郁则是心情低落。焦虑抑郁就像两个孪生姐妹,长得很像,又成对出现。一个人抑郁的时候,必然会有焦虑的情绪,而焦虑得不到缓解,必定会越来越抑郁。家长对孩子身上的负面情绪往往发现较晚。当孩子刚出现抑郁和焦虑时,由于没有影响学习等主要社会功能,容易被家长忽略。"只是认为孩子变得不听话",而当孩子已经无法正常上学,说明病情影响了认知水平,社会功能受损,这时再来就诊,已经为时较晚。对青少年来说,当恶劣心境持续一年,就有可能发展为病变,在社会功能受影响之前,孩子可能有长达半年或几年的时间,处于焦虑抑郁或者恶劣心境的状态。

案例分析:

小阳,男,13岁。不能与人正常交流,爱说脏话,喜欢一个人在黑暗地方待着,脾气暴躁,不愿与人接触,记忆力减退,食欲不振,在沟通时不予理睬,反应迟钝。

病情分析:

从描述知道,孩子出现的这些表现最主要的就是心理方面的因素,这种情况必须进行治疗和调节,不然会对孩子的学习和生活造成影响。

指导意见:

这种情况建议应该带孩子去医院的心理科检查一下,在专业医生的指导下进行对症治疗,同时家人应该配合孩子进行自身的调节,平时多与孩子进行沟通交流,多让孩子参加一些活动,及时了解孩子的心理变化,避免不良因素的刺激。

(四)抑郁症的筛查

抑郁症的筛查可借助抑郁症自评量表来筛检疑似病例。患者健康问卷抑郁自评量表(Patient Health Questionair-9,PHQ-9)和抑郁自评量表(Self-Rating Depression Scale,SDS)是常用的筛查抑郁症的自评工具;研究用抑郁障碍流行病学量表(CES-D)适用于一般人群流行病学调查研究中抑郁自评;Beck抑郁问卷(BDI)是最早被广泛使用的评定抑郁的自评工具。

(五)抑郁症的原因

抑郁症的病因和病理机制未完全阐明,发病的危险因素涉及生物、心理和社会多方面。

1. 生物学因素

第一,在家族研究中,可以考察在有障碍个体的亲属中患有这种障碍的人数。人们已经发现,患者的一级亲属患有障碍的比例是控制组被试亲属的2~3倍。有趣的是,在双相障碍患者的亲属中,患病率最高的是单相的重性抑郁发作。换句话说,双相障碍患者的亲属具有患其他一般性障碍的危险,而不是特定的双相障碍的危险。一种可能的解释是,没有一种特定的可单独分离的基因只对双相障碍产生影响。双相障碍可能只是一种显性脆弱基因的更严重的表现形式。

第二,家族研究的问题是无法将基因的贡献从一般心理环境的贡献中分离出来,这个问题可以被第二种策略解决——收养研究。有些研究指出,与重性抑郁障碍患者有血缘关系的亲属有很高的患病危险。另一项研究没有发现在被收养个体的亲属中有很高的患病危险。

第三,能够证明基因对心境障碍的影响的最好证据来自双生子研究。在这种研究中,评估的是同卵双生子(共享完全相同的基因)都患障碍的比例,并把它与异卵双生子——也就是只分享50%的相同基因(和所有的直系亲属一样)的双生子进行比较。如果基因的贡献确实存在,那么,重性抑郁障碍在同卵双生子身上同时出现的比率应该比异卵双生子更高。研究结果显示,若双生子中的一个出现了重性抑郁障碍,同卵双生子中的另一个患有重性抑郁障碍的比例大约是异卵双生子的3倍。

2. 心理学因素

(1)生活事件与环境应激事件

压力与精神创伤是精神障碍的病因中影响最显著的。如意外灾害、亲友亡故、经济损失等严重负性生活事件往往构成抑郁症的致病因素。那么是什么启动了这种易感性(素质)呢?医生通常会询问病人在他们逐渐变得抑郁或产生其他精神障碍之前,有无重大的精神创伤生活事件,大多数患者报告了失业、离婚、生子、找工作等。但是,事件发生的背景及其对个体的意义对个体而言更加重要。比如，失业对大部分人来说都具有很大的压力，对一部分人来说也许会很严重，但有的人也许会将它视为一种恩惠。然而，由于在记忆事件时出现的偏差问题，对生活压力事件的研究需要方法学的保障。如果你问一个正处在抑郁状态的人，5年前他第一次体验抑郁时发生了什么，得到的将是不准确的答案，因为患者当前的心境会歪曲记忆。

(2)认知因素

目前，存在两种针对抑郁发作的主要认知模型，它们都把特殊的观念作为抑郁发作产生的主要因素。首先，基于对大量的抑郁发作患者的治疗，亚伦·贝克提出了抑郁发作是由个体对自身、当前体验及将来的消极想法产生的。第二种理论是由马丁·塞利格曼（Matin Seligman）通过对狗、老鼠及轻度的抑郁发作患者的研究提出的；抑郁发作是由于对未来的无助的预期产生的，且具有永久性和弥散性。抑郁发作患者会预期有无法阻止的不幸事件发生，这种信念会持续很长的时间，并会暗中破坏个体的所有行为。

①贝克的认知学说。由 A. T. Beck 在研究抑郁症治疗的临床实践中逐步创建。贝克认为，认知产生了情绪及行为，异常的认知产生了异常的情绪及行为。认知是情感和行为的中介，情感问题和行为问题与歪曲的认知有关。

贝克认知疗法主要目标是协助当事人克服认知的盲点、模糊的知觉、自我欺骗、不正确的判断，及改变其认知中对现实的直接扭曲或不合逻辑的思考方式。治疗者透过接纳、温暖、同理的态度，避免采用权威的治疗方式，引导当事人以尝试错误的态度，逐步进入问题解决的历程中。

贝克认为系统的逻辑错误是抑郁发作的第二个过程。他认为患者在思维的过程中会犯5种不同的逻辑错误，而每一种错误都会导致患者产生阴暗的体验，它们分别是：臆断的推理、选择性抽象、过分概括化、夸大或缩小事实、个性化。

臆断的推理是指在没有或很少有证据支持的基础上，就轻易下结论。选择性抽象是指把注意力集中在一些不重要的细节上，而忽略非常重要的其他内容。在一个案例中，老板表扬了秘书的工作。老板说，以后不需要把信件再复制成副本了。秘书的选择性抽象的想法就是"老板对我的工作不满意"。实际上，她忽略了老板对她的所有夸奖，而只对片面的消极内容予以了关注。

过分概括化是指基于简单的事实而将价值、能力、工作情况进行整体的推论。过分夸大或缩小事实是评估过程中的常见错误，患者会夸大损失，而将好的一面最小化。个性化是指错误地将不幸事件的责任揽到自己身上。如果邻居在有冰的路上行走时滑倒了，抑郁发作患者就会不停地责备自己没有及时提醒邻居小心走路，或者没有把冰铲掉。

②塞利格曼的习得无助的归因风格。第二种有关抑郁发作的认知模型是习得无助模型(learned helplessness model)和绝望模型(hopelessness model)。习得无助模型是认知水平的，此模型认为重性抑郁发作的基本原因是个体的期待，即个体预期会有不幸事件发生，并且自己对此无力阻止。

习得无助理论认为，动物和人类在不可控事件发生后表现出的认知缺陷是对反应和结果之间无关的预期。该理论认为，狗、老鼠及人类在受到无法避免的事件的打击后，即使下次遇到的是可以避免的事件，也会表现出被动态度。他们已经无法习得当前的行为可以帮助他们逃脱。这种期待，即未来的反应是徒劳无益的，会导致两方面的结果：会破坏行为的动机；会使个体看不到结果是基于反应决定的。电击、噪声和问题本身并导致动机和认知缺陷，只有不可控的电击、噪声和问题才会造成这种缺陷。

当个体经历了不可避免的噪声和无法解决的问题之后，个体就会知觉到自己的行动是无效的。归因有 3 个维度影响着个体在何时以及何种场合会形成这种无助的缺陷认知。

第一个维度是内源性与外源性。设想一个有关不可控事件的实验。当发现自己的行为无效时，被试可以选择认为自己是愚蠢的(内源性)事件是可解决的，或者认为事件是不可解决的(外源性)、自己不是愚蠢的。

第二个维度是稳定性与不稳定性。"造成我失败的原因是永久的还是暂时的？"通过对失败原因是永久的还是暂时的进行判断，个体会决定失败是否会继续下去。对考试失败作出内源性的、不稳定的解释可能是考试前那个晚上的睡眠不好，外源性的、不稳定的解释可能是考试那天他不走运。如果个体将自己的失败归因于稳定的因素。那么，他的无助感将会持续，并很有可能再次失败；相反，如果个体将自己的失败归因于不稳定的因素，那么，他在几个月之后遇到同样问题时将会不再失败。根据习得无助的归因模型，稳定的归因会造成永久的缺陷，而不稳定的归因则会造成暂时的缺陷。一个人在解决实验问题时遭遇失败，是由于他不擅长解决实验问题，还是由于他本身就不善于解决问题？从这个例子来看，如果他认定是由于普遍的原因造成的，那么，他会对自己在很大范围内的问题解决尝试都作出失败的预期，这同时也是稳定的和内源性的归因。如果他认为是由于实验问题本身太难，那么，他只会对实验问题作出失败的预期，而不会影响到他生活中的其他方面，这同时又是稳定的、外源性的归因。习得无助理论表明，当个体把失败的原因归于普遍的，那么，习得无助感就会在很大范围内产生；而如果个体把失败的原因归为特殊的因素，那么，只有很窄范围内的情景会导致习得无助感。

当个体对不可控事件产生无助感并将失败归因于自身而非外部因素时，不仅会导致无助感和抑郁的动机及认知缺陷，而且还伴有自尊的下降。这种低自尊类似抑郁发作患者身上的低自尊表现，尤其是那些将问题的责任揽到自己身上、责备自己的人。

习得无助假说认为，当个体预期会有不幸事件发生且它的发生不依赖于个体的行为时，就有可能产生习得无助或抑郁。当个体对此作出内源归因时，自尊就会下降；作出稳定的归因时，持续时间就会较长；作出普遍的归因时，抑郁就会泛化。最重要的是，如果那些非抑郁的个体具有这种归因方式，那么，他们在未来遭遇不幸事件后患上抑郁发作的概率会更高。

(三) 社会文化因素

1. 婚姻关系

对婚姻的不满和抑郁之间存在很强的相关性。有研究指出，婚姻关系可以作为将来抑郁发作的预测指标。有些研究强调将婚姻冲突与婚姻社会支持分开的重要性。换句话说，较高的婚姻冲突与较强的婚姻社会支持可能会同时出现或同时缺失。高冲突、低支持，或两者同时存在，对引发抑郁而言尤其重要。

有研究指出，抑郁，尤其是持续的抑郁，会显著破坏婚姻关系。其中的原因很好理解，因为对于任何人而言，和一个消极、脾气不好、总是悲观的人相处一段时间后，总会感到无法忍受。但婚姻内冲突似乎对男性和女性具有不同的影响。抑郁会使男性从婚姻关系中退缩，或结束这种关系。而对于女性而言，婚姻关系中出现的问题会导致她们患上抑郁。因此，对于男性和女性，抑郁和婚姻关系中的问题是存在一定相关的，但是，因果关系的方向是不同的。因此，治疗师在治疗心境障碍的同时，还应该处理混乱的婚姻关系，以确保患者康复到较高的水平，从而减少并防止将来复发。

2. 性别因素

重性抑郁障碍的流行状况数据显示出了明显的性别失衡。大约70%的重性抑郁障碍的患者是女性。特别引人注意的是，尽管这种总的比率在不同国家有所不同，但这种性别的失衡比例在世界范围内变化不大。

(六) 案例分析

案例1中的小敏存在抑郁症状表现。对于抑郁发作的诊断依据ICD-10中的诊断标准可知，小敏患上了中度的抑郁，具体表现为：

(1) 对前途悲观失望。小敏觉得生活、学习都前景黯淡，前途一片茫然，事情都变得无可挽回和不可收拾，后来分手事件后，甚至达到了绝望。

(2) 精神疲惫，无助无力感。小敏感到对自己的不幸和痛苦无能为力，感到对处境毫无办法。同时，她也不会轻易相信别人，感到别人对她是爱莫能助，尽管能完全体会到别人的善意，感受到别人在为她操心努力，但她总感到帮助不大。

(3) 感到生活或生命本身没有意义，抑郁症患者感到活着还不如死了的好，当男朋友提出分手后，像是天塌下来了一样，本来就单调的生活更失去了仅存的色彩，于是产生了自杀的念头。在一时的冲动下，也有了自杀行为。

案例1中的症状的原因分析：

(1) 最初是由于以偏概全和绝对化思维造成的，一次干部竞选失败，导致她产生失败感，后面的发展就因此而进入了自我认定的失败感之中。

(2) 小敏的情绪认为和控制能力差，她既不知道自己情绪不良的原因，更不能有效地控制自己的不良情绪，任情绪泛滥，以致造成了人际关系不良，加重了她的心理负担。

(3) 小敏的挫折耐力较差，她不善于进行客观的挫折归因，夸大挫折程度，缺乏应付挫折的意志力。在这些原因中，可以很清楚地看到，情商发展不良是引起心理健康问题的重要原因，情商低的人不可能获得健康的心理发展,而且影响她发展的各个方面。

(4)学校和家庭方面没有负起相应的责任,给的关心太少,让小敏没有很好的得到来自家庭和学校的教导与关心,冷漠的周边环境间接影响了小敏的情绪,促使悲剧的发生。

根据案例 2 描述的内容,并结合 DSM-10 的诊断标准可知,小刚的心理问题属于抑郁症。具体表现为:此个案中抑郁症患者的发病原因可以用"丧失"观进行解释,即个体由于丧失了所依赖的对象,从而产生抑郁,强调抑郁是对"丧失"的反应。在这个例子里,小刚由于家庭组成原因,在初中及高中时由于不能取得令父母及自己满意的成绩,所以逐渐丧失了学习的热情,从而进一步导致了成绩的下滑,如此反复形成抑郁症。

当同时存在至少 2 条核心症状和 2 条其他症状时,才符合抑郁症的症状学标准。如果符合抑郁症的症状学标准,还需同时满足 2 周以上的病程标准,并存在对工作、社交有影响的严重程度标准,同时还应排除精神分裂症、双相情感障碍等重性精神疾病和器质性精神障碍,以及躯体疾病所致的抑郁症状群,方可诊断抑郁症。

三、抑郁症心理干预策略

1. 心理治疗

(1)支持性心理疗法

支持性心理治疗(supportive psychotherapy)基于心理动力学理论,通过对患者的直接观察,利用诸如建议、劝告和鼓励等方式支持患者的防御(通常应对困难处境的方式),从而减轻患者的焦虑,增加患者的适应能力。

①倾听:认真倾听患者的问题,使患者感到治疗师在积极关注他的痛苦,消除其顾虑和孤独感,与治疗师建立良好的治疗关系。

②表扬与鼓励:治疗师对患者潜在的优势、长处进行积极的表扬与鼓励,使其充分发挥主观能动性,提高应付危机的信心。

③疾病健康教育,使患者客观地认识和了解自身的心理或精神问题,从而积极、乐观面对疾病。

④增强患者的信心,鼓励其通过多种方式进行自我调节,帮助患者找到

配合常规治疗和保持良好社会功能之间的平衡点。

⑤善用资源：帮助患者审查自身内在或外在的各种资源，加以充分利用，并鼓励患者去接受来自家人、朋友、社会或各种机构的支持和帮助。

(2) 精神分析疗法

精神分析是整个心理咨询与治疗的开端，其代表人物弗洛伊德关于抑郁症的经典著作《悲伤与忧郁》在1917年就已问世。他本人强调个体的丧失体验是抑郁症的促发因素，还强调了矛盾情感和攻击性在抑郁形成中的作用。精神分析学派对于抑郁症的心理干预理论大都源于原生家庭的影响，儿童早期的心理发育和力比多冲突。精神分析疗法通过来访者的言语表达和咨询师的倾听并辅之以自由联想、释梦、催眠等专业技术完成对抑郁心理活动的探讨、指导解释和修通。传统的精神分析疗法一般都伴随着诸如人格转变的高治疗目标，这也决定了其漫长的疗程和高额的费用等局限性。

(3) 认知行为疗法

认知行为治疗(cognitive-behavioral therapy，CBT)由 A. TBeck 在20世纪60年代发展出的种有结构、短程、认知取向，同时具有科学循证的心理治疗方法，主要针对抑郁症、焦虑症等心理疾病不合理认知导致的心理问题。治疗师利用改正认知与行为的技巧来改善患者的情绪反应、认知，以及与他人的互动等，这些技巧包括识别扭曲的思想、纠正信念和改变行为等。

CBT 中较有影响力的是 Ellis 的合理情绪行为疗法(rational emotive behavior therapy，REBT)，其 ABC 理论模型认为，诱发性事件(A)只是引起情绪及行为反应(C)的间接原因，而人们对诱发性事件所持的信念、看法、理解(B)才是引起情绪及行为反应(C)的直接原因。合理的信念会引起人们对事物的适当情绪和行为反应；而不合理的信念(绝对化要求过分概括化、糟糕至极)则相反，会导致不适当的情绪和行为反应。当人们坚持某些不合理的信念，长期处于不良的情绪状态之中，最终将会导致情绪障碍的产生。REBT 的目的在于帮助患者认清思想中的不合理信念，建立合乎逻辑、理性的信念，以减少个人的自我挫败感，对自己和他人都不再苛求，学会容忍自我与他人。

(4) 沙盘疗法

沙盘疗法发端于欧洲，创始人为卡尔夫，是以摆沙具这种代替性游戏活动将来访者长期压抑的负性情绪和内心冲突物化地表达出来，为其提供一个舒适温馨、合理宣泄的情感建构过程，从而促进自我整合和抑郁症状缓解。沙盘疗法不仅适用于儿童或青少年的心理咨询治疗，同时也为有言语交流障碍和自我表达不良的个体提供有效的帮助。不管是个体沙盘和团体沙盘，都是通过创造的意向和场景直观展示内心世界，可以完美地避开咨询中的阻抗，已是一种成熟的心理治疗技术。

(5) 绘画疗法

绘画疗法是咨询师通过绘画这一艺术媒介，依据心理投射理论对来访者的画作进行专业分析和解读，了解其潜意识内压抑的情感与冲突，透析抑郁症结，修复心灵创伤，达到缓解和治愈抑郁症的目的。常用的方法有绘画投射测验、命题绘画、自由绘画、绘画与讲述，通过图语的呈现弥补了传统咨询技术和治疗模式中只能进行言语咨询的不足之处，适用范围相对广泛，既可用于特殊人群的心理矫正，亦可用于一般人的心理问题。

(6) 团体心理疗法

以团体、小组的形式，团体心理治疗一般由1~2位咨询师主持，治疗对象由8~15名有相同或不同诉求的成员组成。就缓解抑郁症状而言，成员在咨询师的带领下围绕抑郁症相关的问题进行讨论，观察分析自己和他人的心理行为反应、情感体验和人际关系，从而使自己的情绪和行为得到改善。团体治疗在心理学界的应用日益广泛，但对于抑郁症方面的运用客观来讲是非常有限的。其弊端主要体现在：短时间内召集有同样咨询诉求的来访者困难比较大；也不能像个体心理治疗那样具体深入的了解和解决团体成员的问题；且在团体治疗过程中也会出现团体成员互动不和谐现象。

不管是采用哪种专业的心理学技术，心理咨询师对于抑郁症患者而言其实更像是一面镜子或者是引路人，做的工作不是提供直接的解决问题的具体方法，而是帮助来访者正确认识自我，并为其提供心灵成长的精神支持。

第十章 注意缺陷多动障碍

注意缺陷多动障碍(attention deficit and hyperactive disorder,ADHD)是最常见的儿童时期神经发育障碍性疾病,以行为和情绪异常为主要表现,是儿童、青少年中最常见的行为障碍,也是学龄儿童患病率最高的慢性疾病之一。调查显示,全世界不同国家和地区发病率差异不明显,儿童多动症的发病率为5%~7%,男孩是女孩的2倍以上。据统计,每50个学龄儿童中就有2~3个多动症儿童,男女发病率之比约为4:1~9:1。1956年麦瑞思曾追踪一组多动症儿童数十年,发现他们成人期时患精神病和社会病态者较多;其他多个追踪研究报道多动症儿童成年后,反社会性人格的发生率为12%~23%。由此可见,多动症的预后不良,尽管成年后外在的多动已经不明显,但他们仍存在着适应环境的困难,有些还引起法律问题,关注和帮助ADHD患者刻不容缓。

一、案例

【案例1】 倒数第一的捣蛋鬼

明明,11岁,五年级男生。他从小活动过度,很难集中注意力,粗心大意,顽皮捣蛋。读一年级时,老师反映孩子特别爱动,上课常不回教室,即使在教室里也不听讲,经常离开座位,趴在地上玩。老师调座位,把他安排到最后一排,单独一个人坐。可是这样也没能让明明安静下来,上课开始就自己一个人玩笔,有时撕本子上面的纸揉成一团去砸其他的同学,老师总是批评他注意力不集中、马虎和不听劝告。明明经常会忘记带上课必需的东西，在课堂上总是很快地举手回答问题，但经常给出一个错误的答案。他不能够单独完成学校布置的作业，写字总是出格，而且很慢，做作业拖拉，当指出他作业中的错误时，他能够很快地说出错在哪里。学习成绩一直不好，班里倒数第几，课本一学期丢3次。父母和老师也曾经尝试着用各种办法来帮助他提高学业，但是只取得了暂时的效果。他在学校下课的时候经常和同学在一起追逐打闹，互相推搡，无危险意识，横冲直撞，导致在一次和同学打闹中，将一个孩子摔地上碰伤，还经常随便拿别人的东西。父母将其领去当地儿童医院就诊，诊断为ADHD。

【案例2】 孤独的"暴力王"

小军，男，8岁，二年级学生。父亲因病去世，妈妈长时间在外打工，一年回不了家几次，小军由乡下的爷爷奶奶照看。学校老师隔三岔五就要请家长，反映孩子上课不能集中注意力听课，无视课堂纪律，经常在课上走来走去，有时候还走出教室外，对老师的提醒和管教熟视无睹。上课时总是干扰其他同学，还会把同学的东西弄坏，影响课堂秩序。老师讲的话也会听，听完后好一阵就又开始了。存在粗心大意、马虎、做作业拖拉，容易走神、分心多动、坐不住等问题，经常不交作业。最严重的是，脾气很暴躁，一言不合就动手打同学，爷爷奶奶打骂都没有用，屡教不改。与同学关系不好，经常一个人，没朋友、孤僻、自卑。

【案例3】 无法无天"女魔头"

雅雅是一位5岁女生。从小活泼好动，家人觉得是调皮捣蛋，喜欢破坏东西，家里玩具几乎没有完整的。幼儿园上课时很难安安静静地坐着，常常玩弄手指和学具，或是老师在讲台上讲，她在座位上喋喋不休说个不停或发出怪声，在课堂上经常随意离座走动；学习和玩耍时很难长久的集中注意力，集体游戏过程中不能耐心等待，经常时而参与时而破坏，常常因未达到满意而与小朋友发生冲突，表现出攻击性强、冲动、任性等个性特点，甚至与人打架，在班里称王称霸没人敢惹。不能遵守课堂秩序和学校规章制度，虎头蛇尾，写作业时总是写一会儿玩一会儿，字迹潦草，经常抄错题，自己的学习用品经常丢失。不服家长、老师管教，反复无常、软硬不吃。即使犯错误之后受到家长、老师的批评，也认错，但过后依然故技重演。

二、分析讨论

以上案例均诊断为注意缺陷多动障碍。这种障碍是一种发展性行为障碍，以注意力缺陷为最主要的症状，并伴有多动（活动过度）、冲动、固执和自控能力差等特征。这类儿童智力正常或基本正常，但学习、行为及情绪方面有缺陷，表现为注意力不易集中，注意短暂，活动过多，情绪易冲动，以至影响学习成绩。在家庭及学校较难与人相处，日常生活中使家长和老师感到困难。

（一）注意缺陷多动障碍的界定

ADHD以注意障碍、冲动行为、容易分心以及活动过度为主要特征，注意障碍是本病的最主要症状。近半数患者在4岁前起病，约30%患者在青春期以后症状逐渐消失，但患者常共患其他精神障碍（其中共患品行障碍40%、焦虑障碍31%、抽动障碍11%、心境障碍4%）。很多患者常常被误认为调皮捣蛋未引起家长重视，直到进入小学后因为注意缺陷所致的学业问题，或是严重的行为问题而就医。

1. 主要临床表现

（1）常常反反复复的自言自语，看起来好像心不在焉。经常无意识地摇动手、脚或坐在椅子上也不安静。

（2）与人对话过程中，好似没有在听人讲话，很难安安静静地坐着说话。

（3）做任何事情都无法集中注意力，对外界刺激很容易分心，对需要持续注意力的内容表现厌恶、回避。

（4）经常多嘴多舌，喋喋不休。经常提问还没完，就抢着回答问题。

（5）在游戏和团体活动中，没有耐心依次等待。

（6）无法依照指令完成简单的任务，对于别人的指示，很难轻易服从。总是忘记要做的事情。

（7）很难安安静静地玩耍，总是又参与又捣乱，玩耍时很难长久的集中注意力。

(8)活动过多，通常一件事还没做完就去做另一件。难以完成有条理的任务和活动。

(9)学习困难，成绩差，低于其智力所应该达到的水平。

(10)神经和精神发育异常。精细动作、协调运动、空间位知觉等发育差。部分患者智商偏低。

(11)情绪不稳定，容易兴奋过度；即刻满足型，要求达不到就哭闹、发脾气；受挫折就情绪低沉或出现反抗、攻击行为。

(12)粗心，不能关注细节。

(13)丢三落四，在学校、家庭中的学习和活动的必需品经常丢失。

(14)做事不考虑后果，冲动，经常做出对身体有危害的行为。

2．诊断标准

国际上常用的 ADHD 诊断标准有：ICD-10、DSM-Ⅴ、CCMD-3 三个诊断标准。

我国主要采用中华医学会《中国精神障碍分类方案与诊断标准》第 3 版（CCMD-3）关于注意缺陷与多动障碍（儿童多动症）的诊断标准（2001），其描述如下：

【症状标准】

(1)注意障碍，至少有下列 4 项

①学习时容易分心，听见任何外界声音都要去探望。

②上课很不专心听讲，常东张西望或发呆。

③做作业拖拉，边做边玩，作业又脏又乱，常少做或做错。

④不注意细节，在做作业或其他活动中常常出现粗心大意的错误。

⑤丢失或特别不爱惜东西（如常把衣服、书本等弄得很脏很乱）。

⑥难以始终遵守指令，完成家庭作业或家务劳动等。

⑦做事难以持久，常常一件事没做完，又去干别的事。

⑧与他说话时，常常心不在焉，似听非听。

⑨在日常活动中常常丢三落四。

(2)多动，至少有下列 4 项

①需要静坐的场合难于静坐或在座位上扭来扭去。
②上课时常有小动作,或玩东西,或与同学讲悄悄话。
③话多,好插嘴,别人问话未完就抢着回答。
④十分喧闹,不能安静地玩耍。
⑤难以遵守集体活动的秩序和纪律,如游戏时抢着上场,不能等待。
⑥干扰他人的活动。
⑦好与小朋友打闹,易与同学发生纠纷,不受同伴欢迎。
⑧容易兴奋和冲动,有一些过火的行为。
⑨在不适当的场合奔跑或登高爬梯,好冒险,易出事故。

【严重标准】

对社会功能(如学业成绩、人际关系等)产生不良影响。

【病程标准】

起病于7岁前(多在3岁左右),符合症状标准和严重标准至少已6个月。

【排除标准】

排除精神发育迟滞、广泛发育障碍、情绪障碍。

这里所说的三个诊断标准从结构上看,非常相似,分别由症状标准、病程标准、严重程度标准、排除标准等部分组成,且罗列的症状条目数都是18条,内容也很接近。但这三者也有些不同之处,如诊断名称、条目中内容的表述均有所差异。DSM-Ⅴ诊断标准根据症状侧重不同,把 ADHD 分为3个亚型:注意障碍、多动/冲动和混合性表现。明确 ADHD 的分型,对进行课题研究及治疗和预后评估有积极意义。ICD-10 诊断标准和 CCMD-3 诊断标准都强调了注意缺陷和多动(冲动)两大主要症状必须同时存在,相当于 DSM-Ⅴ诊断标准中的混合性表现,因此更严谨。我国 CCMD-3 诊断标准特别注意文化因素对症状的描述,使用了中国人习惯的文化表述。

儿童在7岁前出现明显的注意缺陷和活动过多,并且在学校、家庭和其他场合都有这些临床表现,症状持续6个月以上,对孩子的社会功能如学业成绩、人际关系等产生不良影响,则可诊断为注意缺陷多动障碍。学习困难、神经和精神发育异常等临床表现不是诊断依据,是明确诊断的辅助条件或伴发症状。ADHD 的孩子多数都有行为不端的表现,然而并不是出现注意力不集中、活动过度和冲动行为的孩子就一定是多动症。专业人员必须全面了解孩子的背景、个性，区分多动症与学习障碍、焦虑症、抑郁症、阅读困难等存在类似行为的问题。另外，临床上ADHD需要和精神发育迟滞、品行障碍、情绪障碍、抽动障碍、精神分裂症、儿童孤独症等疾病进行鉴别。

在ADHD的诊断治疗中进行心理评估是必须的，临床评定量表既有助于诊断，也可了解病情严重程度及评估治疗效果。儿童行为评定量表是常用的儿童行为评估方法，采用问卷的形式，由父母、老师或儿童自己按照指导语的要求逐项作答，通过将结果与常模相比，来了解儿童行为是否有偏离，为儿童多动症的诊断、治疗及疗效评定提供了一个相对客观的、数量化的辅助工具。ADHD诊断常用的用于儿童多动症的评定量表有：①Conners评定量表，是目前最常用的儿童多动症行为评定量表，主要包括父母用症状问卷（parent symptom questionnaire，PSQ）、教师用评定量表（teacher rating scale，TRS）和简明症状问卷（ASQ）3种形式，常用前两种，适用于3～17岁的儿童。进行PSQ评定时，不必认真思考，只是根据一般的印象评估即可，也没有必要一定在父母双方商量或讨论后进行评定。TRS评估时，老师要与学生有至少2个月的接触时间，反映儿童在学校环境下的行为表现。②Achenbach儿童行为量表（child behavior checklist，CBCL），是目前国际上最常用的儿童行为评定量表之一，用于多动症，不仅可以了解多动症的症状，还可以评估共病情况，主要适用于4—16岁的儿童。③SNAP-Ⅳ量表，是近年来国际上较常用的评定工具，可作为多动症诊断的辅助工具，用于筛查和评估。

ADHD确诊后应尽早进行干预，一方面可以降低治疗的难度和成本，提高治疗的效果；另一方面能够减少多动症问题对儿童其他方面的负面影响（诸如行为问题、学习困难、人际交往问题等）。

（二）注意缺陷多动障碍的原因

该病病因和发病机制目前尚不清楚，国内外大多数学者认为ADHD是由多种因素相互作用造成的一种综合征。随着临床研究的进一步深入，人们发现在这类儿童的临床表现中，多动和冲动症状密不可分，这提示抑制能力不足可能是多动症的根本问题。其归因大致为：

1. 遗传因素

本病可能有一定的遗传基础,表现出明显的家族聚集现象,ADHD 儿童的父母和亲属在儿童期有类似多动症病史的比例较高,其子女患有多动症或其他精神疾病的可能性明显高于一般人;如果父母患有多动症,那么孩子遗传此病的概率会高达 57%;单卵双胞胎中的一个得了多动症,另一个也得多动症的比例达 100%,而异卵双胞胎的患病率仅为 17%。

2. 脑组织损害

母亲在孕期病毒感染,服药,患甲状腺肥大、肾炎、贫血、低热、先兆流产、高血压等疾病,或者一些孩子由于生产过程的异常如难产、早产、剖宫产、窒息、颅内出血及缺氧缺血等多种原因所致脑缺氧、脑损伤,以及在出生后 1—2 年内中枢神经系统有感染或外伤等,或者有高热惊厥、脑炎、脑膜炎、一氧化碳中毒史,则孩子患 ADHD 的概率较高。

3. 神经解剖和神经生理

近年来脑影像技术的发展,提示本病患者存在中枢神经系统成熟延迟或大脑皮质的觉醒不足。还有研究指出,脑部扫描显示,患有多动症的人的大脑存在发育差异,例如,额叶区域的皮质变薄。

4. 环境因素

各种环境因素造成的疾病可导致轻微脑损伤,也可能与多动症有关。由于工业社会的环境污染,长期接触含铅量高的空气、水、食物、玩具、餐具等,使一些孩子体内含铅量过高,虽不致达到铅中毒,但可能会导致多动症。心理学家发现,几乎一半以上的多动症儿童血液中含铅量较高。另外,过量摄入食物中的人工色素、长期接触塑料制品等,都可能引起多动症。

5. 微量元素缺乏、脑内神经递质代谢异常等

神经生化研究发现如多巴胺偏低,5-羟色胺功能过高或相对不足,造成去甲肾上腺素减少,脑内神经递质浓度降低,削弱了中枢神经的抑制活动,使儿童动作增多。由此推测,ADHD 的病因可能是神经递质失调所导致的行为障碍。

6. 家庭和社会心理因素

家庭、学校和社会中存在的不良教育因素是多动症的最重要致病因素。

父母教育方法不当，过于溺爱、专制或放任，受虐待，童年与父母分离等，或者教育方法不一致而经常引发争吵、父母感情不和、家庭破裂等；另外，家庭环境不良，父母犯罪、父母有精神障碍，以及父母自身存在的性格缺陷或品德行为缺陷，都可能导致多动症。同时，学校功课过重、教室过于拥挤、教师的教育方法及处理问题不当等，均可能导致多动症的发生或加重其症状。此外，社会风气不良，媒体充斥噪音、打斗凶杀等血腥暴力场景，对儿童正在发育的大脑构成超强刺激，极易引起脑功能失调，可增加患病危险性或成为发病诱因、症状持续的原因。

7. 食品添加剂

人工色素可以引起孩子过度活动，冲动和学习障碍的问题；研究表明，汽水、果汁等各种饮料，大都含有较多的糖、糖精、电解质和合成色素。这些物质不像白开水那样排泄得快，因而对胃黏膜产生不良刺激，影响食欲消化，还会增加肾脏过滤的负担，影响肾功能，更可能妨碍神经系统的冲动传导，容易引起儿童多动症。有学者报道，过多食用食物调味品或调色剂、食品添加剂、受污染的食品是引起多动症的病因之一。国外有些学者曾对此进行观察，认为当食入含甲基水杨酸盐类的食物如西红柿、苹果、橘子，或饮用人工合成色素制成的果子露饮料，以及食用胡椒油、辣椒等调味品都可促使多动症的症状加剧，如限制此类食物的摄入时，症状又可减轻。

8. 过敏体质

过敏体质可能也易诱发多动症出现。研究显示，食物过敏也可能与行为异常相关，但与多动症并没有直接关系。减少必需脂肪酸和矿物质（如铁和锌）摄入时，可能会表现出轻度不良行为。

(三)案例分析

以上3个案例的孩子都有多动症，但他们是各不相同的，在年龄、家庭方面不同，有不同的症状表现，共患不同的疾病。

案例1的明明，从小活动过度、很难集中注意力、粗心大意、顽皮捣蛋。在学校老师反映活动过多，无法安静下来，注意力不集中、马虎和不听劝告，丢三落四，做作业拖拉，学习成绩差，好丢东西，无危险意识，随便拿别人的东西，喜欢打闹，经常闯祸。明明父母、爷爷奶奶均是高知，对孩子期望

第二部分 儿童青少年心理障碍

高,热衷帮他补习,尽管明明成绩差,依然尝试各种方法,认为孩子智商没有问题,家族遗传好,应该没毛病,其实耽误了孩子的病情,导致情况越来越严重,直到和同伴打闹误伤他人才考虑去医院检查。家庭环境不良,患儿长期处于紧张焦虑的环境中,不仅心理健康会受到影响,大脑也可能会造成轻微损伤,就可能会引发多动症。此例诊断结果是典型的ADHD。

案例2的小军,诊断注意缺陷多动障碍合并情绪障碍(抑郁)。其成因可以归结为家庭心理因素。孩子丧亲家庭,母亲不能陪在身边外出打工,一年到头见不上几次,隔代抚养,爷爷奶奶文化程度低,只能管温饱。小军上课不能集中注意力听课,无视课堂纪律,干扰其他同学,还会把同学的东西弄坏,影响课堂秩序,粗心大意、马虎、做作业拖拉,容易走神、分心多动、坐不住,经常不交作业,脾气很暴躁,一言不合就动手打同学,屡教不改,没朋友。这些与他的生长环境、原生家庭均有关,在孩子犯错误之后,仅采取高压与暴力的手段,造成爷孙情感疏远和对立情绪。这样做的后果使小军非常崇尚暴力,认为暴力可以使人顺从,这样不协调的教育方式,造成他冲动、任性、情绪不稳定,不能体会别人的感受,以个人中心,以至于不能跟同学和睦相处。另外,家长、老师都没有察觉他的病,一味简单粗暴管理,缺乏关爱,导致孩子内向、孤僻、自卑,甚至告诉医生:活得没意思,是不是自己死了就不会有人打骂了。所以该案例就诊后需要密切关注。

案例3的雅雅,经医生仔细询问检查,合并抽动障碍,有头面部、四肢不自主的快速、短暂、不规则的抽动,如挤眉弄眼、扭动、挥手等,伴有不自主的发声抽动。其母小时曾诊断"抽动障碍",有类似表现,考虑雅雅的抽动与遗传有关。雅雅喜欢破坏东西,上课时很难安安静静地坐着,多嘴多舌,很难长久的集中注意力,学习用品经常丢失,没有耐心,攻击性强、冲动、任性,不能遵守课堂秩序和学校规章制度,不服家长、老师管教,反复犯错。符合注意缺陷多动症的诊断。家长误以为虽然是女孩,但孩子活泼,对于她的多动未引起注意,要求严格,只是批评责备,反而加重她的症状。

ADHD孩子其实在早期就有一些预兆,属于难抚养型气质。患儿父母回忆孩子在怀孕期胎动频繁,在婴儿期比其他孩子更活泼,易兴奋,好哭闹,手脚经常动个不停,不容易安静下来;很多孩子幼儿期学龄期智商正常,家长易于忽视症状，认为是男孩子，调皮捣蛋，不爱学习或是学习未用功，不以为是病，常常经人提醒或者孩子受伤闯祸之后才有警觉。但好动的孩子不一定有多动症，ADHD的诊断需要结合儿童年龄、症状发生的场合、持续时间和严重程度、功能损害等综合考虑。一般4岁以下是不考虑多动症诊断的，多动症患儿和顽皮好动孩子的最大区别在于，顽皮孩子的行动常有一定的目的性，并有计划和安排，能够根据不同场合约束和调整自己的行为；而多动症患儿则不分场合，经常在不合适的场合跑来跑去或爬上爬下。另外，需要注意不好动的孩子也可能是多动症。多动症的三大核心症状为注意力不集中、多动、冲动，可以同时存在，也可以单独发生，因此ADHD可以分为3种亚型：混合型、注意缺陷型和多动冲动型。注意缺陷型并没有明显的活动过多表现，有些看上去甚至很安静，但容易走神，做事拖拉，粗心马虎，丢三落四，做事缺乏组织计划性和条理性，常常影响到学习成绩。

随着年龄增大、生理的成熟，ADHD患儿在注意缺陷、冲动、多动方面有较大的改善，但自我控制能力仍落后于正常青少年。他们在情绪上比正常青少年更易波动，对最轻微的批评或者任何他们认为的批评都做出防御反应。他们渴望独立，但对独立所要承担的责任准备不足。他们可能面临学业的失败、人际交往的失败，孤独，抑郁。如果孩子的行为已经发展到无法在家里协商解决的地步，要及时寻求社会支持。

三、心理干预策略

目前，对注意缺陷多动症的治疗更提倡多模式治疗，对患儿、家长、学校进行全方位的综合干预。儿童多动症的治疗方法主要有药物治疗、心理行为治疗、家庭治疗、脑电生物反馈治疗等，强调药物、心理治疗、教育训练协同。

最好的治疗方法是药物治疗与各种非药物治疗相结合的综合治疗。药物治疗能够短期缓解症状，改善患者注意缺陷，减轻活动过多症状，在一定程度上可以提高学习成绩，改善患者与同学和家长的不良关系。通常对于学龄儿童为了在学校顺利度过，一般将其作为首选治疗方法。非药物治疗的作用不能代替药物治疗，临床现在兴奋剂类药物哌甲酯的应用越来越多，还采用饮食疗法：去除那些人工合成的调味品、色素、防腐剂或糖类等。国内多采用以"感统训练、注意力训练、心理疏导、推拿按摩、营养治疗"等多种形式相结合的综合治疗方法，实践证明是非常有效的。

(一)心理治疗

心理治疗主要采用行为治疗和认知行为治疗。心理治疗形式有个别治疗或小组治疗。团体是一个微型的社会，小组治疗的环境对患者学会适当的社交技能更有效。使用的技术可以分成四类：(1)操作性团体治疗。(2)榜样示范和行为演练。(3)社会技能训练。(4)降低焦虑的团体活动。在实践中，行为团体治疗往往会综合运用以上的几种技术。团体训练与学校中老师的训练方案相配合，从而促进这些新形成的亲社会技能的转化。同样的，这种操作性团体技术还能运用于减少团体中及其他情境下的攻击性行为。

1. 行为治疗

(1)强化治疗

行为疗法利用学习原理来评价和矫正行为问题，儿童多动症行为治疗利用操作性条件反射的原理，进行强化干预，即及时对患者的行为予以正性或负性强化，一般说来，能带来良好结果的行为会因受到积极的强化而增强，而引起不良结果的行为会因惩罚而减少。

行为治疗干预的第一步是评价，确定孩子的行为问题，寻求家长老师的支持和参与；第二步是界定问题，并将问题操作化；第三步是收集与问题行为有关的基线数据，如一个多动儿童在学校里下座位的次数，哪些因素导致了问题的产生和维持；第五步，在治疗协议确定后真正开始干预；第六步是对治疗的监控和反馈，按照治疗目标根据治疗实况，及时调整行为治疗的方案；最后，行为治疗者应制订策略，以保证已形成的良好变化能保持下来，并保证这些变化能迁移到治疗之外的其他情境中。例如，治疗者会很关心课堂中多动行为的减少是否在家庭和其他环境中也会得到相应的减少。

在治疗幼小的儿童时，通常采用"非认知"的治疗方法，精准地控制外部环境中的刺激。研究证明，对年幼儿童进行行为治疗时，并不一定需要使用语言，而儿童生活中的成人也可以使用这些技术来改变儿童的行为，并不是只有治疗者才能使用。

(2)社会技能训练

ADHD患者通常缺乏恰当的社会交往技能，如不知怎样去开始、维持和结束人与人之间的交流，同伴关系不良，对别人有攻击性语言和行为，自我控制能力差等，通过学习、训练，如采用社交技能训练，用新的有效的行为来替代不适当的行为模式，使患者学会适当的社交技能。实践证明，行为治疗可以帮助这些儿童取得稳固的进步，训练的次数也很关键。另外，因为语言在社交中的重要作用，语言发展水平是治疗这些儿童获得成功的另一个关键因素。

(3)放松训练

由于多动症儿童的身体各部分总是长期处于紧张状态，如果能让他们的肌肉放松一下，多动症状就会有所好转。放松训练可采用以下的方法，让孩子自然地坐在舒适的椅子上，根据音乐或语言的指导，要求儿童从精神到肢体都处于自然放松状态。在进行放松训练时，每小时放松15min，达到放松要求就给予奖励，其余45min可安排儿童感兴趣的游戏，但一到放松时间就必须结束游戏。

行为治疗的方法，在患儿的注意力不集中的情况下，很难收到满意的效果。

2.认知行为治疗

认知行为治疗在治疗多动症儿童时获得了巨大成功。其主要解决患者的冲动性问题，主要内容有：让患者学习如何去解决问题，预先估计自己的行为所带来的后果，克制自己的冲动行为，识别自己的行为是否恰当，选择恰当的行为方式。

(1)自我指导训练

梅肯鲍姆发展了自我指导训练，来教会人们如何指导自己有效应对复杂情境。它被用来治疗许多类型的问题，比如，儿童的学业技能缺陷。自我指导训练最初用来治疗儿童的冲动行为，自我指导训练的一般目标是使儿童学会在行动之前进行思考和计划，"停下来—看一看—听一听"。自我指导训练包括5个步骤：认知示范、认知参与示范、显性自我指导、消退显性自我指导、隐性自我指导。对于年幼的孩子来说，训练可以游戏方式进行，或者以图片内容为线索进行提示，这样可以提醒儿童用自我指导来解决问题。按照这些步骤治疗时，先教来访者自我指导，完成一些容易且简短的任务，然后进行一些较复杂、需要时间较长的任务。治疗师还会使用不同程序来帮助来访者，将他们的自我指导训练从治疗环境迁移到课堂环境中。通过自我指导训练，帮助提高学生的学业技能，治疗冲动行为。

(2) 问题解决训练

问题解决治疗也叫社会问题解决治疗，是为满足那些寻求特定治疗手段以解决困难的来访者的技术应用。对于儿童和青少年问题解决，可用于焦虑、攻击性行为、愤怒、课堂行为、学校适应、自信社会行为和家长－青少年冲突。不同于治疗，问题解决训练让来访者有能力在将来靠自己解决问题，这可从源头上预防心理问题的发生。以预防为中心的问题解决训练，有时会被融入常规的课堂教学中，这样所有的孩子都能学习问题解决技能，应对人际交往和攻击性行为。

(3) 应激接种训练

应激接种训练已被人们用来治疗和预防许多成人问题，它所治疗的三种最常见问题是：焦虑、愤怒和疼痛。应激(压力)接种训练还被用来帮助那些对压力唤起情境过于敏感的人减少情绪上的不适，并提高他们在此情境中的行为表现。应激接种训练不仅可用于个体治疗，也可用于团体治疗。尽管在大多数情况下，应急接种训练被应用于成人，但它偶尔也可用于儿童和青少年，例如，处理攻击性行为和拒绝上学的行为，此外，还被用于治疗创伤后应激障碍。一些对照研究都表明，应激接种训练是一种有效的治疗手段，学习应对技能是该训练中的核心治疗环节。

认知行为治疗是针对儿童的不良行为，训练儿童自我管理、自我控制的一种心理治疗方法。认知行为治疗是认知疗法和行为治疗的有机结合，由于这种方法着眼于纠正行为和转变不合理信念，所以比单纯行为治疗更有效。这些方法适用于年龄比较大、应用行为治疗无效的孩子。

(二) 家长培训

多动症孩子的症状给家庭造成烦恼，又可能因为家庭因素而逐渐恶化，多动症孩子的预后很大程度上取决于家庭因素。

1. 注意力训练

注意力是受年龄、性别、环境等因素影响的，通常小学生注意力能集中 10min 左右，初中生能集中 20min 左右。家长在帮助孩子养成良好注意习惯时不要心急，不要勉强孩子一次坚持太久，要给孩子提供一个良好安静的环境，培养孩子的兴趣点，帮助孩子集中注意力。如对学习的训练，首先明确学习目标和任务，提出每一节课、每一次作业的具体内容和要求，以此来引起孩子的注意。对要求完成的学习任务应有专用本记录下来，防止孩子遗忘，也便于家长督促检查完成作业情况。其次，培养孩子的组织纪律性。要想注意力集中，专心听课，孩子需要做到上课不迟到，听课不讲话，发言要举手，坐姿要端正，不做小动作，按时完成作业，遵守公共秩序，与同学相互帮助等。通过有效的奖罚，使其能保持长久的学习兴趣，自觉地集中注意力进行学习。

2. 静坐法

多动症的孩子，常常出现"人来疯"或无法自拔的过度兴奋。家长可以逐步培养其静坐集中注意力的习惯；例如，从看图书、听故事做起，逐渐延长其集中注意力的时间；也可把他们安排在教室的第一排座位上，以便在上课时能随时得到老师的监督和指导。为了避免产生过度兴奋的现象，父母不给孩子提供兴奋度较高的游戏，如打电子游戏机，看武打电视片等。多为孩子安排一些较文静的活动，如下棋、画图、制作航模、看书等。除此以外，家长还可安排时间，每天与孩子一起静坐 2～3 次。静坐的时间可从 5min 到 15min，根据年龄及具体情况不同而作不同安排，还可根据情况在原有基础上增加时间。静坐的方法是父母与孩子面对面而坐，不言不语，不思不想，不东看西看，双手放在膝上，相对而坐，坚持得好，及时予以表扬奖励。这对多动行为的矫正很有帮助。

3. 行为矫正法

这是美国著名儿童临床心理学家巴克利博士编制的方案，常用于多动症儿童的行为管理，旨在改变父母的教育方式。这种方法适用于年龄在 2～10 岁之间、语言发育基本正常、没有严重的对立违抗行为的多动症儿童。实施此方案，需要全家人协同一致的配合。

此法主要分为八个步骤：修复亲子关系、运用表扬使孩子服从、对孩子提出更有效的要求、用关注法减少孩子对父母的干扰、建立家庭代币制度、用扣分法管理孩子不良行为、用暂时隔离法处理孩子严重的不良行为、扩大隔离法的使用范围。行为矫正八步法一般需要8～12周时间，每一步骤用时约一周，不能操之过急，每一步必须建立在前一步的基础上，严格按规则（先奖励后惩罚）操作。

当感到使用八步法后，父母和孩子之间的互动变得更积极，孩子对父母的要求更合作了，就可以慢慢试着停用本法。如果停用一段时间后，出现新问题或旧问题又复发，可以再次使用本方案。

4. 家长须知

ADHD治疗的成功与否，在于父母的耐心和恒心。

首先，家长应了解ADHD是一种病态，对患者不要歧视和打骂，以免加重孩子的心理创伤；要取得治疗的成功，患者、家长、老师、医生四方面必须密切配合。

其次，家长在对子女的教育中应注意以下几点：

(1)对于多动症儿童的要求必须切合实际，切勿像对待正常儿童那样严格，只要他的多动行为有所控制就可以了，不要要求过高。

(2)帮助孩子释放过多的精力，对于活动力过多的儿童，家长要进行正面引导，使他们过多的精力能发挥出来。家长可与孩子一起进行娱乐活动和体育锻炼，在娱乐活动中放松心情，增进亲子关系；引导、组织他们参加各种体育活动，在体育锻炼中增加耐力；经常进行一些有规则的游戏活动，在快乐中学习遵守规则、控制冲动。也可适当安排家务和义务活动，培养孩子的责任和能力。如有条件，可安排他们做一些室内活动。但是，在安排他们进行活动时，千万注意安全，避免危险。

(3)加强集中注意力的培养可以从看图书、听故事做起，逐渐延长集中注意力的时间。在学校安排他们坐在教室的第一排座位上，以便在上课时能随时得到老师的监督。如果儿童在集中注意力方面有所进步，应及时表扬、鼓励，以利于强化。

(4)培养有规律的生活习惯，这类儿童有应有意识地培养规律的生活习惯，饮食起居要按时，睡眠时间要充足。如果他们看电视影响了学习和睡眠，家长不应迁就。

(5)提高自尊心和自信心，对于这类儿童，应耐心反复地进行教育和帮助，培养他们的自尊心和自信心，帮助他们提高自控能力。

5. 其他

在培养儿童的社交技能时，也可以采用认知行为治疗的技巧。例如，自信训练能帮助孩子学习如何有效地应对欺负行为。

帮助有社交问题的 ADHD 儿童是件困难的事情，近年来情绪管理训练作为综合性干预欺负行为的有效措施被广泛应用。家庭是孩子最熟悉的场所，对儿童进行社交技能和情绪管理训练，学习交往可以先从家里做起，通过示范法（下文详述）、角色扮演法，和孩子一起对基本的社交技巧进行演练，制订合理的目标循序渐进，教他们学会控制冲动来改善伙伴关系。同时，利用各种机会让孩子进行积极的伙伴交往，避免导致社交失败的处境。

家长还应学会借力，当孩子的行为无法在家里解决时，要及时寻求社会支持，通过亲戚、朋友、社会工作者或心理医生的帮助，尽可能逐渐改善孩子情况。

(三)学校干预

学校应和家庭密切配合，针对患者的特点进行教育，避免歧视、体罚或其他粗暴的教育方法，矫正方案要因人而异，符合患儿的发育水平，要与医生和家长共同商讨，制订切实可行的干预方案。学校干预的短期效果固然重要，但最重要的是长期改善。由于多动症学生的自控水平变化较大，即使在干预后，他们的表现也时好时坏，教师要正确对待这种反复性，坚持长期干预；教师需要恰当运用表扬和鼓励的方式提高患者的自信心与自觉性，通过语言或中断活动等方式否定患者的不良行为，课程安排时要考虑到给予患者充分的活动时间。

1. 强化法

就像在家庭教育中一样，正性强化和负性强化也是多动症儿童课堂行为管理的最好策略。在家校联系方案中，教师将多动症儿童的表现通报家长，家长依据老师的评定给予或者取消家庭奖励，这种方法对于大多数多动症儿童是有效的。

2. 反应代价

在学校里，反应代价被广泛应用于儿童，其效力与使用强化法的作用相当或更胜一筹，例如，在对ADHD的治疗中，失去代币强化物（反应代价）比得到代币强化物更有效。为了解决孩子注意力分散的问题，人们发明了一个带电池的设备来实施反应代价和强化程序，只要学生把注意力集中在他的功课上，每隔一分钟他就能自动得到1分，这些分数可用来交换孩子喜欢的强化物；但如果学生被发现注意力分散，老师就用手中遥控器来减去分数（反应代价）。这种方法在国外的研究证明，改善了患有ADHD男孩对学校作业的注意力集中情况。反应代价的疗效在程序结束后可能还会发挥作用。

3. 示范法

示范法是指个体呈现一定的行为榜样，以引起该个体模仿良好行为的治疗技术。儿童的许多行为是通过观察和学习产生的，模仿与强化一样，是学习的一种基本形式。示范法具体包括：

(1)现场示范

比如，让多动症儿童在现实环境中观察其他儿童是如何遵守课堂纪律的。

(2)参加模仿

让多动症儿童在观察示范儿童与同伴一起有秩序、友好地玩游戏后，并让多动症患儿在指导下试着参加该游戏活动。

(3)电视或录像示范

让儿童通过媒体的宣传教育，逐渐模仿良好的行为举止。

对于多动症症状严重且伴有学习障碍、社交困难时，应该增加特殊辅导或心理治疗。以上这些策略的巧妙组合有助于改善学生的不良行为习惯，促进学习成绩的长足进步。

(四)教育训练

通过一定程序的训练，减少多动症孩子的过多活动和不良行为，改善他们的注意力，克服分心，培养和发展多动症孩子的自制力。

1. 感觉统合训练

ADHD患者有类似感统失调的表现：专注力差，多动，这是一种感觉系统调节功能障碍，多发于儿童，相较于其他功能障碍，程度较轻。感觉统合失调对孩子的生长发育是不利的，儿童靠身体来学习和记忆，但由于种种原因，孩子的感官丧失了许多机会，3－12岁是儿童感统训练的最佳年龄段，黄金时期是0－6岁，这期间如果孩子有明显的感统失调，需尽早做相应的儿童感统训练来改善儿童感觉统合能力。通过对患儿进行认知、逻辑表达训练、感觉运动训练、综合能力训练，可以达到治疗感统失调的目的，对ADHD患者经过训练，孩子身体协调，注意力、情绪、自控力、学习能力、逻辑思维能力、饮食、睡眠等均会得到显著的提高和改善。参与对象：儿童、家长、老师（或其他家庭成员）。训练内容：冲滑板、双脚跳、大象爬、抛接球、晃动投球、脚踏车，针对不同年龄段及表现状态的孩子，应对应不同的感统训练方法。多做这些训练可以使小孩左右脑平衡发展，提高前庭平衡、手眼协调能力和专注力，培养并加强自身综合能力，游戏每次持续进行15min，每周约进行二、三次。多触摸、多运动、多尝试、多刺激非常重要，家长们要重视孩子感统能力的训练。国内对ADHD儿童多采用每周训练1~2次，每次90min，20次为1个疗程。每人训练2个疗程。国外主张每次1.5h，持续训练至少半年。

2. 脑电生物反馈治疗

每次训练20~40min，每周进行2~3次训练，至少进行20次以上的训练，方能达到满意的效果。脑电生物反馈作为药物治疗儿童多动症的辅助或替代治疗的手段之一，不仅可减少或避免药物带来的各种不良反应，而且疗效更持久、稳定，已经逐渐成为治疗ADHD的主要手段之一。

3. 音乐疗法

音乐治疗是应用音乐对人的生理及心理产生的影响，配合治疗技巧，修复、维持及改善生理、心理的健康，来达到治疗目标。对儿童而言，音乐治疗相对其他治疗方式更为适合，因为很多孩子在表达他们的困难时，往往不太愿意用语言，而是更容易在活动中或者通过游戏的方式表达出他们的感受。音乐可以对多动症患儿的注意力、自我控制、多动行为进行有效治疗。

家庭、学校教育方法不当、早期智力开发过量、环境压力远远大于儿童的心理承受能力等，都可能引起儿童内心焦虑，产生不安全感，使儿童心理发育滞后，自控能力降低，出现分心、冲动等多动症症状。由于多动症学生的自控水平变化较大，即使在干预后，他们的表现也时好时坏，家长教师要正确对待这种反复性，坚持长期干预。通过科学的治疗方法，ADHD一般都能得到有效的控制和纠正，孩子的心理仍能健康、正常地发展。

第十一章 孤独症

孤独症，又称自闭症或孤独性障碍等，是广泛性发育障碍（pervasive developmental disorder，PDD）的代表性疾病。《DSM-IV-TR》将 PDD 分为 5 种：孤独性障碍、Retts 综合征、童年瓦解性障碍、Asperger 综合征和未特定的 PDD。其中，孤独性障碍与 Asperger 综合征较为常见。孤独症的患病率报道不一，一般认为约为儿童人口的 2～5/万人，男女比例约为 3∶1～4∶1，女孩症状一般较男孩严重，起病于婴幼儿期，主要表现为不同程度的言语发育障碍、人际交往障碍、兴趣狭窄和行为方式刻板。约有 3/4 的患者伴有明显的精神发育迟滞，部分患儿在一般性智力落后的背景下某方面具有较好的能力。虽然孤独症的病因和发病机制还不完全清楚，但目前的研究表明，遗传、感染与免疫和孕期理化因子刺激等可能同孤独症的发病相关。

一、案例

【案例 1】

慧慧，今年 5 岁，2 岁半时诊断为儿童孤独症，目光对视较好，很愿意亲近熟识的人，高兴的时候喜欢在屋子里跑一跑，摸亲近人的脸时笑得很开心。由于语言表达不清，她常常不能及时被人理解，当得不到满足时，就大发脾气，在地上哭闹打滚，并伴有咬牙、握拳、身体颤抖等现象；或者往地上躺，或用头部撞击地面，能连续哭闹几个小时，很任性。他能听懂简单指令，但哭闹时乱踢乱滚，不服从任何指令，每天都会无原因地发脾气好几次，而且时间较长，有时长达数小时，直到自己哭得筋疲力尽才逐渐停下来。在他情绪不好时，家长经常用食物加以安抚，吃完食物后他仍然继续哭闹，长久以来养成了任性、用哭闹的方式表达需求、发泄情感的毛病。

【案例2】

雨雨，7岁，诊断为有孤独症倾向。他有语言，但主动语言少，回答问题时有时无意识，语言贫乏，词汇量少；与同学交流时情绪不稳定，胆小，对喜欢的同学总是喜欢用手试探着碰一碰，而不用语言；遇到挫折马上退缩；与同学交往相对很少。

二、分析讨论

(一)孤独症的研究概述

临床上首次描述孤独症是在20世纪40年代。1943年，美国医生Leo Kanner曾经最早描述过11个男孩的一些极其相似的病症，并且把这些孩子的症状描述为"早期婴儿孤独症"。他所描述的这些共同特征包括：明显的退缩和孤僻；不喜欢与别人合作和争抢，而宁愿独自待着；无论对人或环境都显得无动于衷；常常刻板机械地操作一些物品，而缺乏广泛的兴趣。此外，这些孩子不能获得正常的言语能力，在代词使用方面有困难；同时，他们又显得固执己见，与他人不能妥协与沟通。不过这些孩子在机械记忆方面往往很优秀，身体表现正常，认知能力也不错。

随着科技的发展，人们对于这种障碍的症状认识又有了新的变化。但是，基本的框架仍然保持了当时的内容。20世纪60年代，Rutter研究认为，孤独症的行为如果被认为是从出生到童年早期的发育障碍所致则更为合情合理。由此，逐渐把孤独症看作为是一种躯体性的、与父母抚育方式无任何关联的发育障碍，并提出儿童孤独障碍的四个基本特点：第一，缺乏社会化的兴趣和反应；第二，言语功能损伤；第三，行为怪异(包括刻板行为、局限的游戏方式，以及有强迫行为和仪式动作)；第四，起病年龄早(一般大约在30个月之前)。

20世纪70年代，美国儿童及成人孤独症学会顾问委员会提出界定孤独症的四大标准：第一，发育速度和发育顺序异常；第二，对于任何一种感觉刺激的反应异常；第三，言语、认知及非言语交流异常；第四，与人、物和事的联系异常。

20世纪80年代,关于孤独症的研究进入全新阶段。人们开始抛弃所谓"父母抚养方式不当"的病因假说,从生物学领域探索孤独症的病因,并在临床症状的识别和临床诊断方面将孤独症与精神分裂症彻底分开。

1990年代早期,自闭症患者激增,平均每110个孩子中就有1个表现出自闭症症状。随着统计发病率的不断增高,这一疾病逐渐开始引起人们的正视。

2007年12月,联合国大会通过决议:从2008年起,将每年的4月2日定为"世界自闭症日",以提高人们对自闭症和相关研究与诊断及自闭症患者的关注。

(二)孤独症患儿行为特点

为了在进一步的行为训练中能够做到更有针对性,治疗者也需要详尽全面地把握这类患儿的各种行为特点。

1. 社会行为

孤独障碍患儿在社会行为方面有较大的不足。这类儿童普遍不能与他人建立人际关系,也很少与别人进行互动;他们通常不主动表达自己的情感,也对别人的情感表达反应冷漠,而且拒绝别人的身体接触;主动回避与他人的目光接触。在婴儿阶段,孤独症儿童不能像正常儿童那样有张开双臂期待别人抱起或作出某种亲昵的姿态以吸引父母的行为。即便他们被强行抱起来之后,身体也依然保持僵硬和麻木不仁。当他们年龄再大点之后,这些孩子便开始独自玩耍,不会寻求父母或他人的注意或安慰。在实际生活中,他们往往对于父母的到来或离去表现得无所谓甚至相当的冷漠。这种超脱与他们的年龄显得明显的不相称,而且,同时他们又对于某些无生命的物体,如汽车、卡片、房子等显示出强烈的热衷。除了拒绝父母之外,孤独症儿童也不能与同伴相处融洽和共同玩耍。

2. 言语和口头表达

一些研究者认为,大约有1/2以上的孤独症患儿不能获得实用的言语能力。虽然他们说话的器官和言语功能上都是完好无损的,但是其中的不少孩子就是不能完好地说话,有些孩子甚至只会发出一些简单的音节。他们由于不会说话，只好通过手势与他人进行一些简单交流。当一个孤独症患儿想要得到某个东西的时候，他可能只会用手指着自己想要的东西，或干脆把别人拉到那个东西面前。对于另外一些言语发育比较好的孤独症儿童来说，虽然可以使用句子，但是也存在些特殊的异常表达方式。最典型的是，他们往往会重复别人讲过的词语或句子。孤独症患儿对于言语的综合理解能力表现得非常差。他们只会从字面上来领会意思，无法深究。孤独症患儿在言语和表述上不能适应那种有来有往的具有相互作用的正常会谈方式。并且，因为这种言语上的不足严重影响了儿童的学习、交流和与他人发展关系的能力。

3. 仪式化动作及刻板行为

在玩耍中显示有局限性和刻板的特点。他们会不厌其烦地反复把一些瓶子按大小顺序在地板上排列成一排，反复搬弄一些积木。强烈热衷于一些特殊的物品。对于这些钟爱的东西，儿童可能会反复地谈起它，或者无论到什么地方都坚持要带着它，一旦这样东西丢失或被别人拿走，便会感到极度不安。反复研究某些概念；如某种车牌、街道名称、汽车路线、数字或几何图形等内容。生活模式刻板单调，他们往往一定要遵守某种固定的模式行事，不能改变。任何细小的变化，如把摆放的顺序颠倒了，或在儿童入睡时关掉了电视机，这些都会令孩子感到极大的不适。

4. 对物理环境的异常反应

孤独症儿童对于环境中的事物或刺激表现出一种不同于常人的反应方式。他们常被父母形容为是典型的"生活在一个包装外壳当中的人"或是"迷醉于自己世界中的人"。有些学者形容这些孩子，仿佛可以根本感觉不到别人的存在，也听不到别人叫他们的名字，似乎要直到别人站在他们面前的时候，才意识到别人的存在。经常这些孤独症儿童会被人们误认为是盲人或失聪者。他们的这种现象被称为"对显著刺激的敏感不足"，譬如，当他们听见别人把房门猛地关上的响声时，显得无动于衷。但是，他们对于某些特殊刺激却又显得十分敏感，如他们可能非常不能忍受别人揉玻璃糖纸的声音。正是由于这些儿童的这样一种特点，所以在对待他们学习上的困难时，需要提供一些额外的刺激，譬如，辅之以手势等。孤独症患儿因为这种欠缺，使得他们在学习语言、获得技能及其他社会行为方面显得不能进行有效的概括和总结。

5. 自我刺激行为

孤独症儿童会频繁地出现一些怪异的重复行为。这些刻板的运动除了提供给自己一些刺激之外，看不出有任何其他目的。自我刺激行为包括了机械运动（如身体有节律的扭动）、双臂和手的摇动、身体拱起或者做出投掷动作、用脚尖走路和让身体旋转起来。有时，这些行为还会迁移到一些物体上去，如反复拍打球、不停地旋转物体或将物体不停地上下移动等。虽然这些孩子的表现形式多种多样，但都可以归为自我刺激行为。当孤独症患儿沉迷于自我刺激行为时，孤独症患儿便开始对周围的环境不感兴趣，这种行为将会妨碍儿童学习和交往。

6. 自我伤害行为

最常见的自我伤害行为有：猛击自己头部、咬噬自己的身体、拔自己的头发、打自己的身体或四肢等。有些儿童甚至还会用头去撞墙、挖自己的眼睛。所以，这种自我伤害在程度上，包括了从轻微的损伤（如身体淤血、红肿等）到严重的伤残（如四肢骨折、头颅破裂及其他皮肉损伤）。因此，当发现孤独症儿童有这种危险倾向时，应该采取一些保护性措施（如戴护膝、手套、头盔等）或适当控制儿童行为。也可以给这部分儿童服用适当的镇静剂，但是需要谨慎抉择。

7. 情感表达不适当

孤独症患儿常常会表现出与情境很不相适应的情绪，在受到惊吓或伤害时，他会大笑或者会控制不住地咯咯笑；相反，在没有任何明显理由的情况下，他又会突然大哭或发怒。从总体上讲，孤独症患儿的情绪容易走极端，有一些孤独症患儿的情绪会始终保持很平静，很少有大喜大怒；而另有一些患儿则喜怒无度，常常显得很难控制自己的大笑或暴怒。此外，孤独症患儿还会对一些很寻常的物体或情境感到令人莫名其妙的惧怕。而他们对于一些实际上确实很危险的情境却又显得无所顾忌，没有一点胆怯的样子。

8. 其他特征

除了以上特征之外，一些孤独症患儿还会具有超常能力，比较多的表现在如音乐、数学、机械等领域。经常有些父母会惊奇地发现自己的孩子能够拆卸和拼装一些十分复杂的机械，能够复述复杂的音乐旋律或计算出某一个日子将会是星期日。另外，孤独症患儿往往显得身体很健康，但是，在行为方面却问题不少，在吃饭、大小便和睡眠等方面常常感到有困难。

(三)诊断和评价方法

对于孤独症患儿的诊断需要十分的谨慎。除了需要了解患儿的临床症状之外，还需要对该儿童的生长发育史、家族状况及其社会关系进行全面评估。评估可以由治疗者根据临床诊断标准自行作出判断，也可以借助一定的评定量表来进行。以下分别介绍这两类评估。

1. 孤独症的诊断标准

2013年5月，美国精神疾病协会发布了国际权威的精神疾病诊断标准之一的DSM的最新版本——DSM-5。新版本中，自闭症谱系障碍(autism spectrum disorder，ASD)被列为神经发育障碍这一大类别中的一种，其诊断标准较DSM之前的版本有所不同，因此受到广泛关注。DSM-5版本获得了广泛的赞誉，联合国在2018年出台的OCD-11也与DSM-5保持了一致，是目前最广泛应用的自闭症诊断标准。DSM-5首次强化自闭症谱系障碍的概念，强化了自闭症是一种神经多样性的概念。与DSM-IV版本相比，第一，DSM-5将自闭症、阿斯伯格综合征、PPD-NOS和瑞特综合征统称为自闭症谱系障碍(ASD)；第二，将诊断标准由DSM-IV的三大项减为两大项，社交障碍和重复刻板的行为。将语言和非语言的交流障碍并入社交障碍中；第三，对自闭症的严重程度进行一定的划分，但是这个划分标准还没有非常统一的标准。第四，DSM-5尽量将诊断标准化，试图减少由于医生认识和水平差异造成的诊断差异。

2. 孤独症的心理评估

(1)常用筛查量表

①孤独症行为量表(ABC)：共57个项目，每个项目4级评分，总分≥31分提示存在可疑孤独症样症状，总分≥67分提示存在孤独症样症状，适用于8个月～28岁的人群。

②克氏孤独症行为量表(CABS)：共14个项目，每个项目采用2级或3级评分。2级评分总分≥7分或3级评分总分≥14分，提示存在可疑孤独症问题。该量表针对2～15岁的人群，适用于儿保门诊、幼儿园、学校等对儿童

进行快速筛查。

当上述筛查量表结果异常时,应及时将儿童转介到专业机构进一步确诊。

(2)常用诊断量表

儿童孤独症评定量表(CARS)是常用的诊断工具。该量表共15个项目,每个项目4级评分。总分<30分为非孤独症,总分30~36分为轻至中度孤独症,总分≥36分为重度孤独症。该量表适用于2岁以上的人群。

此外,孤独症诊断观察量表(ADOS-G)和孤独症诊断访谈量表修订版(ADI-R)是目前国外广泛使用的诊断量表,我国尚未正式引进和修订。

在使用筛查量表时,要充分考虑到可能出现的假阳性或假阴性结果。诊断量表的评定结果也仅作为儿童孤独症诊断的参考依据,不能替代临床医师综合病史、精神检查并依据诊断标准作出的诊断。

(3)发育评估及智力测验量表

可用于发育评估的量表有丹佛发育筛查测验(DDST)、盖泽尔发展诊断量表(GDDS)、波特奇早期发育核查表和心理教育量表(PEP)。常用的智力测验量表有韦氏儿童智力量表(WISC)、韦氏学前儿童智力量表(WPPSI)、斯坦福-比内智力量表、Peabody图片词汇测验、瑞文渐进模型测验(RPM)等。

(四)孤独症的临床表现

1. 起病年龄

儿童孤独症起病于3岁前,其中约2/3的患儿出生后逐渐起病,约1/3的患儿经历了1~2年正常发育后退行性起病。

2. 临床表现

(1)社会交往障碍

儿童孤独症患儿在社会交往方面存在一定的缺陷,他们不同程度地缺乏与人交往的兴趣,也缺乏正常的交往方式和技巧。具体表现随年龄和疾病严重程度的不同而有所不同,以与同龄儿童的交往障碍最为突出。

①婴儿期。患儿回避目光接触,对他人的呼唤及逗弄缺少兴趣和反应,没有期待,被抱起的姿势或抱起时身体僵硬、不愿与人贴近,缺少社交性微笑,不观察和模仿他人的简单动作。

②幼儿期。患儿仍然回避目光接触,呼之常常不理,对主要抚养者常不

产生依恋，对陌生人缺少应有的恐惧，缺乏与同龄儿童交往和玩耍的兴趣，交往方式和技巧也存在问题。患儿不会通过目光和声音引起他人对其所指事物的注意，不会与他人分享快乐，不会寻求安慰，不会对他人的身体不适或不愉快表示安慰和关心，常常不会玩想象性和角色扮演性游戏。

③学龄期。随着年龄增长和病情的改善，患儿对父母、同胞可能变得友好而有感情，但仍然不同程度地缺乏与他人主动交往的兴趣和行为。虽然部分患儿愿意与人交往，但交往方式和技巧依然存在问题。他们常常自娱自乐，独来独往，我行我素，不理解也很难学会和遵循一般的社会规则。

④成年期。患者仍然缺乏社会交往的兴趣和技能，虽然部分患者渴望结交朋友，对异性也可能产生兴趣，但是因为对社交情景缺乏应有的理解，对他人的兴趣、情感等缺乏适当的反应，难以理解幽默和隐喻等，较难建立友谊、恋爱和婚姻关系。

(2)交流障碍

儿童孤独症患儿在言语交流和非言语交流方面均存在障碍。其中以言语交流障碍最为突出，通常是患儿就诊的最主要原因。

①言语交流障碍。

a. 言语发育迟缓或缺如。患儿说话常常较晚，会说话后言语进步也很慢。起病较晚的患儿可有相对正常的言语发育阶段，但起病后言语逐渐减少甚至完全消失。部分患儿终生无言语。

b. 言语理解能力受损。患儿言语理解能力不同程度受损，病情轻者也多无法理解幽默、成语、隐喻等。

c. 言语形式及内容异常。对于有言语的患儿，其言语形式和内容常存在明显异常。患儿常存在即刻模仿言语，即重复说他人方才说过的话；延迟模仿言语，即重复说既往听到的言语或广告语；刻板重复言语，即反复重复一些词句、述说一件事情或询问一个问题。患儿可能用特殊、固定的言语形式与他人交流，并存在答非所问、语句缺乏联系、语法结构错误、人称代词分辨不清等表现。

d. 语调、语速、节律、重音等异常。患儿语调常比较平淡，缺少抑扬顿挫，不能运用语调、语气的变化来辅助交流，常存在语速和节律的问题。

e. 言语运用能力受损。患儿言语组织和运用能力明显受损。患儿主动言语少，多不会用已经学到的言语表达愿望或描述事件，不会主动提出话题、维持话题，或仅靠其感兴趣的刻板言语进行交流，反复诉说同一件事或纠缠于同一话题。部分患儿会用特定的自创短语来表达固定的含义。

②非言语交流障碍。

儿童孤独症患儿常拉着别人的手伸向他想要的物品，但是其他用于沟通和交流的表情、动作及姿势却很少。他们多不会用点头、摇头、手势、动作表达想法，与人交往时表情常缺少变化。

(3)兴趣狭窄和刻板重复的行为方式

儿童孤独症患儿倾向于使用僵化刻板、墨守成规的方式应付日常生活。具体表现如下：

①兴趣范围狭窄。患儿兴趣较少，感兴趣的事物常与众不同。患儿通常对玩具、动画片等正常儿童感兴趣的事物不感兴趣，却迷恋于看电视广告、天气预报、旋转物品、排列物品或听某段音乐、某种单调重复的声音等。部分患儿可专注于文字、数字、日期、时间表的推算、地图、绘画、乐器演奏等，并可表现出独特的能力。

②行为方式刻板重复。患儿常坚持用同一种方式做事，拒绝日常生活规律或环境的变化。如果日常生活规律或环境发生改变，患儿会烦躁不安。患儿会反复用同一种方式玩玩具，反复画一幅画或写几个字，坚持走一条固定路线，坚持把物品放在固定位置，拒绝换其他衣服或只吃少数几种食物等。

③对非生命物体的特殊依恋。患儿对人或动物通常缺乏兴趣，但对一些非生命物品可能产生强烈依恋，如瓶、盒、绳等都有可能让患儿爱不释手，随时携带。如果被拿走，则会烦躁哭闹、焦虑不安。

④刻板重复的怪异行为。患儿常会出现刻板重复、怪异的动作，如重复蹦跳、拍手、将手放在眼前扑动和凝视、用脚尖走路等。还可能对物体的一些非主要、无功能特性(气味、质感)产生特殊兴趣和行为，如反复闻物品或摸光滑的表面等。

(4)其他表现

除以上核心症状外，儿童孤独症患儿还常存在自笑、情绪不稳定、冲动攻击、自伤等行为。认知发展多不平衡，音乐、机械记忆（尤其文字记忆）、计算能力相对较好甚至超常。多数患儿在8岁前存在睡眠障碍，约75%的患儿伴有精神发育迟滞，64%的患儿存在注意障碍，36%～48%的患儿存在过度活动，6.5%～8.1%的患儿伴有抽动秽语综合征，4%～42%的患儿伴有癫痫，2.9%的患儿伴有脑瘫，4.6%的患儿存在感觉系统的损害，17.3%的患儿存在巨头症。以上症状和伴随疾病使患儿病情复杂，增加了确诊的难度，并需要更多的治疗和干预。

(五) 孤独症的成因

关于孤独症的病因，很多研究者已从遗传因素、神经生物学因素、社会心理因素方面做了大量研究[①]。然而迄今为止，仍未能阐明儿童孤独症的病因和发病机制。近年来，研究认为孤独症是多种因素导致的结果，与家庭环境因素、围产因素、遗传因素、神经系统疾病等因素有关。

1. 家庭环境

良好的家庭气氛、和睦的双亲关系，对孤独症儿童的培养教育，促进其社会化有积极的作用。不良的家庭环境主要是指父母不和、分居、离异、家庭气氛紧张等因素。教养不当包括过分保护、溺爱、惩罚及母爱剥夺等。

自1943年凯纳首次提出"婴儿孤独症"以来，病因的问题就一直是备受关注的问题。此后，医学界进行了大量的研究。早期曾认为，父母教育不当导致儿童焦虑和心理问题，是引起孤独症的重要病因学因素；也有人认为，家庭因素对发病有一定的作用，如有报道称，多数孤独症儿童的父母具有孤僻冷漠、不合群、不善交际、要求完美、亲子关系疏远、缺乏同情心等个性特征。但近年来的研究已推翻了这一观点。尽管如此，并不是说，家庭环境与教养方式对孤独症无足轻重。良好的家庭气氛、和睦的双亲关系对孤独症儿童的培养教育，促进其社会化有积极的作用；相反，不良的家庭环境对孤独症儿童的预后是不利的。家庭环境不良与教养方式不当会使儿童的情绪和行为障碍及品行障碍的发生率明显增加，使孤独症儿童的沟通与交往障碍更加突出，预后亦相应受到影响。

---

① 陶国泰，贾美香.让孤独症儿童走出孤独[M].北京：中国妇女出版社，2005.

一些家长平日里忙于应酬、工作，对孩子漠不关心，或者态度粗暴，受了气发泄在孩子身上；有些孩子本来只有一些孤独倾向，父母却因他表现不如别的孩子，就对他大肆指责，甚至大施拳脚，使其演变成真正的孤独症。

2. 围产因素

有些学者认为，如在胎儿期和围生期脑受损，则孤独症症状于出生后不久就会出现；如在出生后婴幼儿期脑感染或损伤，则可能要经过一段正常发育以后才出现孤独症症状[1]。

许多研究发现，很多孤独症儿童有过器质性脑病的历史。这类侵犯神经系统的疾病很多，如脑膜炎、脑炎、铅中毒脑病、先天性风疹、脑瘫、巨细胞病毒、弓形虫病、严重脑出血等。有30%～75%的孤独症患儿存在运动笨拙、姿势异常、步态不稳、震颤、流涎等神经系统发育不完善或发育异常。

某些神经系统疾病在孤独症患儿中发生率较高，如孤独症患儿的母亲在怀孕及分娩时有异常情况者明显高于正常患儿，这些异常情况包括病毒感染、先兆流产、早产、难产等，这些在怀孕及分娩过程中出现的异常，往往造成患儿中枢神经系统发育异常。所有这些均提示孤独症与神经系统异常可能有关系，但不具有特异性。也就是说，并不是所有的孤独症患儿都具有上述的神经病学异常。从病因学的角度来讲，孤独症的发病可能与神经系统的某些疾病有联系。但是，还需要大量病例的对照、比较和研究才可确定，其他疾病及并发症与孤独症的关系正受到人们的关注。

3. 遗传因素

有些学者提出，孤独症是在遗传因素和脑损害（如出生时婴儿脑损害）相结合的基础上发生的；也有人认为，孤独症有遗传成分，而出生时窒息缺氧、脑轻微损伤等则起到了辅助作用[2]。有研究报道称，孤独症儿童的兄弟姐妹中，2%～6%也患有孤独症。如以此与一般人的患病率相比，要高出50倍。有些学者发现，孤独症患儿的兄弟姐妹中，患有认知障碍（包括孤独症、精神发育迟滞、学习障碍）和（或）语言－言语障碍者有6%～24%之多。

---

[1] 陶国泰，贾美香. 让孤独症儿童走出孤独[M]. 北京：中国妇女出版社，2005.
[2] 陶国泰，贾美香. 让孤独症儿童走出孤独[M]. 北京：中国妇女出版社，2005.

4. 神经系统疾病

国外有孤独症神经系统疾病的研究发现，30%～75%的孤独症儿童有多种神经系统异常的体征，如肌肉张力增强或减低、动作笨拙、舞蹈样动作、病理反射、肌阵挛、姿势和步态异常、颤抖和眼斜视等。这是基底神经节（大脑半球深部的神经核，也即大脑皮层与脊髓相连的锥体系以外的神经核）功能失调的征象。鉴于成人有脑损伤出现的类似征象，所以有些学者认为，孤独症是由于出生时病毒感染、脑室流出区损伤等所引起的基底节功能失调的结果。但这个假设作为孤独症病因的真实性尚有待证实。

另一些研究发现，孤独症儿童的血液和脑脊液中存在一种异乎寻常的抗体，由于孕妇感染风疹、流感或其他病原体，或接触某些有害物质等，使胎儿也受到感染和损害致病。但原因与结果究竟是何种关系还不清楚，仍需要深入研究。

(六) 案例分析

案例 1：

针对慧慧的问题，老师做了长达一个月的行为记录，根据记录情况分析她发脾气的原因，找到行为的功能，制订了训练目标。

第一，通过发音训练促进她的语言交往能力、沟通能力。教她讲话时能灵活运用气息，较清楚地发出"好、要、我、抱、给、不"等音节；学习听懂两步指令，并在熟悉的情景下提出要求，表达需求，例如，"我要坐坐，我要喝水"等，使慧慧在情绪略有变化但还没有发作之前，说出表示需求的话语，让身边的老师和家长给予及时、必要的帮助和指导，减少情绪及行为问题的发生。

第二，学习简单的动作，如拍手、挥手、握手等，在情况紧急时会用肢体语言表达意愿。

第三，在进行语言交往训练的同时，坚持运动训练及感觉统合训练。每天早晨让慧慧跑步500m，双脚离地向前跳跃50m，做五节拍手操学习动作模仿，左右手拍球各100个，爬行80m等，让慧慧的精力与体力得到合理的消耗，增强体质，保持良好的精神状态，在运动中培养良好的坚持性。每天感觉统合训练的主要项目有：冲滑板，坐独角椅，跳跳床，在球浴池内玩耍等。

通过此类活动对她的感知觉系统能力进行调整，以尽量避免无缘无故的身体不适等情况发生。

在教学时，尽可能将她在学校的一日生活结构化，建立个人工作系统，每天坚持用视觉提示系统安排她的学习生活，指导她在学校、在家的每一项活动。同时，做好她的生活环境监控，让她的生活变得井井有条，避免突发事件对她的刺激而引发情绪问题。每天在游戏时间安排慧慧倾听老师和家长读儿歌 3～5min，安静听音乐 10min 等，和她一起听舒缓优美的音乐，说韵律强、内容朗朗上口的儿歌，随音乐敲打击乐器，让她学会听音乐休闲娱乐，舒缓神经，稳定情绪。课堂上伴奏的音乐都选择的是进行曲风格的四二拍音乐，且音乐速度、音量适中，使她在发生情绪困扰时快速平静下来。同时，按节奏说儿歌给慧慧听，让她边拍手边说或倾听。

坚持做一段时间后，她发脾气的次数和强度会降低，偶尔哭得上气不接下气时，老师也可用一些小方法予以解决，如用毛巾被将她全身束紧，把她平放在床上，唱她爱听的歌曲或儿歌，她边哭边听着熟悉的旋律，一会儿哭声就逐渐变小了，七八分钟内可以恢复平静。当她全身被紧裹住，本体感觉得到重新调整，因此，马上缓解了哭闹时的颤抖现象，几分钟后便趋于平静；用双臂将她抱紧也可以取得较好的效果。有时边让她听音乐，边用不同材料的物品轻轻抚摸小小的肌肤十多分钟，调整她的触觉敏感度。当老师的双手轻触她的皮肤时，她会表现出愉快的样子，所以在她哭闹时老师就会用双手握住她的双手，掌心相对，握得温暖而有力，她可以在两三分钟之内平静下来。

训练一段时间以后，她可以在感到不高兴或不愉快时，找到熟悉的、喜欢的人抱一抱或拉拉手，缓解冲动的情绪。短短几周后，她长时间哭闹的现象得到了迅速缓解。另外，家长应科学合理地安排孩子的饮食，多吃清淡的蔬菜水果，饮食适量，不挑食，避免暴饮暴食，不喝饮料，少吃快餐食品，以免孩子因饮食不当而引发身体的不良反应，造成情绪波动。

通过四个多月的训练，孩子无缘无故发脾气的情况减少了，在训练中感到身体不适应、疲劳时能主动拉着老师的手说"抱抱""喝水"或"坐坐"，老师会及时满足要求。但孩子若提出要求后没有得到及时地帮助或回应，也会有哭闹的现象,不过在老师与家长的安抚下,短时间内能恢复平静。

总之,以运动训练和感觉统合训练为辅助手段,调整慧慧的感知觉系统对外界信息的接收、整合及输出过程,改善不良的感知觉功能,合理消耗体能;以语言训练为基础,让孩子学会提出要求、表达需求,并能得到必要的帮助,避免由于沟通不良而引起的情绪问题;同时,配合触觉训练、音乐治疗及饮食控制,降低情绪问题发作的强度,缩短情绪困扰的时间;做好环境控制,避免外界诱因的刺激。通过这些训练方法的综合灵活运用,慧慧的情绪问题很快得到了解决,多种能力也相应提高,起到了事半功倍的效果。(案例来源于高健)

案例2:

根据雨雨的情况,老师制订初步的训练目标:认识大量图片,丰富词汇量;尽可能主动地用语言与他人沟通;初步培养理解他人指令性语言的能力,发展基本认知能力。具体的训练内容和方法有:

(1)认图片

目的是为了提高雨雨对日用品的认识,提高语言表达能力。先出示图片(每张图片上只有一个物品),教师问"这是什么",要他回答"这是……"。开始时,对不认识的图片,教师要先回答,让他重复,答对后要及时表扬(口头表扬的同时可给一些物质强化物);等掌握名称后,下次再让他按教师的要求挑出相应的图片。经过两个月的训练,雨雨基本认识了图片上的物品。

(2)看图学话

教师每次准备1~3幅有情景的儿童画,先问雨雨画面上的单个物体的名称,然后再把画的内容讲给他听,并用一句话来概括,最后请他重复教师的话。经过每周1~2次、持续2个月的训练,雨雨由原来简单地重复教师的话,到自己能主动说出一句话,遇到不认识的物体会主动问:"这是什么?"

(3)角色游戏

教师利用头饰和他做角色扮演,创设课间游戏、借物品、到别人家里做客等情景,主要是发展他的主动性言语。在活动中,他知道了在与别人接触时该怎样做,知道应该用什么样的语言来表达自己的要求,知道了该用什么样的语言与他人进行沟通,对怎样与他人沟通不再茫然。

(4)实践练习

雨雨本来就有与他人沟通的意愿,进行游戏活动之后,再带雨雨进行实践练习。开始练习时,让他与其他陌生的老师进行交流,向老师问好,进行简单的对话,慢慢地,他的话越来越多,声音也越来越大,逐步建立了与老师交流的自信;然后,让他和身边的小朋友们交流。经过一段时间的实践活动,他进步得很快,由原来的和他人试探性的接触,到可以与别人用语言交流。虽然他的表达还不是很完整,但是他已经能够表达出自己的简单意思了。

(5)认知训练

利用图片找局部和整体,看阴影说出动物的名字,区分水果、区分动物等,训练他的注意力、观察力和综合分析等能力。

(6)学说儿歌

老师为雨雨制作了一本儿歌书,书中都是短小好记的学前儿童的儿歌,经常带着他一起念儿歌。

经过一学期的训练,他在活动时能开口叫同学的名字,能与同学一起进行集体游戏,遇到不明白的事能主动向家长和老师询问,沟通能力得到了很大提高。(案例来源于王梅锦)

三、孤独症治疗方法

儿童青少年孤独症的治疗以教育干预为主、药物治疗为辅。因孤独症患儿存在多方面的发育障碍及情绪行为异常,应当根据患儿的具体情况,采用教育干预、药物治疗等相结合的综合干预措施。

(一)教育干预

教育干预的目的在于改善核心症状,同时促进智力发展,培养生活自理和独立生活能力,减轻残疾程度,改善生活质量,力争使部分患儿在成年后具有独立学习、工作和生活的能力。

1. 干预原则

(1)早期进程。应当早期诊断、早期干预、长期治疗,强调每日干预。对于可疑的患儿也应当及时进行教育干预。

(2)科学系统。应当使用明确有效的方法对患儿进行系统的教育干预,既包括针对孤独症核心症状的干预训练,也包括促进患儿身体发育、防治疾病、减少滋扰行为、提高智能、促进生活自理能力和社会适应能力等方面的训练。

(3)个体训练。针对孤独症患儿在症状、智力、行为等方面的问题,在评估的基础上开展有计划的个体训练。对于重度孤独症患儿,早期训练时的师生比例应当为1:1。小组训练时也应当根据患儿发育水平和行为特征进行分组。

(4)家庭参与。应当给予患儿家庭全方位的支持和教育,提高家庭参与程度,帮助家庭评估教育干预的适当性和可行性,并指导家庭选择科学的训练方法。家庭经济状况、父母心态、环境和社会支持均会影响患儿的预后。尤其是父母要接受事实,妥善处理患儿教育干预与生活、工作的关系。

2. 干预方法

(1)行为分析疗法(applied behavior analysis,ABA)

原理与目的:ABA 采用行为主义原理,以正性强化、负性强化、区分强化、消退、分化训练、泛化训练、惩罚等技术为主,矫正孤独症患儿的各类异常行为,同时,促进患儿各项能力的发展。

经典 ABA 的核心是行为回合训练法(DTT),其特点是具体和实用,主要步骤包括训练者发出指令、患儿反应、训练者对反应作出应答和停顿,目前仍在使用。现代 ABA 在经典 ABA 的基础上融合其他技术,更强调情感与人际发展,根据不同的目标采取不同的步骤和方法。

促进儿童孤独症患儿能力发展、帮助患儿学习新技能主要包括以下几个方面。

①对患儿行为和能力进行评估,对目标行为进行分析。②分解任务并逐步强化训练,在一定的时间内只进行某项分解任务的训练。③患儿每完成一个分解任务都必须给予奖励(正性强化),奖励物主要是食品、玩具和口头、身体姿势的表扬,奖励随着患儿的进步逐渐隐退。④运用提示和渐隐技术,根据患儿的能力给予不同程度的提示或帮助,随着患儿对所学内容的熟练再逐渐减少提示和帮助。⑤两个任务训练间需要短暂的休息。

(2)孤独症以及相关障碍患儿治疗教育课程

原理与目的:孤独症患儿虽然存在广泛的发育障碍,但在视觉方面存在一定优势。应当充分利用患儿的视觉优势安排教育环境和训练程序，增进患儿对环境、教育和训练内容的理解、服从，以全面改善患儿在语言、交流、感知觉及运动等方面存在的缺陷。

步骤：①根据不同训练内容安排训练场地，要强调视觉提示，即训练场所的特别布置，玩具及其他物品的特别摆放。②建立训练程序表，注重训练的程序化。③确定训练内容，包括儿童模仿、运动、知觉、认知、手眼协调、语言理解和表达、生活自理、社交以及情绪情感等。④在教学方法上要求充分运用语言、身体姿势、提示、标签、图表、文字等各种方法增进患儿对训练内容的理解和掌握。同时，运用行为强化原理和其他行为矫正技术帮助患儿克服异常行为，增加良好行为。该课程适合在医院、康复训练机构开展，也适合在家庭中进行。

(3) 人际关系发展干预

人际关系发展干预是人际关系训练的代表。其他方法还有地板时光、图片交换交流系统、共同注意训练等。

原理：目前认为共同注意缺陷和心理理论缺陷是儿童孤独症的核心缺陷。共同注意缺陷是指患儿自婴儿时期开始，不能如正常婴儿一样形成与养育者同时注意某事物的能力。心理理论缺陷主要指患儿缺乏对他人心理的推测能力，表现为缺乏目光接触、不能形成共同注意、不能分辨别人的面部表情等，因此，患儿无社会参照能力，不能和他人分享感觉和经验，无法与亲人建立感情和友谊。人际关系发展干预通过人际关系训练，改善患儿的共同注意能力，加深患儿对他人心理的理解，提高患儿的人际交往能力。

步骤：①评估确定患儿人际关系发展水平。②根据评估结果，依照正常儿童人际关系发展的规律和次序，依次逐渐开展目光注视—社会参照—互动—协调—情感经验分享—享受友情等能力训练。③开展循序渐进的、多样化的训练游戏活动项目。活动多由父母或训练老师主导，内容包括各种互动游戏，例如，目光对视、表情辨别、捉迷藏、"两人三腿"、抛接球等。要求训练者在训练中表情丰富夸张但不失真实，语调抑扬顿挫。

(二) 药物治疗

目前，尚缺乏针对孤独症患儿核心症状的药物，药物治疗为辅助性的对症治疗措施。各类药物(抗精神病药、抗抑郁药、多动、注意缺陷治疗药物等)可能会产生一些副反应。近年来,有运用针灸、汤剂等中医方法治疗儿童孤独症的个案报告,但治疗效果有待验证。在给孤独症患儿药物治疗的过程中需要遵循一些原则:

1. **权衡发育原则**

0~6岁患儿以康复训练为主,不推荐使用药物。若行为问题突出且其他干预措施无效时,可以在严格把握适应证或目标症状的前提下谨慎使用药物。6岁以上患儿可根据目标症状,或者并发症影响患儿生活或康复训练的程度适当选择药物。

2. **平衡药物不良反应与疗效的原则**

药物治疗对于孤独症只是对症、暂时、辅助的措施,因此是否选择药物治疗应当在充分考量不良反应的基础上慎重决定。

3. **知情同意原则**

孤独症患儿使用药物前必须向其监护人说明可能的效果和风险,在充分知情并签署知情同意书的前提下使用药物。

4. **单一、对症用药原则**

作为辅助措施,仅当某些症状突出(如严重的刻板重复、攻击、自伤、破坏等行为,严重的情绪问题,严重的睡眠问题,以及极端多动等)时,才考虑使用药物治疗。应当根据药物的类别、适应证、安全性与疗效等因素选择药物,尽可能单一用药。

5. **逐渐增加剂量原则**

根据孤独症患儿的年龄、体重、身体健康状况等个体差异决定起始剂量,视临床效果和不良反应情况逐日或逐周递增剂量,直到控制目标症状。药物剂量不得超过药物说明书推荐的剂量。

第十二章 抽动障碍

有这样一群孩子，他们常常会做出一些怪异的行为举止，有人说他们喜欢扮"鬼脸"，有人说他们是"怪物"，有人说他们一刻也停不下来，还有人说他们没有礼貌，他们常常被人另眼相看、鄙夷嘲讽。殊不知以上种种行为举止并非他们故意而为之，他们也希望让自己看上去正常一些，然而他们常常不受自身控制，因此，他们内心痛苦、备受折磨，身心都受到了巨大伤害。唯有社会、学校、家庭联手行动，共同关爱抽动障碍患儿，给予其积极的早期干预，才能使其早日走出病魔的阴影。

一、案例

【案例1】

小北，男，8岁，独生子，上小学二年级，长得瘦弱，性格内向、胆小，不合群，平时喜欢在家看电视或打游戏，不愿意参加户外活动。小北从小跟着奶奶长大，三岁半回到父母身边。父亲工作繁忙，加班更是家常便饭，母亲对丈夫非常不满，常因琐事起冲突，相互埋怨、争吵是常事，家里每天剑拔弩张，每当父母争吵时，小北就会吓得躲在桌子底下。母亲对小北要求很严，给他报了英语、钢琴、奥数、练字、画画等学习班，每当小北做不好时，母亲会对其严厉训斥，甚至打骂。

从一年多以前，小北开始频繁眨眼，妈妈以为是他电子产品看多了，就规定了电子产品的使用时间，但是发现并没有任何作用，父母带其到医院进行检查，医生给出的诊断结果是结膜炎，需使用眼药水治疗，小北坚持用药几天后，情况有所好转。一段时间后，家人发现小北陆续出现了耸鼻、噘嘴等表现，时轻时重，但每次出现上述症状时，家人就会赶紧出言制止。直到半年前，小北开始出现咳嗽、清嗓，后发展为不分时间地点大喊一声的情况，且自己无法控制。起初，父母、老师和同学以为小北是在搞恶作剧，时常对他进行批评教育，小北也尽力控制这种发声行为，但是很难，小北总感觉自己身体里好像有一座火山要喷发，每当这种感觉来临的时候，小北就会大声喊叫。这种情况不仅妨碍了他的睡眠，大部分时间，小北晚上安眠时间不足5小时；而且因为这一行为，小北常常被班上同学嘲笑，他每天心情很低落，很自卑，不愿意去学校；小北的脾气变得越来越暴躁，常常对父母不礼貌。小北的问题越来越严重，引起了父母的重视，决定带其到医院儿科就诊。检查过程中并未发现生理方面的器质性病变，医生建议转诊到心理科。

【案例2】

小丽刚上幼儿园一个月便发烧了，医生诊断小丽得的是急性肺炎，需住院输液治疗，可是出院后不久小丽又开始咳嗽，与之前不同的是，这次多以半声干咳为主。家人误以为小丽的肺炎复发了，于是又带小丽到医院输液治疗，连续治疗数日都不见效，对此医生也无可奈何。家人还带小丽去看了中医，喝了中药。在后来几年时间里，小丽一感冒就咳嗽很长时间，足迹遍布多家医院，而小丽也几乎成了一个"药罐子"，但疗效甚微，小丽还是会无缘无故地干咳。直到小丽上了小学二年级，一次偶然的机会，呼吸科的医生看了小丽这几年的病历后，断定小丽得的不是呼吸系统疾病，建议去耳鼻喉科或神经内科就诊。耳鼻喉科的医生经过一番检查，得出结论：小丽的咳嗽是由鼻炎引起的，并配了滴鼻药水。然而经过一年的治疗，小丽的咳嗽依然未愈。正当家人束手无策的时候，耳鼻喉科的医生建议就诊心理科。

二、讨论分析

(一)抽动障碍界定

抽动障碍(tic disorders，TD)是一种起病于儿童和青少年时期，以不自主的、反复的、快速的、无目的的单个或多个部位肌肉运动性抽动或(和)发声性抽动为主要特征的复杂的、慢性的神经精神障碍性疾病。可兼有人格、行为、思维、情绪等方面的障碍，包括注意缺陷、多动、强迫障碍、焦虑和抑郁、情绪不稳定、自伤行为、学习困难等对患儿的日常生活和身心健康造成较大影响。

抽动障碍常起病于2～15岁，学龄前和学龄期儿童为高发人群，少数可持续至成年。抽动障碍的发病存在明显的性别差异，男性患儿多于女性患儿，男女发病率比例约为3∶1～5∶1，临床表现上也存在性别差异，男性患儿多表现为注意缺陷多动障碍，而女性患儿常常表现为强迫冲动障碍。随着社会的快速发展、周围环境的不断改变，以及人们生活节奏的明显加快，抽动障碍的发病率呈逐年上升的趋势。而该病由于病因和发病机制都尚未明确，使得其在世界范围内都是一个较为棘手的医学难题。为了使更多的抽动障碍患儿得到应有的关注，也为了让更多的家庭重视抽动障碍对患儿身心造成的伤害，争取早期治疗改善患者的状况，从2012年起，我国将每年的8月3日定为"全国儿童抽动症日"。

(二)抽动障碍的临床表现及发病规律

通常抽动障碍的首发症状为运动性抽动，一两年后出现发声性抽动。但是，也有少数患者是以发声性抽动为首发症状或同时出现两种症状。起初，抽动较轻且持续时间较短，运动性抽动症状通常始于面部，累及部位可以沿面部(如眨眼、斜眼、扬眉、皱眉、咧嘴、耸鼻、作怪相等)、颈肩(如点头、摇头、挺脖子、耸肩等)、躯干(如挺胸、扭腰、腹肌抽动等)和四肢(如搓手指、握拳、甩手、举臂、扭臂、抖腿、踢腿、踮脚等)的顺序发展，部位可为单个部位或多个部位。随着时间的推移，将出现大量的复杂运动性抽动(如挤眉弄眼、拍打、触摸、旋转、跳跃、似触电样全身耸动或反复出现一系列连续无意义的动作等)。早期的发声性抽动多为简单发声性抽动(如喀喇声、唧唧声、清嗓声、咳嗽声、呼噜声等)，随后将出现复杂发声性抽动，如突然发出不合适的音节、字词、短语，以及重复言语、模仿言语，极少数儿童出现秽语，并可重复刻板地出现同一秽语。

感觉性抽动往往会在40%～55%的抽动障碍患儿身上出现，其表现为在抽动之前的身体局部不适，包括紧迫感、灼烧感、痒感、痛感或其他异样感，例如，嗓子痒、眼睛不舒服、脖子痛、头晕、胸闷、有东西压着肩膀、阴茎发麻及其他不能具体说出的不适感。感觉性抽动也可以是一种非局限性、无特征性感觉，例如，一种冲动、焦虑或其他精神感觉。抽动障碍患者常常是通过产生抽动以试图缓解局部不适感，运动性抽动通常是为了减轻躯体部位的不适感，发声性抽动是为了减轻咽喉部位的不适感，似乎唯有每次抽动发作达到"恰到好处"之后，这种不适感才会消失，因此，可以把感觉性抽动看作是运动性抽动或发声性抽动的前驱症状。

抽动发作的频率波动范围较大，轻微的表现为一段时间内孤立的发作几次，而严重的则表现为连续的抽动持续几十分钟甚至数个小时，这不仅使患者本人感到筋疲力尽，同时也会给患者及其周围人带去惊恐和不舒服的感受。抽动的强度差异也较大，轻微的抽动只有患者自己才能感觉到，一般不会惊扰到周围人，而强烈的抽动可以使周围人都能觉察到，这使得患儿常常遭受同伴的嘲笑和谴责，严重摧毁患儿的自信心和自尊心。

(三)抽动障碍的临床分型

根据临床特点、病程长短和是否同时伴有发声性抽动的不同，抽动障碍可以分为：短暂性抽动障碍(transient tic disorders)、慢性运动或发声性抽动障碍(chronic motor or vocal tic disorders)、发声与多种运动联合抽动障碍又称多发性抽动症或Tourette综合征(tourette syndrome, TS)三种类型。短暂性抽动障碍是儿童期最常见的抽动障碍类型，病程最短(一年内)，病情最轻；Tourette综合征是抽动障碍中最有代表性、病情相对较重的抽动障碍类型，病程在一年以上；慢性运动或发声性抽动障碍的病情介于两者之间，病程在一年以上。一般认为这三种抽动障碍类型具有连续性，短暂性抽动障碍可随着病程的发展成为慢性运动或发声性抽动障碍，而慢性运动或发声性抽动障碍也可向Tourette综合征转化，三者实属同一疾病的不同临床表型。

(四)抽动障碍的病因及发病机制

目前，关于抽动障碍的致病因素及发病机制在医学界尚未取得明确定论，多数学者认为抽动障碍的发病可能是由遗传因素、生物因素、心理因素、环境因素等单独或联合致病的结果。目前，比较公认的发病机制为多巴胺能基底神经节环路的功能异常，可能与皮质—纹状体—丘脑—皮质环路去抑制有关。

1. 遗传因素

近年来,国内外学者通过家系调查、双生子研究、分离分析、连锁分析、候选基因研究等多个途径对抽动障碍的遗传因素进行了探究,但关于抽动障碍的遗传方式、易感基因或致病基因尚未完全明确。通过对抽动障碍先证者的家庭成员进行遗传流行病学调查时发现,其抽动障碍的发病率显著高于普通人群,10%~60%的抽动障碍患者存在阳性家族史,这表明抽动障碍有明显的遗传倾向,遗传可能性高达60%~80%。

在临床和研究中发现,抽动障碍具有明显的家族聚集性,通过对TS患者的家族研究发现,TS患者中一级亲属有抽动症状的比例占到了1/3左右。[1] 另一项研究结果显示,单卵双生子患抽动障碍的共病率(77%)显著地高于双卵双生子(23%),由此可见,遗传是导致抽动障碍发病的重要因素之一。[2]

2. 生物因素

研究发现,抽动障碍的发生与多巴胺、5-羟色胺、去甲肾上腺素、γ-氨基丁酸、乙酰胆碱等多种中枢神经递质失衡有关,尤其是与大脑多巴胺能水平关系密切。另外,在抽动障碍患儿体内发现有细胞免疫功能紊乱的现象,并且部分免疫调节还出现了异常,被链球菌、微小病毒、肺炎支原体感染的患儿发生抽动障碍的概率要明显高于正常儿童,这提示感染引起的免疫异常与抽动障碍的发生有关。高血铅、低血锌都是导致抽动障碍发病的危险因素,可以通过排铅治疗或提高血液中锌的含量来减轻患儿的抽动症状。国内外学者通过采用多种神经影像学的方法研究发现,抽动障碍患儿多存在基底神经节、纹状体及额叶皮质等部位的解剖异常。[3]

3. 心理因素

人格异常是抽动障碍发病的又一危险因素,回避型人格和冲动型人格在

---

[1] Kano Y, Ohta M, Nagai Y, et al. Afamily study of Tourette syndrome in Japan[J]. Am J Med Genet, 2001, 105(5): 414.

[2] Eysturoy A N, Skov L, Debes N M, et al. Genetic predisposition increases the tic severity, rate of comorbidities, and psychosocial and educational difficulties in children with Tourette syndrome[J]. J Child Neurol, 2015, 30(3): 320-325.

[3] Hoekstra P J, Anderson G M, Limburg P C, et al. Neurobiology and neuroimmunology of Tourette's syndrome: an update[J]. Cellular and molecular life sciences: CMLS, 2004, 61(7-8): 886-898.

抽动障碍患儿中所占的比例较大，也更容易发生行为问题。在埃森克人格量表的调查中发现，抽动障碍患儿存在诸多特点，如心理成熟度低、自控力差、易激惹、焦虑、抑郁、反应过激、爱冒险、易做出新奇的事情。另外，情绪波动、压力过大、疲劳与兴奋、精神创伤、过度惊吓等均是引发或加重抽动症状的诱因。

4. 环境因素

周围的不良环境也是导致抽动障碍发病的高危因素之一，对于抽动障碍患儿来说，周围的不良环境主要包括家庭环境、家庭教育方式、学校环境等。家庭环境不良（如父母离异、亲人亡故、家庭成员关系不和谐、亲密度低等）、不良的家庭教养方式（如父母过于严厉、挑剔、苛刻、多拒绝、少肯定、过分干涉、要求过高等）、学校不良环境（如教师管理过于严格、同学的恶意嘲笑、与同学发生争执、考试成绩不达标、课堂提问表现不尽如人意等）都会诱发和加重抽动障碍。调查发现半数以上（67%）的抽动障碍患儿曾经历打骂和体罚式管教，导致儿童出现紧张、焦虑、恐惧等情绪，造成过大的心理压力，使抽动症状进一步加重。

5. 其他因素

围生期异常因素（如孕期母亲的情绪不良、压力过大、吸烟、饮酒和疾病等，出生时胎儿出现宫内窒息、感染、羊水吸入、体重过低、早产、过期产、难产、新生儿脑部损害等）会提高儿童抽动障碍的发生率。临床研究发现，饮食因素也是导致抽动障碍发病及加重的原因之一，可能加重抽动症状的饮食包括：含有咖啡因、精制糖、甜味剂、色素、食品添加剂等成分的食物和饮品。可能导致抽动障碍的其他因素还包括长期、大剂量使用抗精神病药物或中枢兴奋剂等。另外，中毒反应、高热惊厥、头部外伤、颈椎损伤等也和抽动障碍有关。

对抽动障碍患儿来讲，诱发抽动症状加重或复发的因素很多，其中环境因素、心理因素和生理因素影响最大，例如，抑郁、焦虑、紧张、愤怒、惊吓、兴奋、疲劳等都会使抽动症状加重。另外，在遭遇重大挫折打击、发生了令人兴奋或紧张害怕的事情、与他人产生矛盾或争执、受到批评或指责、睡眠不足、疼痛刺激、突然停药、季节交替、过敏、生病等情况下，抽动症状也会加重。抽动症状对焦虑刺激、失望或创伤事件极度敏感,并且会因此加重。

同样,减轻患儿抽动症状的因素也很多,最为常见的是集中注意力、放松身心、情绪稳定。当抽动障碍患儿完全专注于某一件事或某一行为时,例如,读书、玩游戏、看电视时,抽动症状常会暂时消失或症状减轻。另外,休闲生活、睡眠、意志控制等也会使抽动症状减轻或暂时消失。一些特殊的情境有时可以戏剧性地改善抽动症状,例如,上台演出、面对医生、初次看到美景……前一秒钟还抽个不停,下一秒钟抽动症状就完全消失了。不同患儿之间的个体差异性较大,同一影响因素对于不同患儿有可能引起完全相反的抽动程度改变。

(五)抽动障碍的共患病(并发症)

半数以上的抽动障碍患儿同时患有一种或多种心理行为障碍,其轻重程度不一,表现形式多样。轻者只表现为躁动不安、过度敏感、易激惹、行为退缩等。重度则表现为注意缺陷与多动障碍(attention deficit and hyperactivity disorder,ADHD)、强迫障碍(obsessive-compulsive disorder,OCD)、情绪障碍(emotional disorder,ED)、睡眠障碍(sleep disorder,SD)、学习困难(learning disabilities,LD)、自伤行为(self injurious behavior,SIB)、品行障碍(conduct disorder,CD)、暴怒发作等。抽动障碍共患病的发生存在性别差异,一般男性患儿发生注意缺陷多动障碍、品行障碍、暴怒发作、学习障碍的概率较高,女性患儿发生强迫障碍、情绪障碍和自伤行为的概率较高。共患病作为抽动障碍整体的一部分,是抽动障碍功能损害的来源,增加了疾病的复杂性和严重性,严重影响患儿的身心健康发展,给诊断、治疗和预后增添诸多困难。

1. **抽动障碍共患注意缺陷多动障碍(ADHD)**

临床上,抽动障碍最常见的共患病是注意缺陷多动障碍(ADHD),共患率达50%左右,主要表现为持续的、明显的注意力不集中、活动过度、冲动行为、学习困难等。一般ADHD症状的出现要早于抽动症状2~3年,对重度抽动障碍患儿更是如此。ADHD症状并不会像抽动症状随年龄增长而减少或消失,相反,ADHD症状可持续至成年期。可以说,ADHD症状对人的损害比抽动症状更严重。

2. 抽动障碍共患强迫障碍(OCD)

强迫障碍(OCD)是抽动障碍的第二常见共患病，共患率为25%～60%，而一般人群OCD的发生率仅为2%～3%。抽动障碍共患OCD表现为反复从事简单动作(如反复开关门、反复洗手等)、重复无目的动作(如来回踱步、强迫性触摸、迈步等)、检查仪式(如多次检查锁门、关闭燃气或水龙头等)、强迫性计数、重复性言语、清扫的仪式动作等。自身无法克制这些非必要的强迫性动作和观念，严重干扰了日常学习和生活。研究发现，在强迫行为、强迫观念和复杂抽动之间呈现有意义的交错，抽动障碍的许多复杂抽动带有强迫性质，如重复摩擦、拍击或触摸行为介于抽动和强迫行为之间，可能既代表复杂抽动，也代表强迫行为。

3. 抽动障碍共患情绪障碍(ED)

抽动障碍患儿较正常儿童更容易发生抑郁、焦虑等情绪障碍(ED)。抽动障碍共患抑郁表现为持续情绪低落或波动、对外界事物缺少兴趣、缺乏实践乐趣。抽动障碍共患焦虑表现为睡眠困难、恐惧、惊慌失措、注意力不集中、忧郁等。多项研究表明，抽动障碍患儿抽动症状越严重，其焦虑、抑郁等情绪问题越明显。在成人抽动障碍患者中也有较高的ED发生率。

4. 抽动障碍共患睡眠障碍(SD)

抽动障碍患儿睡眠障碍(SD)的发生率为12%～44%，表现为启动和维持睡眠的困难、周期性的肢体运动、梦游、梦话和噩梦，以及醒来困难、睡眠后感觉精神不振、白天嗜睡过度等。研究发现，抽动症患儿病情严重程度与睡眠质量有关，抽动强度和睡眠紊乱之间容易形成恶性循环，即夜间睡眠质量下降—患儿白天抽动加剧—心理压力增加—维持高度觉醒状态—影响睡眠的启动和维持。

5. 抽动障碍共患学习困难(LD)

抽动障碍患儿学习困难(LD)的发生率为24%～50%，表现为视知觉损害、视觉运动技能降低，以及在阅读技能、数学计算和书写语言利用方面的损害等。抽动障碍患儿共患LD的原因较多，涉及一种或多种联合因素，可能是抑制抽动障碍的药物作用，抑或是严重抽动障碍的发作，抑或与其他共患病有关,其中注意缺陷多动障碍和 LD 共存的抽动障碍患儿最多。

6. 抽动障碍共患自伤行为(SIB)

抽动障碍患儿自伤行为(SIB)的发生率为 17%~53%,表现为患儿自己击打(啃咬、抓伤、割伤)自己、用自己的头撞击坚硬或锋利的物体、徒手接触炙热物体等,严重者可能导致永久性伤残。SIB 的发生与抽动障碍的严重程度呈正相关,因此,重症抽动障碍患儿身上常常发生自伤行为。

7. 抽动障碍共患其他

抽动障碍患儿自控力较差,也难以接受外界环境的约束与控制,他们易激惹,对外界刺激反应过度,更容易发生退缩、攻击、违纪、反社会等行为问题。另外,少数抽动障碍患儿还伴有猥亵、遗尿、癫痫、精神分裂、偏头痛及头痛等问题。

抽动障碍及其共患病常给患儿造成严重的身心损害,共患病对患儿的影响更显著,给患儿带来的损害更严重、更长久,且部分共患病与抽动障碍之间可能存在复杂的内在联系及交互影响。因此,在对患儿病情进行评估和干预治疗时,应同时关注共患病的情况,正确选择治疗目标,合理制订干预方案,争取最大限度地改善患儿的预后,提高患儿的生活质量。

(六)抽动障碍的诊断标准

对儿童青少年抽动障碍进行全面评估,不仅要对症状进行评估,还要评估抽动的性质、病程、当时的功能状况,以及对社交、家庭、学校生活的影响程度。根据国际疾病分类第 10 版(即 ICD—10),抽动障碍的诊断标准如下:

1. 短暂性抽动障碍

(1)起病于童年或少年早期,以 4~5 岁儿童最常见。

(2)有反复发作、不自主、重复、快速、无目的的单一或多部位运动抽动,或发声抽动,以眨眼、扮鬼脸或头部抽动较常见。

(3)抽动能受意志克制短暂时间(数分钟至数小时),入睡后消失,检查未能发现神经系统障碍。

(4)抽动症状一日内出现多次,几乎日日如此,至少持续 2 周,但持续不超过 1 年。

(5)排除锥体外系神经疾病和其他原因所引起的肌肉痉挛。

2. 慢性运动或发声抽动障碍

(1)有反复性、不自主、重复、快速、无目的抽动,任何一次抽动不超过三组肌肉。

(2)在病程中,曾有运动抽动或发声抽动,但两者不同时存在。

(3)在数周或数月内,抽动的强度不改变。

(4)能受意志克制抽动症状数分钟至数小时。

(5)病期至少持续一年以上。

(6)21岁以前起病。

(7)排除慢性锥体外系神经系统病变、肌阵挛、面肌痉挛和精神病等。

3. 发声与多种运动联合抽动障碍

(1)起病于21岁以前,大多数在2~15岁之间。

(2)有复发性、不自主、重复的、快速的、无目的的抽动,影响多组肌肉。

(3)多种抽动和一种或多种发声抽动同时出现于某些时候,但不一定必须同时存在。

(4)能受意志克制数分钟至数小时。

(5)症状的强度在数周或数月内有变化。

(6)抽动一日发作多次,几乎日日如此。病程超过1年以上,且在同1年之中症状缓解不超过2个月以上。

(7)排除小舞蹈症、肝豆状核变性、癫痫肌阵挛发作、药源性不自主运动及其他锥体外系病变。

此外,抽动障碍在早期常常被误诊为其他器官的疾病,例如,眨眼、皱眉被误当作沙眼或结膜炎;清嗓子、干咳被误当作咽炎、气管炎;耸鼻子、吸鼻子被误当作鼻炎;摇头、耸肩被误当作颈椎病等。同时,由于抽动障碍常伴发心理行为障碍,例如,注意缺陷、多动、强迫等,也容易被误诊。因此,临床上在诊断抽动障碍时要根据病史、体格检查、精神检查、行为表现等综合考虑作出评判。

(七)案例分析

结合抽动障碍的界定、诊断、分类和病因,对案例进行分析:

1. 案例 1 分析

从案例 1 的整体来看,小北患的是抽动障碍,其首发症状为频繁眨眼,属运动性抽动,出现于学龄前,眨眼症状开始较轻,通过滴眼药水能够暂时缓解,事实上是治标不治本,所以紧接着小北就出现了耸鼻、噘嘴等运动性抽动症状,而在这个过程中,家人总是出言制止,这使得小北情绪更加紧张,症状也进一步加重,没多久就出现了咳嗽、清嗓、大叫等发声性抽动症状,且伴随一定程度的情绪障碍。

就小北个人特质及成长经历来看,性格内向、胆小,不合群,学习负担较重,兴趣爱好单一,缺乏安全感,小北的不安全感一方面来自从小与父母分离、隔代抚养,另一方面来自不和谐的家庭氛围,父母的激烈争吵,无疑会加剧小北的恐惧和无助,使其内心更加忐忑不安。在家庭教育中,父亲处于缺位状态,母亲则过分严厉,母亲过高的期望和要求无形中给小北带来巨大的心理压力,同时,小北希望得到父母的关注和肯定,为此他对自己有着很高的要求,一旦达不到,就会感到紧张、不安,压力倍增。加之出现症状后来自家长和老师的不理解、批评教育及同学的嘲笑等,以上种种都是造成小北抽动症状出现甚至加重的诱因。

虽然,大多数的抽动症状在一段时间内能自行缓解或消失,但抽动障碍对孩子的伤害,更多是因为"奇怪的声音和动作"而遭受的误解等这类心理和社会功能的影响。因此,应对抽动障碍的第一步,并不是吃药,而是对患儿、家长、老师及其周围人的教育和引导,让他们了解疾病,避免误解。对抽动障碍患儿多一分理解和宽容,少一分责难和苛责,给他们提供更加轻松、友好的成长环境,这样才更有利于他们疾病的痊愈。

2. 案例 2 分析

从案例 2 中可以看到,小丽由于反复咳嗽,先后被当作呼吸系统疾病、鼻炎进行治疗,被误诊了近六年的时间。这提示我们,当孩子出现咳嗽、眨眼、吸鼻子、清嗓子、摇头、甩手、抖腿等现象时,先考虑排除病理原因,当排除了其他病理原因,而这类表现又反复出现,且持续了一年及以上的时间，就可以考虑是抽动障碍的症状了。

据调查，在对抽动障碍的诊疗中，治疗延误或诊疗混乱的情况很常见，诊断延误时间平均达3年之久。不但延误了治疗，还给患儿身心带来严重伤害：

(1) 破坏身体机能

抽动症状频发常常使患儿感到疲倦不适，严重者会对身体造成创伤。如频繁点头摇头导致颈部肌肉僵硬不适、颈椎错位甚至脑震荡；频繁眨眼可致眼睑充血红肿、眼睛干涩甚至影响视力；肢体大幅度抽动容易导致碰撞受伤；喉咙异常出声阻碍进食饮水；有的患儿还伴有头疼、腹痛、小便失禁、遗精等；少数患儿还会出现自残行为。

(2) 导致心理扭曲

抽动症虽不是精神病，但却极易引发心理问题。患儿怪异的抽动症状，常常会引得旁人驻足围观、指指点点、嘲笑奚落，导致患儿自卑、性格孤僻、脾气暴躁，产生敌对情绪甚至报复攻击行为，不利于患儿心理的健康成长，甚至导致患儿日后误入犯罪的歧途。

(3) 造成学习困难

由于频繁地抽动及身体不适，导致患儿注意力无法集中，学习效率低下，严重影响学习成绩。来自老师和同学们的不理解、排斥、讥讽、歧视，更是让患儿不敢去上学，甚至出现厌学、逃学等问题，对患儿未来人生发展产生不利的影响。

(4) 产生社会退缩和社交障碍

随着年龄的增长，儿童的人际交往范围逐渐扩大，荣誉感、责任感等高级情感体验不断产生。如果患儿没有得到及时的治疗，特别是抽动症状得不到有效控制，会严重影响同伴交往，产生自卑、社会性退缩、社交障碍、口吃、不良品行、违反纪律等问题，对其社会交往和人际关系造成严重影响。

可见，抽动障碍对患儿身心的危害很大，因此，当家长在怀疑孩子有抽动症倾向时，务必及时带孩子到医院就诊，以免耽误孩子治疗。

三、抽动障碍的干预

抽动障碍是一种复杂的慢性现代病，治疗的过程相对漫长，治疗要尽可能及时。在治疗前需要清楚了解既往病史、治疗史，将对患儿日常生活、学习或社交活动影响最大的症状确定为治疗的靶症状。通常情况下，在抽动症状被控制以后，临床治疗的主要矛盾便会转为共患病，在这个过程中抽动症状可能发生反复波动。

(一)治疗目标

抽动障碍治疗的短期目标是控制抽动症状的严重程度和持续时间，长期目标是缓解病情，降低复发率，改善患儿的社会功能。对于有共患病的患儿，则要同时控制改善其共患症状。

(二)治疗原则

抽动障碍的治疗原则是药物治疗和心理行为治疗并重，注重治疗的个体化。通常情况下，当抽动症状比较轻微，不妨碍患儿本人生活、学习或工作，也未妨碍到周围人时，给予心理上的支持即可，无须进行药物治疗。而当抽动症状严重到影响患儿本人的机体功能、日常生活及非药物干预无效时，考虑使用药物治疗。

(三)药物治疗

对抽动障碍进行药物治疗的基本原则是强调个体化，从小剂量开始，缓慢增量，用最小的剂量把症状控制到可耐受的水平，服药期间要特别注意监测药物的不良反应。治疗抽动症状疗效较好的药物是各种神经阻滞剂，也叫神经抑制性药物，包括经典和新型抗精神病药物。

(四)心理行为治疗

虽然药物治疗能在一定程度上缓解抽动症状，但具有局限性，心理行为治疗作为一种独立的疗法有其独特的优势。抽动障碍的心理行为治疗需要包括医生、家庭和学校在内的三方通力合作，才能取得理想的效果，心理行为治疗方法多种多样，例如，支持性心理治疗、行为疗法、家庭和学校干预等。

1. 支持性心理治疗

抽动障碍患儿由于抽动症状非常引人注意，会使患儿变得异常敏感，担心被周围人另眼相看，加之抽动障碍共患病的困扰，使得患儿极易产生严重的心理问题，其危害甚至超过了抽动障碍本身。因此，要从心理上消除患儿的困惑和担心，要让患儿了解抽动障碍就像感冒、发烧等躯体疾病一样，虽然会让我们感觉不适,但只要积极主动地配合医生治疗,抽动症状是完全可以消除的。另外,即使抽动障碍最终没实现痊愈,遗留症状也不会妨碍正常的学习、工作和生活,帮助患儿消除心理困扰,减少焦虑、抑郁等不良情绪,鼓励患儿建立战胜疾病的自信心,充分调动其主观能动性,提高自尊水平。急慢性应激均可导致抽动症状的加重,因此,在面对应激或来自他人的排斥、歧视、嘲笑时,要教会患儿正确的应对方法,例如,对可预见的应激采取预防措施,提高应对应激和解决问题的能力,建立良好的社会支持系统,学习使用积极的自我暗示,建立自信、学习放松技巧等。

2. 行为治疗

行为治疗目前已经被广泛应用于抽动障碍的治疗,且取得了良好的疗效。抽动障碍的行为治疗方法包括习惯逆转训练、暴露和阻止应答、放松训练、正性强化、转移法和认知行为疗法等,其中习惯逆转训练、暴露和阻止应答作为抽动障碍的一线治疗方法,被写入国际指南。

(1)习惯逆转训练

习惯逆转训练主要是指导患儿学会识别抽动症状即将出现的先兆信号,在意识到抽动症状即将出现时,学会有意识地用对抗反应(身体上与抽动症状相矛盾的行为)抑制抽动。理想的对抗反应是比较隐蔽、不易让人发现的,例如,眨眼的对抗反应可以是注视着一个固定的物品,做鬼脸的对抗反应可以是轻轻地合上嘴巴,耸肩的对抗反应可以是将手臂靠近身体并向臀部方向推肘部,发声抽动的对抗反应可以是用鼻子或嘴巴做腹式呼吸,等等。大量研究表明,习惯逆转训练可以显著改善患儿的抽动症状。

(2)暴露和阻止应答

暴露和阻止应答是指导患儿学会压抑抽动,将注意力集中在与先兆冲动有关的不适感觉,最终使压抑时间越来越长,持续减少抽动发生的频率,从而阻止抽动症状出现。与习惯逆转训练的相同之处是识别先兆冲动,两者的不同之处在于,习惯逆转训练要求患儿学会做出抽动症状的对抗反应,而暴露和阻止应答要求患儿学会压抑抽动。

(3)放松训练

放松训练是行为治疗中较常用的方法。由于人在肌肉紧张的时候,心理也会随之紧张，另外，当患儿面临应激事件或焦虑情绪时，其抽动症状也会加重，因此，可以通过教患儿学会呼吸调节、肌肉放松、意象放松、冥想放松等方法，达到放松肌肉、缓解焦虑、减轻抽动症状的多重目的。放松训练需要集中注意力，反复练习，熟练掌握。已有研究发现，正确的放松方法在临床上非常有用，但放松训练作为单一治疗手段时效果不显著，因此，放松训练常常作为综合性治疗抽动障碍的有效组成部分。

(4) 正性强化

正性强化是鼓励患儿用意念去克制自己的抽动行为，只要患儿的抽动症状有丝毫减轻，家长或老师就及时给予适当的表扬和鼓励，以强化患儿逐渐消除抽动症状，帮助患儿建立自信心。

(5) 转移法

和正性强化相反，每当患儿出现抽动症状时，作为家长总是忍不住对其进行斥责："你眼睛没事儿吧？怎么又频繁眨眼睛？""你这嗓子是怎么回事啊？"等等。这个时候家长的行为就叫作负性强化。事实上，家长反复使用负性强化，实际是起到了暗示、提醒的作用。因此，为了避免类似的错误行为，家长和老师要学会使用转移法，例如，发现患儿频繁耸肩，这个时候就可以跟患儿进行互动，玩游戏、提几个简单的问题引导其思考或者鼓励患儿帮父母做一些力所能及的家务劳动，也就是通常所说的忽视症状，转移注意力。

(6) 认知行为疗法

认知行为疗法是在治疗过程中将认知技术和行为矫正技术结合使用的方法。认知行为疗法治疗抽动障碍的核心是消除错误的认知模式，建立新的、合理的认知模式，同时结合行为矫正技术，对不良行为进行逐一矫正，从而建立起新的行为模式，并在新建立起来的认知模式的指导下，逐步内化成为患儿的自然行为。因此，认知行为疗法的第一步是识别不合理信念并进行修正，在这一过程中，并非单纯的改变认知，而是在行动中体会和修正认知，从而重新建立正确的认知。例如，患儿在抽动前感觉肩膀僵硬，不合理的信念为肩膀固定动作时间太长，从而引起不断耸肩的不当行为，采用认知疗法的目的是改变这种错误认知。在抽动障碍的治疗过程中，为了取得更好的疗效，认知行为疗法常与其他行为策略联合使用。已有研究表明，认知行为疗法可通过改善抽动障碍患儿的共患心理精神疾病，如焦虑、抑郁、创伤后应激障碍等，间接促进抽动症状的好转。

3. 家庭干预

家庭治疗也是抽动障碍的心理行为治疗途径之一。首先，帮助家长正确认识抽动障碍，了解疾病的性质、症状波动的原因、疾病的治疗及预后，知晓患儿出现的抽动症状均为疾病所致，并非患儿故意为之或自身的坏习惯，切不可因此打骂、责怪甚至体罚患儿，同时消除家长一些不必要的思想顾虑。其次，要营造轻松和谐的生活环境，父母避免在患儿面前发生激烈的争吵，对患儿既要关心又不能表现得过于焦虑，注意培养患儿良好的生活习惯，引导其适度运动，避免兴奋过度和紧张疲劳，减轻患儿压力，采取行为弱化治疗可取得较好疗效。

4. 学校干预

加强学校教育，倡导关心、包容抽动障碍患儿。要与学校老师、同学做好沟通，帮助他们认识抽动障碍，使老师能够理解患儿是因病才做出异常行为而非故意捣乱，同时老师要教育其他同学，不要嘲笑或歧视患儿。抽动障碍患儿服用药物引发不良反应，导致影响学习时，老师应主动减轻其学业负担，制订因人而异的教学计划，鼓励患儿参加正常学校学习和课外活动，帮助其改善同伴关系，提高环境适应能力，提升自尊水平，像正常学生一样学习、生活。

抽动障碍的预后相对乐观，大部分抽动障碍患儿到了成年期后可正常生活，也可胜任所从事的工作。有研究表明，起病于儿童期的抽动障碍在青春期过后会有40%～50%的患者抽动症状自然缓解，25%～30%的患者抽动症状明显减轻，剩下25%～30%的患者抽动症状可迁延至成年。一般来说，抽动障碍如果得到及时正确的诊断和治疗，大多数症状可以改善或完全缓解。当然，也有部分难治性病例，尤其是伴行为障碍和精神障碍的抽动障碍患儿，治疗仍存在不少困难，存在中等程度总体功能损害，甚至部分患儿成年期症状加重，进而可能出现并发症，严重影响患者生活质量。

第十三章　强迫症

强迫症是一种以强迫思维和强迫行为为主要临床表现的精神障碍。它是一种常见的精神障碍，强迫思维或行为会耗费患者大量的时间，并引起患者社会和职业功能的下降，为患者及家属带来极大的痛苦与负担，被认为是世界十大致残性疾病之一。此外，部分强迫症患者存在消极观念和自杀企图。然而，寻求医疗帮助的强迫症患者在该病总患者人数中的比例只有34%。患者从症状出现到确诊，平均要经历约17年，这说明患者可能在疾病认知上存在不足。强迫症患者如果未得到及时治疗，其病程会趋向慢性化，未经治疗的患者自行缓解率极低。因此，及时有效的规范化治疗对于缓解强迫症状、改善患者的生活质量和社会功能意义重大。56%~83%的强迫症患者与其他精神障碍存在共病。常见的共病包括心境障碍（抑郁障碍、双相情感障碍）、焦虑障碍、人格障碍、进食障碍、物质使用相关障碍、抽动障碍和其他强迫谱系障碍。

一、案例

【案例1】

赵某某（化名）是一名非常优秀的高中生，但是强迫症已让他无法正常生活和学习了。开始是三番五次地调座位，原因是他总控制不住自己的余光去注意旁边的女同学。但当旁边不再有女同学时，新的问题又来了，他又开始控制不住地去注意后面同学的说话声。

他觉得这个班级和他"不般配"，所以很痛苦。后来他如愿以偿，换到了新的班级里，但是短暂的平静没过几天又被无情地打破了。他没办法上课了，这一次他的问题是控制不住地去注意女老师的胸。他低头不看老师讲课，会想"老师是不是发现我的'坏'心思了"；看老师，又会控制不住地去注意老师的胸。结果是看也不是，不看也不是。各种强迫，让他痛苦不堪。

【案例2】

小左（化名），女，16岁，中职学生。小左小时候生活在一个偏远的山村，家中有一个比她大五岁的姐姐。印象中，姐姐对所有人都很挑剔，是一个"洁癖"很严重的人。她每次放学回来都要反复清洁接触过的物品，经常当着家里人的面强调家里很脏，而且总是要求小左离她远点儿。小左还有一个严厉的母亲，她是一个有些保守、刻板、原则性很强的人，感觉就像是一个冷冰冰的机器人。她因为担心家里没有男孩会被邻里乡亲瞧不起，所以一直严格管教小左和姐姐，希望她们能为她争口气。于是，在小左的童年记忆里，她很少出去玩，也没有朋友，都是在家里写作业、做家务。母亲平时不容她犯一点错误，只要被发现了就会遭来严厉的训斥。小左好像从来没有在她那里感觉到关爱、关怀、温暖和支持，甚至不相信有"爱"这种感觉。

小左一向对自己要求严格，一直是班上的好学生，不料却中考落榜了，只能委屈上了职业高中。在学校里，小左一直难以面对这一现实，她觉得学校非常不符合她的预期，宿舍都是8个人挤在一起。寝室没有空调，每天都会出很多汗，一天要洗好几次澡。而且寝室的卫生间太脏了，洗漱台、门把手都脏的不行，她每次上厕所都必须要小心翼翼，反复检查、反复擦拭。

后来，小左渐渐地发现自己开始频繁的洗手，一天大概要洗10多次，几乎每节课下课都会去洗手。晚自习的时候更加频繁，有时候作业写到中途，也要停下来去卫生间洗手。而且每次洗手要反复搓洗5min，如果不小心碰到门或洗手台又要重新洗。就这样，一直熬到了月末放假。本以为回到家里情况会好起来，结果还是这样，小左为此痛苦不已。

室友觉得小左的行为影响了她们正常作息。由于小左总是占用卫生间，导致大家无法正常使用，不止一次被她们集体指责过。小左知道她的"奇葩行为"对她们造成了负面影响，她也尝试过控制自己的行为，但还是于事无补。她每次都要反复检查、清洗后，心理的焦虑才能得到释放。本该青春阳光的年纪,小左却因为强迫症无法正常生活和学习。她总觉得自己的手和身体无时无刻不在接触细菌,不自控的反复清洗。由于频繁的洗手、洗澡、洗马桶,小左的手掌和手臂肤色已经洗得不一样了。

二、讨论分析

强迫症,即强迫性神经症,是神经症的一种。患有此病的患者总是被一种入侵式的思维所困扰,在生活中反复出现强迫观念及强迫行为,使患者感到不安、恐慌或担心,从而进行某种重复行为。患者自知力完好,知道这样是没有必要的,甚至很受困扰,却无法摆脱。在强迫症定义系统方面,不同医生采用不同系统来诊断疾病得到的诊断结果是有出入的。北美、亚洲一般采用美国的DSM诊断系统,而欧洲国家多采用ICD系统。

(一)强迫症的诊断标准

《精神障碍诊断与统计手册》第5版(DSM-5)已于2013年5月22日正式出版,与DSM以往的版本、国际疾病分类第10版(ICD-10)及《中国精神障碍分类与诊断标准》第3版(CCMD-3)的强迫障碍诊断标准相比,DSM-5存在诸多的不同,不仅整合一组疾病建立"强迫及相关障碍"新分类,微调了各个疾病具体诊断标准,并在强迫障碍、躯体变形障碍及囤积障碍的诊断标准中引入了"自知力"的三级评判标注,以及增加了两个新疾病诊断和附加诊断等。

强迫障碍(OCD)是一种常见的、高致残性精神障碍。因其发病年龄早、自然缓解率低、易共患其他精神障碍,且各国采用的OCD诊断标准也不尽相同,而导致诊断混乱和国内外流行病学的较大差异。因此,有必要全面认识各诊断系统的OCD诊断,现就DSM-5与DSM-IV-TR、《国际疾病分类第10版》(ICD-10)及《中国精神障碍分类与诊断标准第3版》(CCMD-3)的OCD诊断标准进行比较。(详见表13-1和表13-2,引用南京医科大学附属脑科医院徐曙等发表的文章)

表 13-1 三大诊断系统对强迫症状的定义比较

项目		DSM-5	DSM-IV-TR	ICD-10	CCMD-3
强迫思维	表现	反复持久出现的思想、冲动或意象	反复持久出现的思想、冲动或意象	想法、表象或冲动，令人不快地一再出现	强迫观念、回忆或表象，强迫性对立观念、穷思竭虑、害怕丧失自控能力
	来源	自我	自我	自我	
	应对	企图忽视、压制或以其他思想或行动来中和包含	企图忽视、压制或以其他思想或行动来中和包含	至少有一种思想或动作被患者徒劳地抵制	极力抵抗，不能奏效
	自知力	自知力良好，自知力不全自知力缺如/妄想性确信	伴自知力不全	自知力基本良好	自知力良好
强迫行为	表现	对强迫观念的反应或按某种规则而进行的重复行为或精神活动	对强迫观念的反应或按某种规则而进行的重复行为或精神活动	一再出现的刻板行为	反复洗涤、核对、检查，或询问等
	作用	预防或减少痛苦，或预防可能出现的可怕事件或情境儿童	预防或减少痛苦，或预防可能出现的可怕事件或情境	防范某些客观上不大可能的可怕事件	

表 13-2 三大诊断系统的 OCD 诊断标准比较

项目	DSM-5	DSM-IV-TR	ICD-10	CCMD-3
症状标准	强迫思维或/和强迫行为，或两者皆有	强迫思维或/和强迫行为	强迫思维或强迫行为，或二者并存	强迫思维、强迫行为或混合形式
严重标准	导致明显的临床痛苦；或损害患者的社会、职业或其他重要领域的功能	导致显著的痛苦；明显损害患者的日常活动、职业（学业）功能、社交活动或人际关系	症状引起痛苦或妨碍活动	社会功能受损
病程标准	每天耗时超过 1 h	每天耗时超过 1 h	连续 2 周	至少 3 个月
排除标准	物质/药物或其他医学情况所致，可以和轴I其他诊断并存	物质/药物或其他躯体情况所致可以和轴I其他诊断并存	遵循等级诊断原则	排除其他精神障碍和脑器质性疾病所致的继发性强迫症状，遵循等级诊断原则

（二）强迫症的测量量表

需要对强迫症的发生、发展、既往治疗过程、患者躯体情况，以及社会心理相关因素进行全方面评估。强迫症状评估除了强迫症状清单，在治疗开始、结束和（或）治疗中期，还需评估强迫症状的严重程度。较常见的量表是 Goodman 和 Storch 等人编制的耶鲁布朗强迫量表（the Yale-Brown obsessive-compulsive scale，YBOCS），根据 DSM-Ⅲ-R 诊断标准而制定的、专门测定强迫症状严重程度的量表，是临床上使用的评定强迫症的主要量表之一。这是一份医用半结构式评定的他评量表，包含症状清单和严重程度量表两个部分，可用于同时测量强迫症状是否存在及症状的严重程度，被视为行业的"金标准"。YBOCS 在中国强迫症患者中具有很好的信度和效度，在临床和科学研究中得到了广泛应用。症状自评量表（SCL-90）是最常用心理症状自评量表之一，被广泛运用于各种心理健康普查。SCL-90 只具有参考作用，不能凭借此量表来自行界定自己是否有精神障碍。

(三)强迫症的临床表现

强迫症的基本症状是强迫观念和强迫动作，患者可仅有强迫观念或强迫动作，或既有强迫观念又有强迫动作。患者能充分地认识到这种强迫观念和强迫动作是不必要的，但却不能以主观意志加以控制。由于强迫症状的出现，患者可伴有明显不安和烦恼，但有强烈的求治欲望、自知力保持完整。临床上根据其表现，大体可将强迫症划分为：①强迫观念为主，无明显强迫行为；②伴有显强迫行为两类。强迫观念为主者包括强迫想法、想象和冲动；强迫行为指重复出现的仪式动作。但是这种简单的分类方法并不适合心理治疗。

1. 强迫观念

表现为反复而持久的观念、思想、印象或冲动念头。力图摆脱，但为摆脱不了而紧张烦恼、心烦意乱、焦虑不安和出现一些躯体症状。强迫观念可有下面几种表现形式。

①强迫思想：强迫性怀疑，患者对已完成的事情总是放心不下，要反复多次检查确实无误后才能放下心来。如怀疑是否锁好门，准备投寄的信是否已写好地址等，在怀疑的同时会经常伴有明显的焦虑；强迫性回忆，患者对过去的经历、往事等反复回忆，虽知毫无实际意义，但总是萦绕于脑中，无法摆脱，因而感到厌烦至极。如回忆已讲过的话用词、语气是否恰当等；强迫联想，当患者听到、见到或想到某一事物时，就不由自主地联想起一些令人不愉快或不祥的情景，如见到有人抽烟就想到火灾；强迫性穷思竭虑，患者对一些毫无现实意义的问题，总是无休止地思考下去，尽管患者的逻辑推理正常，自知力也完整，也知道没有必要深究，但无法克制。如先有鸡还是先有蛋？地球为什么是圆的？人为什么要吃饭？

②强迫意向：患者在出现某种正常心理时常出现相反的违背自己内心的意愿，虽然这种相反的意愿十分强烈，但从不会付诸行动。如下楼梯时，想要从楼上直接飞下去等。

③强迫情绪：患者对某些事物感到厌恶或担心，明知根本无必要却不能克制。例如，担心自己会说错话、做错事，担心自己的手洗不干净而受到病毒或细菌的侵袭等。

2. 强迫动作

又称强迫行为，即重复出现一些动作，自知不必要而又不能摆脱。

①强迫洗涤：常见有强迫洗手、洗衣等。如有位医院的医生，他认为接触一些癌症患者可以"传染"到癌症，如果她的手再接触到自己家的东西，则认为会间接传染给自己的家人。于是，每次下班回家总是喊家人开门，然后反复进行洗手，内、外衣服全部换洗。

②强迫检查：是患者为减轻强迫怀疑引起的焦虑不安而采取的措施，如出门时反复检查门窗是否关好，发邮件时反复检查邮件的内容，看是否写错了字，等等。

③强迫性仪式动作：患者总是做一些具有象征性福祸凶吉的固定动作，试图以此来减轻或防止强迫观念所引起的焦虑不安，如以手拍胸部，以示可逢凶化吉等。

④强迫计数：患者见到某些具体对象（如汽车、台阶、人群等）时，不可克制地计数，如不计数，患者就会感到焦虑不安。

强迫症状有时严重，有时减轻。当患者心情欠佳、傍晚、疲劳或体弱多病时较为严重。女性患者在月经期间，强迫症状可加重。而在患者心情愉快、精力旺盛或工作、学习紧张时，强迫症状可减轻。通常患者深感焦虑，主观上力图和强迫思维、动作对抗，结果反而越演越烈。部分患者性格有易焦虑、自信不足而又要求完美的特点，从而容易对日常生活事件发生强迫性质的心理反应。

（四）强迫症的成因

强迫性障碍是种病因比较复杂的障碍，许多研究者分别从遗传因素、强迫性性格特征及心理社会因素等多种途径探讨这一现象的成因。

1. 遗传因素

患者近亲中的同病患率高于一般居民。如患者父母中本症的患病率为5%～7%。双生子调查结果也支持强迫症与遗传有关。

2. 性格特征

1/3强迫症患者病前具有一定程度的强迫人格，其同胞、父母及子女也多有强迫性人格特点。其特征为拘谨、犹豫、节俭、谨慎、细心、过分注意细节、好思索、要求十全十美，但又过于刻板和缺乏灵活性等。

3. 精神因素

凡能造成长期思想紧张、焦虑不安的社会心理因素或带来沉重精神打击的意外事故均是强迫症的诱发因素。在强迫症的发生中，社会心理因素是不可忽视的致病因素之一。强迫症的成因主要是心理因素，如个体的完美主义倾向，敏感内向以及错误的思维模式或思维习惯导致的。药物治疗主要是通过调节大脑的生理机制来达到治疗的效果，所以药物它并不是针对强迫症的病源来进行治疗的，因而它是治标的，其作用只能是暂时的控制症状，而无法达到治愈症状。中国有句古话叫"心病还需心药医"，所以对强迫症的治疗应该要以心理治疗为主，纠正其个性缺点和错误的思维模式或习惯才是治本。但是，到目前为止，还没有统一的标准来解释成因，以下列举几种主要的假说。

(1)心理动力学假设

根据心理动力学理论，强迫症是起源于性心理发育的肛门期，即在开始大小便训练的时期。这一时期亲子之间一方要求对方顺从，另一方要求自主而不受约束。这种不平等的对立引起了儿童的内心冲突和焦虑不安，从而使得性心理发育停留在这一阶段，成为日后心理行为退化的基础。一旦遭遇外部压力，个体便会重现肛门期的冲突与人格特征。

(2)观察学习假设

根据学习理论，观察是导致焦虑的条件性刺激。最初的焦虑—诱发刺激联结(无条件反射)，经过观察和思维的激发，而获得了实际的焦虑。这样，事实上，个体就已经得了一个新的驱力。虽然强迫可以基于不同的途径习得，但是，一旦获得之后，个体便发现借助于强迫观念的一些活动可以帮助减少焦虑。每当发生焦虑的时候，采用强迫的方式，个体的焦虑便得到了缓解。这种结果强化了个人的强迫。并且，因为这种有用的方法，成功地去除了个体的获得性内驱力(焦虑)，因而逐渐地稳定下来，成为习得性行为当中的一部分。

(3)系统家庭假设

这种假设认为，病症表达了系统的破坏，而这个系统存在于人际关系(即家庭关系)当中。在这里，个体的行为(包括症状)是由于他人的行动影响所致，反过来，他也会以这种循环的方式去影响他人，是一种互为因果的关系，主要依据"彼此吸引"的原则来进行互动，治疗者重点关注的是这种相互关系的变化情况。例如，一个孩子反复洗手可能表达了一定的关系模式。在这段关系中，一位追求完美的母亲，由于没有时间和丈夫相处，更多地把精力放在了孩子身上，对孩子的行为限制太多。在这种情况下，孩子洗手可能表达对他施加的清规戒律的不满和希望引起别人的注意。而他的母亲之所以如此管教孩子，也是出于某种关系的考虑，譬如，她可能是为了借助这种方法，让她的丈夫更加关注家庭，而不是每天只顾着工作。可是，她的丈夫可能会因此而更加希望逃避这种令人头疼的境遇，从而进一步加剧了她的孤独感。由此可见，孩子作为这个变化进程中的家庭系统之员，其行为表现又进一步推动了其家庭系统的发展变化。

在儿童及青少年强迫症的治疗中，要注意家庭治疗的重要性，因为父母才是真正能够长期帮助儿童及青少年的治疗师，调整好家庭关系对儿童及青少年的治疗至关重要。关于儿童青少年分裂症、抑郁症、焦虑症的家庭因素的研究表明，家庭因素在儿童青少年期精神障碍的发生发展过程中起着重要的作用。

对于儿童及青少年的心理治疗，不要过于定式化，要以教育、支持和鼓励为主，可以配合行为矫正治疗矫正患者的行为，增强自我约束力，也就增强了患者对疾病的抵抗能力。应该指导患者顺其自然，学会带着症状生活和学习。儿童及青少年强迫症，有可能只是儿童及青少年所出现的阶段性问题，将来并不一定会发展为成人强迫症。所以在治疗中不管是家庭治疗，还是针对儿童及青少年的个别治疗，都应该淡化疾病的重要性，减轻患者及家属对强迫症的焦虑，让他们能够学会以顺其自然的态度来对待强迫症状，才能达到很好的治疗效果。

(五)案例分析

1. 案例 1 分析

一些强迫症患者认为改变了环境，就可以消除或者改善他的强迫。遗憾的是，他们还是会产生这样或那样的强迫行为。也许和以前一样，也许又会产生新的问题，强迫的本质没变，模式没变。看似是环境问题造成的强迫，其实都只是表象，都只是强迫心理的一种投射。所以，改变这种不健康的心理模式才是强迫症康复的关键所在。

赵某某认为是环境问题导致了他的强迫。的确，环境问题对人的心理会造成很大程度的影响，但绝大多数爆发的强迫症，并非都是环境问题引发的，其主要还是患者自身的不健康心理因素造成的。很多被患者视为影响很大的环境问题，对他人而言并不是一个真正的问题。那么，所谓的环境问题就很可能是患者自身问题的一种表象，一个投射点，也许没有这个问题，还会遇到另一个问题。

很多强迫症抱怨当下所处环境的烦恼和痛苦。然而，除一些极端的环境外，多数所谓的环境问题都是非现实、非客观性的问题，即使改变了环境，烦恼、痛苦又会"转移"到另一个问题上。

2. 案例2分析

(1) 强迫症成因分析

自幼受母亲的严厉管教，使小左在学习成绩和人际交往方面形成了片面的看法，自尊心很强，性格敏感懦弱。按照系统关系假设，一位严厉苛求的母亲，由于过于在乎别人的看法，加之重男轻女的传统观念，对于孩子过分约束，导致小左需要得到别人的关注。小左高自尊的人格与中考失利的现实发生了严重冲突，使她进入中职后内心产生了压抑感，心理平衡遭到了破坏，日益严重。在小左失衡的心理状态未得以恢复的情况下，一次偶然的事件（同学的评论和取笑）加剧了这种心理不平衡，致使小左出现强迫症状，进而在小左错误认知的驱使下陷入恶性循环。强迫症状日益加剧，严重影响了小左的学习生活，历时达一年余。强迫症成因较为复杂，涉及生物、心理、社会3个方面。

表13-3 强迫症成因

生物病因	遗传	小左的姐姐有类似的强迫症情况，发病时间也是16岁左右
	激素	青春期孩子的心理和生理发展都较为迅速，体内各种激素变化较大，此阶段易出现各种心理问题

续表

心理病因	人格	高自尊，敏感，过分的苛求完美
	原生家庭	母亲焦虑性格，对孩子管教严厉且控制欲强；父亲忽视教育且常年在外打工；奶奶重男轻女、时长冷落两姐妹
社会病因	个人生活	中考失利，学校适应不良，刚入学时存在失眠、焦虑、悲伤等不同的情绪困扰
	社会功能	过度清洁行为影响其正常的学校表现和人际交往，且与家人关系疏远

(2)心理治疗

咨询师与小左持续沟通，了解了她的核心痛苦症状、问题产生的原因，并帮助她树立改善的信心，激发其治疗的动机。本案例解决方案也可采用认知行为治疗(CBT)。

表 13-4 认知行为治疗

强迫思维		强迫行为
"我不够好、外界是危险的、我不可爱""完美主义、高估危险"	强烈的焦虑和恐惧	反复检查、高估危险、无法忍受不确定性
"我很脏，我还没有洗干净，我身上有异味""我定要洗干净，不然身上有异味"		对污染有关的刺激特别敏感，反复洗手、洗澡、清洗马桶…

三、强迫症治疗方法

(一)行为治疗

行为治疗是基于现代行为科学的一种非常通用的新型心理治疗方法，是根据行为治疗学习心理的理论和心理学实验方法确立的原则，对个体反复训练，达到矫正适应不良行为的一类心理治疗。行为治疗把治疗的着眼点放在可观察的外在行为或可以具体描述的心理状态上。行为治疗是基于严格的实验心理学的成果，遵循科学的研究准则，运用经典条件反射、操作性条件反射、学习理论、强化作用等基本原理，采用程序化的操作流程，帮助患者消除不良行为，建立新的适应行为。对单纯用意念不能抗拒的强迫现象，可以采用"行为对抗疗法"帮助矫正。对抗疗法基本上是一种操作性条件反射过程，把对抗刺激与强迫行为反复多次结合，形成一种新的条件反射，使之与原来的强迫行为相对抗，消除原有的错误行为。

行为对抗疗法也就是与孩子就强迫数电线杆的行为，初步制订"行为契约"，嘱咐孩子右手腕上套用三股皮筋组成的橡皮圈，一旦出现不可克制的强迫现象时，如反复计数、反复检查等，立即拉弹右手腕上的橡皮圈，以对抗强迫现象，橡皮圈的拉弹力量以手腕皮肤稍有疼痛感为宜，同时计数拉弹次数及强迫现象持续的时间。家长要鼓励孩子多参加集体活动，带孩子参加打球、跑步等集体活动。帮助孩子树立自信心，鼓励孩子与同伴交往，并教孩子一些交往的策略，当孩子出现进步表现时，给予及时的表扬鼓励。纠正孩子的而一些不良的态度和性格，如特别爱清洁，过分看重学习成绩等。认知行为治疗旨在改变患者的认知—心理意象、观点信念和思维方式，以帮助认知行为治疗患者克服情绪障碍和行为问题的方法。让孩子了解人的一生中必然要遇到各种各样的事情，不可能对每一件事情都处理得那么合适与周全，出现一些困难总是在所难免的。鼓励孩子对自己要有正确的评价，应该看到自己的力量，树立战胜疾病的信心。同时，引导孩子正确认识到如果不及时纠正这些行为，会对自己的生活、学习造成不良的影响。

(二)认知行为治疗

1. 对青少年强迫症的认知行为分析

(1)激起焦虑的强迫观念与冲动：其特点是反复侵入性的、不随意的，引起患者极度恐惧，从神经生物学角度看，这些强迫想法与冲动是脑的某些部位功能过度激活而发出的虚假信息，虽然是不真实的错误信息，但患者的极度恐惧和不确定感迫使患者不经思考立即作出行为反应。要治疗这种"强迫症症状"，需要有计划、有步骤地对引起焦虑的情境及线索进行暴露，使患者认识到其想象的危险并不存在，这些想法和冲动才会减少。

(2)减轻焦虑的强迫行为与仪式：其特点是患者对侵入性强迫观念与冲动的行为反应，这种行为反应是患者按照自己的意愿、不假思索地立即采取的自动的机械式的仪式行为，目的在于防范其想象的危险。如怕脏的患者主要是怕污染引起自己和家人患病，所以反复清洗，旨在防止自己和家人生病；

怕意外损失的患者反复检查，目的在于消除不确定的危险。由于采取仪式行为后焦虑减轻，患者在下次强迫观念出现时更容易出现仪式行为，而侵入式强迫观念和冲动也更频繁出现，形成恶性循环，直至筋疲力尽。强迫性仪式行为的出现，阻止了对恐惧性强迫观念的暴露。要使强迫症治疗有效，预防或阻止出现强迫性仪式行为是非常关键的。

(3)回避：包括外显的回避行为和隐匿的头脑内的回避。如怕污染的强迫症患者整天不接触任何东西，以避免不停地洗手或洗澡；有怕拿刀伤人的强迫观念者怕伤害家人和孩子，不接触刀具和锋利的东西，不进厨房。而脑内隐藏的回避同样不易被察觉，患者竭力回避去想那些会引起恐惧的强迫观念的事情或线索，这些回避也是患者对侵入性的、纠缠不已的、使患者极为痛苦的强迫观念的反应形式，同样会阻止对焦虑性强迫观念、想象或冲动的暴露。

2. 评估过程中的关键点

(1)确定患者适应认知行为疗法的程度，主要看"强迫症症状"是原发还是继发。其他的精神障碍（如抑郁症、精神分裂症等）或器质性疾病（如基底神经节病变、Tourette 综合征等）常继发产生"强迫症症状"，应以治疗原发病为主。

(2)评估会谈时医生应先以开放性问题询问，然后着重了解最近的事例，尤其要注意寻找促发特殊强迫想法和行为的事件或线索（常有生活应激事件），医生应仔细查询患者的认知、情绪、行为和生理诸方面，在每一维度中寻找强迫想法、促发因素、回避和仪式化的信息。在认知维度主要了解强迫想法（包括观念、想象和冲动）的形式和内容，要注意了解有无隐匿的精神仪式。还要说明，患者反复向医生寻求保证也可以是一种仪式行为，目的在于缓和焦虑，但同样阻止了对强迫想法的暴露。

(3)同患者及其家人一起商定治疗目标，有助于医患协作和监测治疗的进步。一般来说，治疗目标应是积极的、具体的。一方面要请患者讲述他的希望，另一方面青少年对疾病本身的认识很难深刻，治疗动机可能不会很好，如果需要的话最好请家长认真配合制订和执行治疗计划。但笼统含糊的说法，如"我希望正常"没有帮助，说"没有洗手的仪式行为"则不是积极的目标，如果说"在家务活动中做到自如地打扫卫生""每天洗手几次，每次洗多少时间"则更可取。学会对付侵入性的、令人焦虑的强迫观念的方法，即停止无用的强迫仪式或重组对强迫观念的反应，逐步达到侵入性强迫观念显著减少或不再出现，患者感到能自主地控制日常生活，所以患者要坚持完成治疗计划。

（4）评估并改善患者的依从性。实际工作中大约有25%或更多的患者对认知行为治疗的依从性差，原因可能有：求治动机缺乏，疑虑未消除；医患同盟未建立，患者对治疗者缺乏信任，强迫症患者常有些人格特征，有强烈的回避行为倾向，或伴发较重的抑郁情绪；继发性获益，通过维持症状以依赖父母或避开困难处境。改善患者的依从性常用认知技术要善于说明强迫症的本质是一种脑功能失调的疾病，通过该治疗程序可以显著改善或重新控制自己的生活，要善于解释治疗原理，有效的治疗可能改变神经化学递质的失调，使脑功能趋向正常，帮助患者建立信心。医生要注意针对不依从的可能原因，同患者讨论治疗协作的重要性。

在强迫症的认知行为理论模型中，强迫症患者在刺激因素下大脑中会自动涌现闯入性思维，患者对这些闯入性思维给予了负性的评价，因此感到强烈的紧张、恐惧，为回避和缓解这些痛苦情绪，出现了强迫症状。闯入性思维是指处于某种情景时大脑中自动涌现出的想法、想象或冲动的意象，正常人也会体验到，与强迫症患者的不同之处在于，对闯入性思维的评价和应对方式。没有发展成强迫症的普通人能够忽略那些负性的闯入性思维或只归因于压力大，让它们随时间自行消失。而强迫症患者认为闯入性想法很危险，不道德，自己需要为负性想法变成现实负责，并且要极力控制自己的想法，同时为减轻责任会采取强迫性仪式行为、回避等。

暴露与反应预防疗法（exposure and response prevention，ERP）是临床常用于治疗强迫症的认知行为治疗方法，大量临床试验证明了ERP疗法治疗强迫症的有效性。通过让患者反复暴露在极力回避的情景中，并不采取强迫行为来应对，而恐惧的结果并没有发生，会使人产生适应，减少对恐惧的情景产生条件性焦虑。从认知的角度，ERP给患者提供了检验不合理认知的机会，矫正了强迫症背后不合理的信念，强迫症常见的不合理信念包括：过分强调责任感、夸大危险性、完美主义倾向、过分关注思维的重要性、过分要求控制和难以容忍不确定性。ERP 的认知疗法帮助患者重新分配注意力,建立更灵活、更合理的思维方式。ERP 疗法需要患者主动面对焦虑、承受痛苦,因此,需要患者具有强烈的治疗动机和坚持承受痛苦的勇气。使用 ERP 疗法治疗强迫症需要有良好的治疗同盟,在实施 ERP 治疗时必须需要使用认知技术,让患者了解强迫症的本质,当患者认识到强迫行为只是应对情景所产生的焦虑的一种方式,可以采取其他的方式来应对焦虑,因而采取强迫症状的应对就不那么必要了,可以用更合理的方式来应对焦虑。有些强迫症患者存在明显的人格缺陷,缺乏在情感层面的领悟,会影响治疗动机和无法忍受焦虑进行 ERP 治疗,这时需要通过精神动力学的治疗发展心智化能力和治疗关系,使其能够和医生建立治疗同盟,进而发展为适合进行 ERP 治疗的患者。

(三)精神动力学治疗

精神分析理论认为神经症痛苦来源于创伤性的经历,这种创伤不一定是一种急性的体验,更常见的是一种慢性的、重复出现的包括害怕等超出个体挫折承受能力的不情愿的体验,它是一种核心的、在生存层面失去稳定和在最基本的生存需要上的深深地挫折感。强迫症是一种典型的存在强烈心理冲突的神经症,患者被无意识的动机驱使着,而自我不能察觉,现实情感被破坏,以强迫症状来缓和内在冲突。心理动力学治疗通过引导患者自由联想、释梦和解释移情与阻抗,通过合理的解释让强迫症患者获得情感上的领悟,解除内心的矛盾和冲突,从而帮助患者解除强迫症状。强迫症患者经常大量使用抵消、合理化、情感隔离、理智化和反向形成等神经症性防御机制,这些防御机制都能使个体与现实的情感体验保持距离。临床上存在强迫思维患者不停地纠结于强迫的议题,很难对自己的现实生活、人际关系的情感进行深入的体验,否认内心与现实有关的情感冲突,心理治疗也容易陷入对抗辩论似的状况。

强迫症患者的过度清洁和保持秩序与本能的肮脏和混乱的需求相对抗,便是反向形成的例子,幼儿在自由的制造混乱和肮脏中可以获得强烈的愉快感,如果因这些行为受到养育严厉的惩罚,便会形成过度清洁和刻板的保持秩序的人格特质。反向形成与患者防止被惩罚和避免体验到羞耻感有关,有许多强迫症的症状表现隐含着性冲动和性压抑的含义,比如,害怕看异性的下体位置、极力想要控制自己的目光、极度害怕身体走光等。抵消是指在做的事情或者思考是为了抵消掉或弥补之前的事情，以此来平缓自己的恐惧、愧疚等不愉快的情绪，常表现为强迫仪式症状。比如，患者看到数字4会想到死，担心发生不吉利的事，因此要念几遍"阿弥陀佛"，看到了一个让自己讨厌或不愉快的人，回家要用水洗眼睛。抵消的背后也隐含伴随着全能幻想，即自己想到的事就会变成现实。

从客体关系理论来看，强迫症患者的关键问题在于原生家庭的过度控制或过度保护，儿童的自主性探索和冒险性的尝试被阻碍，形成潜意识的全能控制幻想，以及缺乏自我与他人和环境的边界意识。过度控制的家庭常常采用道德说教的方式和评判性的方式对待儿童，容易引发儿童的内疚感和羞耻感，使自我控制成了最理想的行为准则。而且强迫症患者好争辩、在小事上纠缠不休也让治疗师容易感觉厌烦。强迫症的精神动力学治疗首先是治疗师要保持友好的态度，做到对其强迫症状不批评，不加评判，因为强迫症患者容易感到羞耻。治疗师要保持接纳的态度，避免成为患者早年控制欲强的父母，在治疗中可以用尊重的态度询问患者意见，让患者在治疗中拥有自主感。与强迫症患者的治疗应避免忽视情感而过早地进行解释，这会使患者加重理智化防御。有些强迫症患者情感压抑非常之深，不能催促他们感受和表达情感，治疗师需要耐心地鼓励和引导患者体验和表达情感，运用隐喻和类比的表达方式会更加有效。治疗师作为示范需要真挚地表达情感，对患者不加评判和控制，使其感到表达情感的合理性和自由。当患者潜意识的冲突意识化，认识和理解了自己的冲突的情感，通过治疗师的解释理解了自身防御的行为，其实是因为内心情感的冲突，就不需要利用症状作为防御了。

绝大部分精神科医生都会建议药物与心理治疗同时采用来治疗强迫症。这确实是最有效的治疗组合。药物治疗并不能根治强迫症，但能够减轻症状，降低痛苦程度。心理治疗对患者个人的要求相对要高一些，但治本。毕竟药物治疗只需要把药吃下去，心理治疗需要投入更多的精力、时间、金钱，而且是长期持续的投入。

第十四章　品行障碍与自伤行为

品行障碍与自伤行为是中小学生常见的行为障碍，但两者指向不同。品行障碍一般指向外在对象，常伴有学业失败、同伴排斥、攻击性行为、破坏性行为、违抗性行为等，甚至是反社会行为。品行障碍不仅影响个体的发展，还会对社会造成不利影响。自伤行为通常指向个体自身，主要是通过伤害自己的身体，减轻心理的痛苦或满足自己的不合理要求。自伤行为是不被社会认可的行为，不仅会对自伤者造成心理健康与学校适应问题，还会在学校、同伴团体间蔓延、传播，进而造成更复杂的不利影响。

第一节　品行障碍

品行障碍是普遍存在于中小学生中的心理障碍之一，是生理、心理及社会环境因素共同作用的产物。品行障碍的患儿常出现学业失败、同伴排斥、被欺辱、药物和酒精滥用等，致使成年后的社会适应失调，造成成年期的工作、婚姻及人际关系等方面的困难。同时，儿童期的品行障碍可以预测成年后的违法犯罪行为、反社会行为，甚至是极端的暴力行为，严重影响社会秩序与安全。此外，儿童期的品行障碍是反社会人格障碍的必要前提条件。因此，了解品行障碍的特点，掌握导致品行障碍的风险因素，及时评估和筛查出具有品行障碍的儿童，并提供及时、有效的干预措施，可防止品行障碍向极端方向发展，从而维护正常的社会秩序与社会安全。

一、案例

【案例1】痛并快乐着

小高，11岁，自从父母离婚后，总觉得做什么都无意义，认为父母离婚是自己的过错，终日郁郁寡欢。一次在他用笔写作业时，无意笔尖深深的刺痛了自己，但同时他感觉很美妙，莫名的舒适。于是每次写作业时，都会用笔尖扎自己。每当写作业时，小高无法控制的自伤行为使得小高无法专注写作业，也因此常常完不成作业。时间长了，他感到用笔扎过瘾了，又换做了针扎，慢慢的又试着用剪刀，直到被母亲发现身上的伤口后，才告知母亲自己欲罢不能的行为。

【案例2】凯文怎么了

凯文的母亲是一个性格内向却喜欢周游世界的文艺女青年，但因意外怀孕不得不接受突如其来的婚姻生活，并放弃自己的理想，成为一名家庭主妇。凯文自小便不是一个令人省心的孩子，无休止的哭闹，对母亲的关怀无动于衷，糟蹋饭菜，甚至故意拉裤子、骂脏字、破坏大人的私人物品，经常逃学。凯文的母亲从小到大对凯文的照顾都显得很烦躁、没有耐心。凯文的爸爸，在母子间扮演调解人的角色，儿子凯文就利用父亲无条件的溺爱和妈妈较劲。妹妹的诞生打破了僵局，妹妹天生乖巧、善解人意、听话，性格跟凯文天差地别。但小姑娘天生失语，这悲惨的经历使得凯文的母亲将自己全部的爱倾注在小女儿的身上。然而就是因为这样使凯文与母亲的关系越来越糟，倒是与父亲颇为亲近。16岁生日前的某一天，凯文偷偷听到父母要将他送到寄宿制学校后，便拿着父亲送的弓箭先是射杀了父亲和妹妹，然后到学校的体育馆里又射杀了学校的多名同学。

【案例3】混世魔王

2020年10月底，年近10岁的亮亮被河南三门峡市救助站的工作人员救助，但他的妈妈不愿意将他接回。后经过工作人员的详细了解后得知，亮亮的妈妈在单亲家庭长大，因缺少关爱，在闲逛时遇见一个男孩后便意外怀孕。年仅16岁时就生下亮亮，后因与男友冲突不断而分手，亮亮一直跟着妈妈生活。但因生活所迫，亮亮的妈妈不得不将亮亮交付给亮亮的外公进行照料。因缺少父亲的管教和母亲的关爱，随着年龄的增长，亮亮格外调皮，喜欢闯祸，不仅打邻居家的小朋友，还砸坏村民家里的家电等物品。每次闯下祸，亮亮一走了之，都是外公帮忙处理。2020年初，外公因病离世后，亮亮又回到妈妈身边，因长时间无人管教，亮亮的行为也变得越来越极端，直至现在"无法无天"的地步！

二、分析讨论

心理治疗师依照品行障碍的诊断标准将上述两个案例中的行为都诊断为品行障碍。为了更清晰的理解实例中凯文和陶某的行为表现及形成原因，有必要对品行障碍的定义、诊断标准及影响因素进行详细介绍。

（一）品行障碍的界定

DSM-5认为对立违抗障碍、品行障碍及反社会人格障碍是一系列不良行为障碍。其中，对立违抗障碍是轻症，品行障碍是在对立违抗障碍基础上发展起来的，反社会人格障碍则是品行障碍的延伸，是不良行为障碍最严重的表现。本章主要介绍儿童青少年常见的品行障碍，故先将品行障碍与对立违抗障碍、反社会人格障碍进行区分。

对立违抗障碍多见于10岁以下儿童，指对成人（尤其是家长）所采取的明显的不服从违抗或挑衅行为。因违拗和违逆行为可能是儿童正常的争取独立的诉求，对立违抗障碍的患儿不会侵犯他人的权利或违反其他与年龄相符的社会规范。常表现为偷窃、逃学、易怒与易发脾气；常怀恨在心或心存报复，并非为了逃避惩罚而经常说谎，破坏公共设施；常因自己的错误而责怪他人；拒绝、不理睬或不服从成人的规定，常与人争吵，常与父母或老师对抗；经常故意干扰别人；常违反集体纪律不接受批评。

反社会人格障碍是指具有高度攻击性，缺乏羞惭感，不能从经历中取得经验教训，行为受偶然动机驱使，社会适应不良。指一些不符合道德规范及社会准则的行为表现，如多次在家中或在外面偷窃贵重物品或大量钱财；勒索或抢劫他人钱财或入室抢劫;强迫与他人发生性关系或猥亵行为;对他人进行躯体虐待(如捆绑、刀割、针刺、烧烫等);持凶器故意伤害他人;故意纵火;经常说谎逃学,擅自离家出走或逃跑;不顾父母的禁令常夜不归宿;参与社会上不良团伙一起干坏事、故意破坏他人财物或公共财物。

品行障碍是指18岁以下的儿童青少年反复或持续出现的与年龄不符的违反社会规范和道德准则的行为,常以对立违抗与反社会性为主要特征。国外报道品行障碍的患病率为1.5%～3.4%,国内报道该障碍患病率为1.45%～7.35%,总体发生率在2%～6%之间,男生患病率高[①]。

根据发病年龄和行为持续的时间,一般将品行障碍分为儿童期起始品行障碍(8—12岁)与青春期起始品行障碍(12—18岁)两种。儿童期起始品行障碍一般表现为打架、欺负他人、纵火、虐待动物和他人,以及偷盗行为,而青春期起始品行障碍的青少年存在少量的攻击和暴力行为。儿童期起始型品行障碍的患儿更可能发展为成人期的反社会行为、暴力和犯罪,而青春期起始品行障碍的患儿可能随着年龄的增长会停止其反社会行为,并采用亲社会的行为方式。但因发病原因的复杂性,儿童期起始品行障碍的患儿发展路径也不同,有的患儿可能在成年期停止这一行为。因此,这种分类方法存在一定的局限性。

(二)品行障碍的特征

因品行障碍是一系列不良行为障碍中的中间一环,兼具对立违抗与反社会人格障碍的特征。具体表现为:

1. 攻击性行为

主要表现为使用身体攻击或言语攻击的方式攻击或侵犯他人的行为,在不同年龄阶段有不同的表现。2—3岁时以暴怒发作,大声吵闹为主,逐渐向拒绝或违抗承恩的命令,推拉或打小朋友、咬人或物转化。学龄期后,惹是生非、以语伤人、破坏物品、扰乱课堂纪律、对抗老师;恃强凌弱、索要钱物或胁迫弱小者为自己做事;争吵、斗殴甚至发展为团伙打群架及械斗。若

[①] 宋平,杨波. 不同类型品行障碍的发展特点及其干预[J]. 精神医学杂志,2016,29(2):146-150.

不予以及时纠正，易与社会不良群体结成团伙，聚众斗殴或进行违法犯罪活动。

2. 破坏性行为

主要表现为破坏他人或公共财物的行为，在不同年龄阶段有不同的表现。幼儿大多因出于好奇而摆弄、砸坏自家物品为主。学龄期后，则因报复心理、发泄不满情绪或冲动而故意破坏自家或他人物品、损坏公物或公共场景，并以此为乐。

3. 违抗性行为

主要表现为故意违抗和不服从他人并伴有强烈的情绪反应的行为，在不同年龄阶段有不同的表现。幼儿期常在需求不满足时出现，在需求满足后或一段时间后会自然消失。学龄期则表现为不服从管教，经常与父母或老师对抗，需求未得到满足或遭受委屈与冷落时，对抗行为更为明显。

4. 说谎

主要表现为经常有意说假话的行为，不同时段说谎的目的不同。开始时，是为了得到成人的表扬、因做错事而避免惩罚或者寻求关注而说谎。慢慢逐渐演化为标榜或炫耀自己从中得益而有意说谎，最后说谎成性，成为个体待人接物的行为模式，以至于家人或老师难辨真假。

5. 偷窃

主要表现为有意去偷别人物品的行为，不同年龄段表现不同。幼儿期，出于好奇心常把自己喜欢的玩具带回家，而后养成了满足自己的需求而随意拿别人东西的习惯。学龄期开始出现拿家里的财物的偷窃行为，在父母询问时因怕惩罚而否认、说谎，即使承认错误也会再犯，而后逐渐养成将别人的东西占为己有，有意地去偷别人的东西，且明知故犯。少年期则以偷窃为乐，把偷来的物品丢掉或偷偷地送回原地，或隐藏起来。

(三) 品行障碍的诊断标准

DSM-5列出的品行障碍的15项行为可以分为四大类：(1)攻击性行为；(2)破坏性行为；(3)欺诈或盗窃；(4)违反规则。15个症状中只需出现3个就可以确诊(如表14-1所示)。

第二部分　儿童青少年心理障碍

表 14-1　品行障碍诊断标准①

A. 一种侵犯他人的基本权利或违反与年龄匹配的主要社会规范或规则的反复的、持续的行为模式，在过去的 12 个月内表现为下列任意类别的 15 项标准中的至少 3 项，且在过去的 6 个月内存在下列标准中的至少 1 项：
攻击人和动物
1. 经常威胁或恐吓他人
2. 经常挑起打架
3. 曾对他人使用可能引起严重躯体伤害的武器(如棍棒、砖块、破碎的瓶子、刀、枪)
4. 曾残忍地伤害他人
5. 曾残忍地伤害动物
6. 曾当着受害者的面夺取(如抢劫、抢包、敲诈、持械抢劫)
7. 曾强迫他人与自己发生性行为
破坏财产
8. 曾故意纵火企图造成严重的损失
9. 曾蓄意破坏他人财产(不包括纵火)
欺诈或盗窃
10. 曾破门闯入他人的房屋、建筑或汽车
11. 经常说谎以获得物品或好处或规避责任(即"哄骗"他人)
12. 曾盗窃值钱的物品，但没有当着受害者的面(例如，入店行窃但没有破门而入；伪造)
严重违反规则
13. 尽管父母禁止，仍经常夜不归宿，在 13 岁之前开始
14. 生活在父母或父母的代理人家里时，曾至少 2 次离家在外过夜，或曾 1 次长时间不回家
15. 在 13 岁之前开始经常逃学
B. 此行为障碍在社交学业或职业功能方面引起有临床意义的损害

---

① 美国精神医学学会. 精神障碍诊断与统计手册 DSM-5[M]. 张道龙，译. 北京：北京大学出版社，2015.

续 表

C. 如果个体的年龄为18岁或以上则需不符合反社会型人格障碍的诊断标准。标注是否是：

F91.1 儿童期起病型：在10岁以前，个体至少表现出品行障碍的1种特征性症状。

F91.2 青少年期起病型：在10岁以前，个体没有表现出品行障碍的特征性症状。

F91.9 未特定起病型：符合品行障碍的诊断标准，但是没有足够的可获得的信息来确定首次症状起病于10岁之前还是之后

标注如果是：

伴有限的亲社会情感：为符合此标注，个体必须表现出下列特征的至少2项。且在多种关系和场合中持续至少12个月。这些特征反映了此期间个体典型的人际关系和情感功能的模式，而不只是偶尔出现在某些情况下。因此，为衡量此标注的诊断标准，需要多个信息来源。除了个体的自我报告，还有必要考虑对个体有长期了解的他人的报告（例如，父母、老师、同事、大家庭成员、同伴）。

缺乏悔意或内疚：当做错事时没有不好的感觉或内疚（不包括被捕获和/或面临惩罚时表示的悔意）。个体表现出普遍性地缺乏对他或她的行为可能造成的负性结果的考虑。例如，个体不后悔伤害他人或不在意违反规则的结果。

冷酷—缺乏共情：不顾及和不考虑他人的感受。个体被描述为冷血的和漠不关心的。个体似乎更关心他或她的行为对自己的影响，而不是对他人的影响，即使他/她对他人造成了显著的伤害。

不关心表现：不关心在学校、在工作中或在其他重要活动中的不良/有问题的表现。个体不付出必要的努力以表现得更好，即使有明确的期待，且通常把自己的不良表现归咎于他人。

情感表浅或缺乏：不表达感受或向他人展示情感，除了那些看起来表浅的、不真诚的或表面的方式（例如，行为与表现出的情感相矛盾能够快速地"打开"或"关闭"情感）或情感的表达是为了获取（例如，表现情感以操纵或恐吓他人）。

续 表

标注目前的严重程度：
轻度： 对诊断所需的行为问题超出较少，和行为问题对他人造成较轻的伤害（例如，说谎逃学、未经许可天黑后在外逗留，其他违规）。
中度： 行为问题的数量和对他人的影响处在特定的"轻度"和"重度"之间（例如，没有面对受害者的偷窃，破坏）。
重度： 存在许多超出诊断所需的行为问题，或行为问题对他人造成相当大的伤害（例如，强迫的性行为，使用武器强取豪夺、破门而入）

（四）品行障碍的原因

虽然对于品行障碍形成的具体病因尚未被确认，但目前普遍的观点认为，品行障碍并非单一原因所导致，是由多因素共同作用的结果。既包括潜在的神经学特征、神经过程及基因情况在内的器质性因素，也受个体潜在的气质类型及家庭、学校和社会环境等的作用。

1. 生物因素

目前的研究发现，患有品行障碍的青少年存在前额皮层功能失调和执行功能缺陷问题，与更低的脑电波频率、更大的波幅、更短的潜伏期、颞叶电位突然增加、更低的静息心率及静息皮电水平都存在相关。同时，研究还发现更低的氢化可的松水平，5-羟色胺和去甲肾上腺素等神经递质较低的分泌水平和调节能力，以及下丘脑—垂体—肾上腺轴的行为激活和抑制功能都与品行障碍有关系。最后，采用基因组的连锁分析法（基因扫描）发现，19号染色体和2号染色体的一些区域可能包含与品行障碍相关的基因，说明遗传因素对品行障碍的形成有着重要的作用。

2. 心理因素

通过应用艾森克人格理论发现，人格结构中高的精神质水平与品行障碍相关。3岁时的性格困难程度对青少年时期品行障碍的形成有预测作用，而情感淡漠的人格特征（缺乏同情心、慈悲心及情感体验不深）与男性和女性的违法行为及品行障碍行为都相关。最后，冒险的倾向、对威胁和情感刺激低的反应性、对惩罚刺激低敏感性，以及低的自我意识和道德发展水平，这些似乎都是在品行障碍青少年中普遍存在的性格特征。

3. 社会因素

(1)家庭因素

没有天生的"坏孩子",儿童青少年的许多不良行为都始于一些小毛病,调查发现80%都是源自家庭环境。研究发现,父母的反社会行为会导致较差的养育行为,进而可以预测儿童的问题行为和社会适应困难。如母亲的反社会行为与男孩的行为问题有直接的关联,而母亲的反社会行为影响对女孩的教养方式,进而与女孩的问题行为相关。此外,研究发现母亲与婴儿在前12~18个月中较差的依恋关系也对婴儿以后童年时期的攻击性有预测性,父母与孩子之间的依恋与反社会行为之间也存在联系,但目前还没有直接的证据表明依恋关系对品行障碍是否有预测性。冷暴力其实是暴力的一种,常表现为冷淡、漠不关心和疏远等,这样的行为会导致他人在心理上受到严重的伤害。

最后,现有的研究还发现母亲的生育年龄、产后抑郁都与儿童青少年的反社会行为相关,5—7岁处于母亲抑郁状态下的儿童都会表现出品行障碍行为的增加。权威型父母教养方式、负性教养方式、母亲的消极性、较差的教育背景、持续处于贫穷之中,以及频繁的家庭变迁,而生物学的风险因素,如分娩并发症、母亲在怀孕期间的疾病史及父母的气质问题等都与品行障碍的发生有关。

(2)虐待经历

儿童经历的身体虐待、性虐待,以及早期受害的创伤经历都会以直接或间接的方式对品行障碍产生影响。如受虐待的儿童会表现出敌意归因偏差、信息编码错误及消极评价等社会认知缺陷,进而增加品行障碍的发生。此外,虐待严重性、持续时间、频率、程度、受虐者与施虐者的关系等特征都会影响受虐儿童的品行障碍的表现。

(3)学校因素

学校因素也是促使儿童青少年出现品行障碍的重要因素。如班级对学业有问题学生学业成绩重视少、教师的低期望以及无法处理学生遇到的问题、长期受到同伴的排斥等,都会增加品行障碍出现的风险。

(4) 社区因素

除了以上讨论的家庭、儿童受虐经历及学校因素的影响外,社区因素的影响不容小觑。社区的秩序、社区的经济状况、邻里关系、邻里的暴力情况、失业率、犯罪率,以及是否存在种族歧视等,都会对儿童青少年的品行障碍产生影响。

4. 多重因素的共同作用

品行障碍的发生是上述提出的各因素综合作用的结果,累积模型、交互作用模型及生态交互发展模型等从不同角度阐述了多种因素之间如何相互作用进而影响儿童青少年的品行障碍的形成。

累积模型认为品行障碍的发生不是单独的风险因素作用的结果,而应综合考虑所有的风险因素对反社会行为的预测作用。但简单的累计,只是解释行为问题一半的变异量。交互作用模型认为对某些风险因素来说,只有当其他风险因素也存在或者不存在时,这一风险因素才会起作用。也就是品行障碍的发生是风险因素与保护因素共同作用的结果。

尽管累积模型和交互作用模型得到了实证研究的支持,并可以预测是否会出现反社会行为问题,但这两个模型在品行障碍发展的时间进程上并没有提供太多信息。研究者提出的生态交互发展模型则使人们拓展了对品行障碍精神病理学发展进程的理解。该模型认为目前的适应情况是由个体过去和现在的生活条件、生态环境及过去的发展经历所影响的。当代学者们描述了表现型(即儿童)、环境型(外部经历的来源)及基因型(生物学组织的来源)三者之间动态交互作用的关系。发展是个体与环境之间不断交互作用的过程,这些成分又共同影响着彼此。生态交互发展模型的目的是通过探索发展的轨迹来帮助理解发展性行为结果。

简单来说,交互发展模型认为,个体和环境之间的联系是一个共同的交互作用体,两者都在被对方所改变,而这些改变又影响着接下来的交互作用,就这样连续循环。然而,这个模型构建得有些复杂,很大程度上受情境影响的同时,还将个体的社会地位和认知状态考虑在内。因而,目前的适应情况是由个体过去和现在的生活条件、生态环境及过去的发展经历所影响的。当代学者们描述了表现型(即儿童)、环境型(外部经历的来源)及基因型(生物学组织的来源)三者之间动态交互作用的关系。发展是个体与环境之间不断交互作用的过程,这些成分又共同影响着彼此。生态交互发展模型的目的是通过探索发展的轨迹来帮助理解发展性行为结果。

(5)案例分析

案例1中的凯文从小(10岁以前)存在以下不良行为:凯文故意破坏大人的私人物品,经常骂脏字,最近拿枪射杀同学。结合DSM-5对品行障碍的诊断标准可知,凯文属于品行障碍。造成凯文出现品行障碍主要有两方面的因素:一方面是因为凯文的母亲将意外怀孕给她带来的不幸偶发泄在凯文身上,忽视冷漠甚至对凯文实施冷暴力。同时,凯文为了引起母亲对他的关注,会故意不配合母亲,甚至故意拉裤子、骂脏字、破坏大人的私人物品。另一方面,是因为凯文的父亲过于溺爱凯文,导致凯文变得冷漠、缺少同情心。

根据案例2描述的内容,并结合DSM-5的诊断标准可知,亮亮的行为属于品行障碍。具体表现为:亮亮经常破坏村民的物品,具有破坏性行为;经常打邻居家的孩子,具有一定的攻击性;闯祸后对他人造成的伤害毫无同情心,也无悔改之意。造成亮亮品行障碍的主要原因包括:①父母对亮亮的管教基本处于放养的状态,父亲自从亮亮出生之后便消失,而母亲从小在单亲家庭中长大,从小就缺少关爱,也不知如何管教亮亮,因生活所迫,完全将亮亮留给外公一人照料。②外公的溺爱。外公因为年龄大,在管教亮亮方面也而力不从心,总是顺着亮亮的心意,很少打骂惩罚他,久而久之,使得亮亮未学会应该知晓的一些社会规则和道德规范,以至于在他做错事情之后也并未表现出一般人的愧疚和悔改之意。

三、心理干预策略

根据品行障碍的症状表现、家庭经济状态及社区生活环境等,制订个性化的心理干预和治疗方案,可以防止暴力和反社会行为的发生,也可以有效改善儿童青少年的社会功能,如促进亲子、师生、同伴等人际关系的改善,提升学习成绩,减少问题行为的发生。品行障碍以心理干预和心理治疗为主,必要时会短暂辅以药物治疗。心理干预方式如下:

(一)家庭心理治疗

父母是孩子的第一任老师,也是最值得孩子信任和最直接的倾诉对象。因此,为取得切实有效的效果,家庭心理治疗必须取得父母的积极参与和合作。家庭心理治疗可以围绕以下几个方面的内容展开:

1. 家庭功能训练

家庭成员之间的关系错位和沟通不畅直接影响家庭功能的发挥,而通过家庭功能训练,从根本上打破原有的不适的家庭成员之间的关系、交往方式及交往规则,重新建构新型家庭关系和互动模式,从而达到治疗的目的。具体可围绕某一个问题或某一个观点提出循环式访问,使得家庭成员中的每一个人都有机会发表自己的看法,并得到他人的反馈信息,从而认识到自己观点或想法的合理性及不合理之处,进而协调家庭成员之间的关系。但需要注意的是该方法的实施依赖家庭成员的积极参与合作,不适合家庭问题多、功能紊乱的家庭。

2. 父母管理训练

父母在塑造儿童青少年的行为时,未充分考虑儿童青少年的发展特点、发展阶段,而采用过度粗暴的惩罚方式纠正不当行为,却在不知不觉中反而强化了儿童的不良行为,继而会出现父母责任角色不当的现象。因此,通过父母管理训练,可改变父母与儿童之间异常的相互作用方式。具体操作步骤如下:询问父母对患儿的看法、曾经采用的养育措施以及成效;介绍现在的儿童青少年与自己的儿童青少年时期的身心发育特点的差异;训练父母的亲社会管理方式,避免冷暴力。如训练父母恰当的沟通交流方法,用讨论和协商替代发号施令,用正面行为强化辅以轻度惩罚的方法代替过度惩罚。

(二)社区环境塑造

借助社区的力量,如大学生志愿者、同伴、学校的心理咨询室乃至街道办事处和行政单位等,可以提供更广阔的环境支持和人力支持,品行障碍的儿童和青少年的行为改变的效果会非常显著。具体操作如下:大学生志愿者与品行障碍的儿童青少年建立朋友关系,发挥榜样作用以纠正不良行为;进行社会技能训练计划和学习技能训练计划,以改善同伴关系,提高学习成绩,增加患儿的自尊心,进一步改善患儿的不良行为。

(三)社会技能训练

可以围绕品行障碍的儿童青少年进行人际互动的言语和非言语训练。具体操作步骤如下：(1)提供指令；(2)示范；(3)练习；(4)修正后对正确的行为方式予以强化。

第二节 自伤行为

自伤行为不仅会导致自伤者各种心理健康问题和学校适应问题，还会在学校、同伴、团体间蔓延、传播，进而造成更复杂的不利影响。而教育者常对自伤者的自伤行为感到震惊、困惑、排斥、难以理解，对它的应对更是束手无策。因此，更多地了解自伤行为的表现、形成原因，以及如何有效评估，对于识别、预防和治疗自伤行为至关重要。

一、案例

【案例1】痛并快乐着

小高，11岁，自从父母离婚后，总觉得做什么都无意义，认为父母离婚是自己的过错，终日郁郁寡欢。一次，他在用笔写作业时，无意笔尖深深地刺痛了自己，但同时他感觉很美妙，莫名的舒适。于是每次写作业时，都会用笔尖扎自己。时间长了，他感到用笔扎不过瘾了，又换成了针扎，慢慢地又试着用剪刀，直到被母亲发现身上的伤口，才告知母亲自己欲罢不能的行为。

二、讨论分析

(一)自伤的界定及特征

自伤行为是非自杀性自伤行为的简称，也常被称为自残、蓄意自伤、自我指向的暴力及自虐，一般指在没有自杀意念的情况下，"为减少心理痛苦而进行的、有意的、影响自身的、低致命性的身体伤害，该行为是不被社会所接纳的"。目前，对自伤的定义还存在争论，但研究者认为满足以下条件的行为都是自伤行为：(1)直接对自己的是身体造成伤害；(2)自伤者故意而为的行为；(3)多身体的伤害程度主要是轻度或中度，重度或致命性的行为予以排除；(4)从动机角度看，没有自杀的意念；(5)该行为是不被社会认可的行为。割伤、烧伤、打伤、烫伤、咬伤等都是自伤行为，其形式多达十多种。自杀行为容易与自伤行为相混淆，两者最大的区别是自杀者意在求死，而自伤者意在求生，虽然两者概念上容易区分，但实际中很难操作。

任何年龄阶段都会有自伤行为的表现，但自伤行为主要发生在青春期。研究发现首次发病的年龄集中在13—15岁之间，但也有研究者认为一定比例的青少年发病更早。自伤行为的发生率在13%～18%，13～15岁的女生发生率高达54.9%。自伤行为存在性别差异，女性显著多余男性。目前，媒体的关注及曝光率的增加，使得自伤行为引起教育工作者在内的成年人的关注。

(二)自伤行为的功能

自伤者之所以反复使用自伤行为，是因为自伤行为具有一定的功能。目前，对与自伤的功能主要有两种观点。Nock和Prinstein从个体和人际两个维度提出了二维功能模型，将自伤的功能分为个体正强化、个体负强化、人际正强化和人际负强化四种。其中，个体正强化主要是为了寻求刺激；个体负强化是为了缓解负性情绪；人际正强化是为了获得关注；人际负强化是为了逃避责任。Klonsky综合以往的研究，认为自伤具有情绪管理、对抗分离感、对抗自杀、恢复自己与他人界线、人际影响、自我惩罚和感觉寻求等七种功能。

(三)自伤行为的诊断与识别步骤

1. 自伤行为的诊断标准

美国DSM-5建议的诊断标准为：(1)在过去1年内，个体有5天(或以上)曾自伤。(2)个体采取自伤行为是为了达到一个或多个目的：从负性的感受或认知状态中得到解脱、或者为解决人际困境、或者要诱发一种正性的感受状态。(3)至少与下列中的一项相关：在自伤前的一小段时间内，出现人际困境、负性感受或想法(如抑郁、焦虑、愤怒、广泛的困扰，或自我批评)；在自伤前，对于难以控制的目标行为非常专注；即使在不自伤时，也会经常想到自伤。(4)该行为或行为结果造成显著的临床困扰，或对人际、学业或其他重要功能造成影响。(5)该行为不是在精神疾病发作、谵妄、物质中毒或物质戒断期间发生。

2. 自伤行为的识别步骤

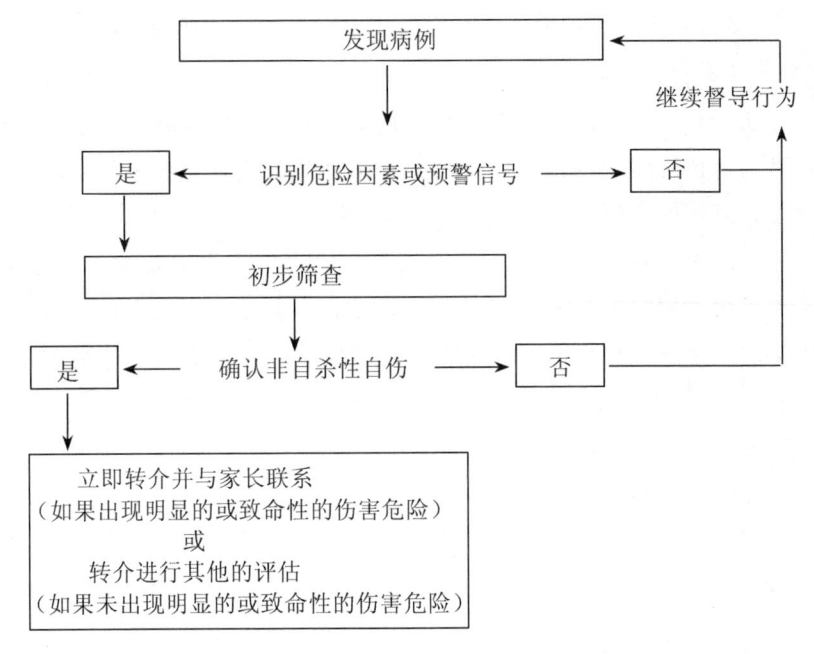

图 14-1 初步识别和筛查自伤行为的步骤

(四)自伤行为的病因

自伤行为并不是单一原因所导致的,对于造成自伤的原因的探讨,研究者从不同的角度进行了阐释。生物心理社会模式的观点认为自伤行为的发生是环境因素、生物因素,以及认知、情感、行为等心理因素共同作用的结果,且对于不同的个体而言,生物、心理及环境等各要素的重要性可能不同。

1. 生物因素

研究证明,许多生物学因素对自伤行为的形成有重要作用。例如,对情绪失调的生物易感性增加、边缘系统功能失调、较低水平的5-羟色胺、内源性阿片类物质释放增加及痛觉感受性的降低等都会导致自伤行为的出现。此外,内源性阿片类物质释放增加还可维持自伤行为及促使自伤者的自伤行为复发。

2. 心理因素

(1)认知维度

主要包括对环境事件的解读和自我生成的认知。对环境事件的解读指个体在对特定环境进行解读时产生的不合理想法或认知歪曲,是由外部事件或环境发展而来的。研究发现，有自我贬损或者自责倾向的个体，通常会采用自伤进行自我惩罚或自我指向的愤怒。因此，只有当自伤者将环境事件（潜在的创伤性事件）解读为令人厌恶与痛苦时，才需要予以关注。而自我生成的认知是由内部线索所触发的，是个体自身所具有的负性思维模式。如"我必须做些什么""我活该""我讨厌我的身体"或"这是解决问题的唯一方法"。

(2) 情感维度

不合理的认知或认知歪曲会引起个体强烈的愤怒、轻蔑、悲伤、焦虑、紧张或恐慌、内疚、羞愧、担心和哀伤等广泛的情绪体验，而这些情绪体验往往会促使青少年做出自伤的行为选择。对大部分非自杀性自伤个体来说，其目的看起来是减少痛苦情绪的强度。

(3) 行为维度

主要包括自伤行为发生前（行为的前因）、发生时及发生后（行为的后果）的行为。行为前因主要包括家庭或同伴冲突、失败、孤立、性行为、物质滥用或进食障碍等。行为前因会影响自伤行为发生时，自伤的身体位置、自伤地点及自伤方法的选择。同时，还应注意行为后果的表现形式与功能的差异。在表现形式上，有的人可能在自伤之后便立即睡着，有的可能还处于激动状态，有的可能已回到正常的活动中。在功能上，行为的后果说明自伤行为的目的不同。有的人是通过自伤减轻痛苦，而有的人是通过自伤引起他人的注意。

3. 环境因素

(1) 家庭历史要素

家庭历史要素是指自伤者观察到（而非直接经历的）自己的核心家庭或家族中发生的关键历史事件。当儿童目睹家庭或家族成员中通过使用自伤的行为缓解痛苦时，会向儿童传递大量的无声信息。即"我的痛苦可以消除别人对我的责任""通过一些破坏性行为可以缓解痛苦"。通过模仿、强化、惩罚等方式，儿童潜移默化地学会了通过自伤应对痛苦。

(2) 个体经验要素

个体经验要素只指直接经历的事件对自伤者造成的影响，主要包括童年期的创伤、童年虐待、接触自伤者及无效的家庭环境等。

①童年期的创伤。尤其是性虐待被认为是触发自我伤害行为的首要因素，

受到身体袭击、失去父母、手术经历、目睹家庭暴力、发生意外等也是自伤的诱发因素。这些创伤性的经历会以闪回、反刍等方式增强自伤者的紧张情绪，从而对个体产生不利影响。

②童年受虐经历。童年期受虐（特别是性受虐）与青春期的自伤行为有关，但是这种关系没有必然性，只能说相比其他没有童年受虐经历的青少年而言，自伤的可能性会增加，但不能假设所有或甚至大多数出现自我损伤行为的青少年都遭遇过受虐。

③接触自伤者。与其他年龄段的儿童相比，同伴更易成为青少年社会比较或模仿的榜样，若周围他人存在或做出自伤的行为，会增加青少年尝试自伤行为的可能性。此外，若网络媒体经常大肆宣传或报道一些自伤行为的案例，以及互联网会为青少年提供"一种表达压抑情感和连接与自己相似的人的方法"，都会增加青少年尝试自伤行为的可能。

④无效的家庭环境。父母通常忽视、拒绝、嘲笑，甚至是谴责儿童的情绪体验，导致儿童质疑自己情绪体验的正确性，进而压抑自己的情绪体验。而当儿童无法压抑，以极端方式表现时，却又能得到父母的回应。这种互动模式多次反复出现后，儿童可能成为一个情绪失调的人，开始依赖自伤等无效行为，管理自己的痛苦情绪。

(3) 当前的环境要素

对于一些经过父母离异、失恋、童年期虐待及死亡的青少年而言，在经历同伴拒绝、学业危机、打架、与父母争吵等诱发事件时，会变得更为情绪化，也更可能采用自伤的行为缓解自己的痛苦。常促发自伤行为的环境事件包括：(1)失去或害怕失去与重要他人之间的关系；(2)亲子、师生、同伴等人际冲突；(3)感到压力；(4)需求未被满足而导致的挫败感；(5)社会隔离；(6)与创伤有关的中性事件。值得注意的是，这些事件可能在自伤行为发生前发生，也可能距自伤行为的发生有一段时间。

结合自伤行为的界定以及DSM-5的诊断标准可知，案例1中小高的行为属于自伤行为。第一，小高自第一次无意间用笔尖刺到自己的手而体验到美妙的感觉后，每当写作业时都会用笔尖扎自己，直到告知母亲仍然在自伤。符合DSM-5中对自伤行为的第1条诊断标准。第二，小高的自伤行为可以带来莫名的舒适，可以缓解父母离婚对其情绪造成的不利影响。符合 DSM-5 中对自伤行为的第 2 条诊断标准。第三，在小高出现自伤行为前，父母离婚，家庭出现了变故，即小高自伤行为的出现有现实的诱因。符合 DSM-5 中对自伤行为的第 3 条诊断标准。第四，小高的自伤行为影响了做作业的速度和效率。符合 DSM-5 中对自伤行为的第 4 条诊断标准。第五，经过咨询师与小高深入交流后，了解到小高并未有精神疾病、物质戒断的情形。

3. 心理干预策略

青少年自伤行为一直被视作边缘型人格障碍的一种症状表现，对它的研究尚处于初级阶段，缺乏实证的研究及专门的治疗方式。目前，在心理干预时，主要是以开展心理健康教育预防自伤行为的发生，自伤行为发生时减少不利影响为主，并采用认知行为干预、问题解决干预、辨证行为干预及家庭干预等方式对自伤者进行干预和治疗。

(一)开展心理健康教育

积极开展心理健康教育，提高个体（尤其是青少年）、家庭、学校及社会对自伤行为的认识和了解，识别自伤行为的风险因素和预警信息，进而防止自伤行为的发生，改变对自伤行为的疾病污名化认知，消除对自伤行为的误解。积极促进家庭、学校及社区的联动，由对自伤行为的治疗向维护和促进心理健康转变，为青少年的健康成长提供良好的环境。

(二)减少自伤行为的蔓延

当某个个体出现自伤行为后，相互认识的人在短时间内接二连三的出现同样的自伤行为，这种现象叫自伤行为的蔓延。为有效阻止这种现象的发生，可采取以下措施。

(1)减少在同伴群体中的交流。采用面对面或者在线的方式讨论和交流自伤相关的信息，都会促使自伤行为的发生并对同伴产生负面影响。(2)减少在学校中公开展示疤痕或伤口。要求自伤的学生在校期间遮住或减少伤口的暴露，对拒不服从者可联系家长或者遣送回家，直到合理穿着并达到要求时才可返校。(3)进行个别干预。在群体中公开的讨论自伤的原因、行为及造成的后果，会诱发更多的自伤风险，因此，应采用个别干预而非群体干预的方式进行。

(三)改变不合理认知

自伤行为是在正、负强化的作用下逐渐形成的,利用认知行为干预的方式可有效减少反复的自伤行为。具体可采用 Ellis 的理性情绪疗法、Beck 的认知疗法进行适当的干预,以纠正个体的负性思维模式及不合理的认知,进而达到改变行为的效果。

(四)进行技能训练

从 Beck 的认知疗法看,自伤行为的发生还可能是因为缺乏情绪调节或问题解决等的特定技能所导致的。因此,除改变不合理的认知外,还可以进行技能训练。如 Taylor[1] 开发的针对青少年的自伤行为的 CBT 手册,进行为期 6 个月以上 8－12 次的治疗,以便帮助自伤者学会下如何解决问题。在对自伤者进行治疗的同时,也对他的父母进行为其三周的心理教育。该手册根据认知行为治疗的成分,共包括四个模块:(1)初步评估,发生了什么;(2)你的感情、思想和行为如何;(3)你是如何应对的;(4)假设"你去做"。这一模块是为了巩固第三个模块。在对自伤者进行治疗的同时,也对他的父母进行为期三周的心理教育。

(五)开展家庭治疗

家庭因素是自伤行为形成的不可忽视的因素,而且自伤行为患者在治疗期间或者治疗后都要回归家庭。因此,为青少年的家庭提供并行教育和技能培训尤为重要。家庭治疗主要是一种以个体及家庭成员为治疗对象,进行心理教育、帮助自伤者进行情绪调节,帮助家庭成员之间找到管理和减少自伤行为的方法。

---

[1] Taylor L, Oldershaw A, Richards C, et al. Development and pilot evaluation of a manualized cognitive-behavioural treatment package for adolescent self-harm [J]. Behavioural & Cognitive Psychotherapy, 2011, 39(05): 619-625.

第二部分　儿童青少年心理障碍

第十五章　其他心理障碍

有研究表明，儿童青少年时期的心理障碍已经成为阻碍他们健康成长的主要原因之一。随着社会的发展，儿童青少年时期的心理障碍呈现出低龄化和发病率上升的趋势，这使得社会、学校、家庭都开始重视儿童青少年的心理健康。除了前面介绍的焦虑症、抑郁症、多动症、孤独症、抽动症、强迫症和不良行为外，还有哪些心理障碍容易出现在儿童青少年阶段呢？本章将着重从适应障碍、睡眠障碍和儿童青少年精神分裂症等几方面进行介绍。

第一节　适应障碍

当孩子到了一个新的环境或生活发生变故后，突然出现上课注意力不集中、成绩明显下降、不合群、无故拒绝上学、厌学、逃学等现象，同时伴有情绪低落、紧张、焦虑、恐惧、哭泣、烦躁、易激惹及睡眠不好、食欲不佳等症状，甚至出现抑郁情绪、轻生念头，严重的产生自伤自杀行为时，家长需要警惕，有可能是适应障碍找上门了。适应障碍在不同文化背景和不同年龄阶段中都有可能发生，儿童青少年的心理尚未成熟，心理承受能力较弱，在遇到生活发生较大变化或遇到重大挫折时容易出现适应障碍。

一、案例

【案例1】

玲玲，女，10岁，小学4年级，独生女，长相漂亮，性格活泼外向，自尊心很强。家庭经济状况优越，亲子关系融洽，父母对其要求较高。玲玲从小表现很出色，不但学习成绩好，钢琴、舞蹈、主持样样拿手，在班级中担任班长，工作兢兢业业，乐于助人，深得老师和同学们的喜爱。两个多月前玲玲在课堂上走神，被老师点名回答问题，由于未听清老师的问题，于是就依据板书内容猜测着说出了自己的答案，然而迎接她的却是同学们的哄堂大笑，老师也当众对她进行了严厉的批评。玲玲自述没脸见人，当时恨不得找个没人的地方躲起来，心怦怦乱跳，四肢发抖，当晚一夜未眠。事发第二天，上学走到校门口就感觉紧张害怕、心慌胸闷，腿像灌了铅一样迈不动步，当天玲玲未到校上课也没有请假，老师通知了家长，父母回家后对她进行了批评教育，并要求她不能再出现此类情况。然而次日，到了从家出发去学校的时间，玲玲突然感觉头晕目眩、心慌手抖、呼吸不畅、大汗淋漓，父母赶紧送其就医，到医院后症状很快得到了缓解，经过一系列医学检查并未发现有任何器质性病变。回到家后，只要提到跟上学有关的信息就出现上述症状，其他时间一切如常。

【案例2】

小森，男，6岁，上幼儿园大班，独生子，性格外向、活泼开朗、懂事聪明、独立自信、乐于助人，深受老师和小朋友们的喜爱。半个多月前，父母协议离婚，小森归妈妈抚养。从爸爸搬离家的那天开始，小森就像变了一个人，在家总是粘着妈妈，一会说头疼，一会说肚子疼，妈妈走到哪儿他就跟到哪儿，基本每天晚上睡觉都会尿床，睡觉时右手拇指常在嘴里含着，鞋子也一反常态总是穿反，每次都要妈妈帮他纠正。到了幼儿园，小森变得沉默寡言，脸上失去了往日的笑容，不愿意与人交往，拒绝参加游戏，喜欢在桌子上乱写乱画，稍有不和就把小朋友推倒在地，然而老师对小森的说教并未起到作用。直到有一天小森拿玩具把小朋友的头打破了，老师建议家长带小森去医院精神科就诊。

二、讨论分析

(一)适应障碍的界定

适应障碍是由于某一明显的生活变化或应激性生活事件所导致的短期出

现的烦恼和情绪失调，常影响患儿的日常生活、学习和社会功能，但不出现精神病性症状。适应障碍在ICD-10"精神与行为障碍分类"中属于"神经症性、应激相关的及躯体形式障碍"一大类内，并与"严重应激反应"列为一个栏目。近年来，国内外对于"适应障碍"进行了大量研究，对儿童和青少年阶段适应障碍的研究尤其广泛，但由于各国所使用的诊断标准不甚相同，导致公开发布的儿童青少年适应障碍患病率均欠可靠。但可以明确的是，患儿年龄越小，对外部环境的依赖性就越大，发生适应障碍的可能性就越大。

(二)适应障碍的发病原因

研究人员普遍认为，引起儿童青少年适应障碍的主要原因是应激因素，然而面对相同的应激因素，有的人能顺利过渡，没有任何异常反应，而有的人却表现出适应障碍，这说明个人因素对适应障碍的发生也起着非常重要的作用。

1. 应激因素

大多数适应障碍患儿经历的主要应激因素是环境因素，即对儿童青少年来说不寻常的心理社会刺激。环境因素的具体表现形式多种多样，最常见的有家庭发生重大变故（父母去世、离异、被捕、罹患重病、经济发生重大损失）、异地迁移（语言、文化、生活习惯差异较大）、学习负担过重、被欺凌、新入学入园等。

临床上可能导致适应障碍的应激因素对大部分人来说是可以适应的，能够使所有人产生适应障碍的应激因素基本不存在。即使对于所有儿童青少年来说都比较明显的应激因素（例如父母离异），也只会使一部分孩子产生应激障碍，一部分孩子能够很好地适应，一部分孩子虽有一些不适应，但远未达到需要治疗的严重程度。因此，这就有理由推断，个人因素在引发适应障碍的过程中起着不可忽视的作用。

2. 个人因素

儿童青少年产生适应障碍的个人因素主要指个体对外部环境适应能力的强弱，而个人适应能力又取决于很多因素，例如，躯体的健康状况、认知发展水平、既往经历、克服困难的经验和技巧、同伴关系、社会支持系统等。研究表明，罹患慢性躯体疾病常使患儿产生抑郁、焦虑、社会性退缩（社交敏感）、低自尊、对抗、攻击等情绪和行为问题，容易造成适应障碍。由于儿童青少年认知发展欠成熟，他们更容易将那些与己无关的事情视为某种因果现象而加以联系。因此，当他们认为某一不受自身控制的外来事件是由自己引发时，他们便会产生异常强烈的痛苦体验。拥有融洽的亲子关系、师生关系、同伴关系的儿童青少年更容易获得较强的适应能力。

应激因素和个人因素在引发适应障碍的过程中是相互作用、缺一不可的，如果仅仅是环境不佳，而个体的适应能力很强，通常不会产生适应障碍，相反可能会成为艰苦奋斗的动力。如果适应能力很差，处境总是一帆风顺，通常也不会产生适应障碍。

（三）适应障碍的临床表现

适应障碍的临床症状差异较大，不同患儿可能有不同的表现，同一患儿在不同年龄阶段或不同情境下也可能有不同的表现。通常表现为情绪症状、行为症状、躯体症状等。症状与患儿年龄有一定的关系，成人中多见情绪症状（如抑郁、焦虑），青少年中多见行为症状（如攻击、敌对行为），儿童中多见退行现象（如尿床、幼稚语言）。上述症状通常出现在生活发生改变或应激因素出现的1个月内，持续时间一般不超过半年。

1. 情绪症状

适应障碍引发的情绪症状多以抑郁、焦虑为主，既可以单独存在，也可能混合出现。以抑郁情绪为主的适应障碍在成年人中较多见，临床表现为情绪低落、愉快感下降、沮丧、哭泣、兴趣减退甚至丧失、自我评价过低、自责、易激惹、绝望，同时可能伴有睡眠障碍、食欲减退、体重减轻等，严重者可产生自杀意念或行为。以焦虑情绪为主的适应障碍主要表现为神经过敏、心烦、紧张不安、注意力难以集中、惶惑不知所措、担心害怕、易激惹等，同时可能伴有呼吸急促、心慌、心悸、出汗等躯体症状。抑郁和焦虑情绪相伴的适应障碍表现为抑郁和焦虑情绪共存的状态。

2. 行为症状

适应障碍引发的行为症状以品性障碍、退行现象为主。以品性障碍为主的适应障碍在青少年中较多见，主要表现为对他人权利的侵犯或对社会规范、道德准则的攻击和暴力行为，例如，逃学、打架斗殴、盗窃、破坏公物、酗酒、离家出走、过早性行为等。以退行现象为主的适应障碍在儿童中较为常见，主要表现为孤僻、不合群、幼稚语言或行为（例如吸吮手指、尿床）、不讲卫生、生活没有规律等。

3. 躯体症状

以躯体症状为主的适应障碍主要表现为有躯体主诉，如疲乏、头痛、背痛、食欲缺乏、慢性腹泻或其他躯体不适等，体格检查无相应阳性体征，其他检查均正常。

(四)案例分析

案例1中玲玲作为家里的独生女，家庭环境好，父母高度关注、宠爱有加，自身长得漂亮、成绩优秀、性格讨喜、多才多艺，早已成为家长眼中"别人"家的孩子。在班级中担任班长一职，老师信任、同学喜爱，在玲玲的成长经历中几乎没有体验过失败，也接受不了别人的批评，在她的认知中逐渐形成了完美主义倾向。然而由于一次偶发的上课走神，遭到了老师严厉的批评，自此一提起上学就出现一系列生理、心理的异常反应，导致无法正常到校上学。玲玲的异常情况由明确的应激事件引起，出现了抑郁、焦虑、恐惧等情绪和回避行为，当与应激刺激分离时，异常反应消失，排除了精神病性障碍、神经症后，整体来看，比较符合适应障碍的症状。玲玲存在的问题主要有严重的焦虑情绪、回避行为及不合理的认知，可以通过系统脱敏疗法、认知行为疗法等心理干预手段逐个攻破、一一解决。

案例2中小森原本活泼、可爱、讨人喜欢，然而由于父母离异，小森出现了抑郁情绪、退行现象和攻击行为。由此可见，小森的异常情况明显是由应激事件所引发。在现实生活中，家庭破裂是儿童青少年时期最常见的应激因素之一。家庭的破裂导致儿童青少年的生活发生了持久性的、不可逆转的变化，因此，往往很难将某一特定的应激因素置于某一段特定的时间来进行考虑。跟父母离婚这一事件本身相比，父母的冲突是儿童青少年产生适应不良的更为重要的预测因子，因此，对于个体而言，应激因素可能是一种持续存在的体验或经历，而不仅仅是某一特定事件。

三、心理干预策略

适应障碍的治疗原则包括消除应激因素，治疗现存症状，对预防提供必要的指导。规范的心理干预是目前治疗适应障碍的主流方法，其目的是减少应激因素、提升患儿的应对能力、建立支持系统以达到最佳的适应状态。针对儿童青少年适应障碍，常采用的心理干预策略有心理健康教育、支持性心理治疗及认知行为疗法。

1. 心理健康教育

心理健康教育的内容通常是适应障碍的相关知识，包括病因、临床表现及治疗措施等。在干预的过程中，要确定有什么应激因素、这个应激因素是怎么产生的、如何消除这些应激因素的影响。这个过程通常建议患儿与父母共同参与。父母在这一过程中通过学习相关的儿童青少年心理学知识，把握孩子的心理发育特点，识别影响孩子的应激因素，在未来的生活中尽可能避免，如若无法避免，也能够使用一些心理学原理或方法（如系统脱敏原理），使孩子逐渐适应。对于儿童青少年来说，应教育引导他们学会克服困难、主动适应环境。心理健康教育可以由医生、老师、家长共同进行，家长、老师及同伴榜样的示范也能起到显著的促进作用。

2. 支持性心理治疗

当应激因素停止或消失后可以采用支持性心理治疗，对适应障碍的不良行为和受损社会功能的改善有积极的作用。支持性心理治疗是利用治疗者与患儿之间建立的良好关系，积极应用治疗者的权威、知识与关心，来支持患儿，使患儿建立治愈疾病的信心，充分发挥其潜在的能力，去适应目前所面对的现实环境，协助患儿尽快从困境中走出来，度过心理危机，恢复健康。

3. 认知行为疗法

针对无法避免的应激因素，可采用认知行为疗法，这一方法在年龄较大的患儿中比较常用。尽管普遍认为适应障碍患儿表现出的不良情绪和行为问题是由应激因素所引发，然而在这一过程中认知活动发挥着至关重要的作用，不良的认知导致不良的情绪，以致产生不良的行为。因此，对适应障碍患儿可以采用认知行为疗法，通过矫正患儿的不良认知（不合理信念），达到消除不良情绪和行为的目的。用认知行为疗法治疗适应障碍时可分3个步骤：①找出与不良情绪、行为有关的错误认知；②寻找证据，论证这一认知的错误；③分析错误认知的根源，帮助患儿重建认知。

只要给予适当治疗，适应障碍一般应在 6 个月内好转，预后较好。有报道指出，儿童青少年比成年患者病程要稍长一些，并有可能伴发自杀行为。对那些久治不愈的患者，应考虑是否有其他精神障碍未被发现。

第二节 睡眠障碍

在人类漫长的生命中，大概有 1/3 的时间是在睡眠中度过的，睡眠质量的好坏及时间的长短与人的健康有密切的关系，这对处于生长发育关键时期的儿童和青少年更是如此。保质保量的睡眠不仅可以促进儿童青少年的生长发育、提高其机体免疫功能，而且与其神经系统的发育、记忆存储功能的提升密切相关，同时也是他们学习、娱乐、活动和生活等得以顺利进行的重要保障。而睡眠不足不仅影响儿童青少年正常的生长发育、认知功能，造成机体免疫功能的下降，也是导致儿童和青少年学习成绩下降的主要因素。

一、案例

【案例 1】

小美，女，5 岁，每晚 21：00 固定上床睡觉，但最近常常在 22：30 左右突然坐起来，哭闹喊叫，双目紧盯前方，表情恐慌，面色苍白，同时伴随全身大汗淋漓，看上去异常害怕。父母曾多次尝试安慰她并将其唤醒，但她都毫无反应。这种惊恐状态一般会持续 5min 左右，之后她又能很快入睡，第二天醒来后问她昨晚发生了什么、为什么坐起来哭喊时，她压根儿就不记得有这事儿，也否认做过什么噩梦。这种现象最近经常发生，10~15 天就会出现一次，给整个家庭带来了极大困扰。父母为此带她走遍了省内知名医院，也做过 CT 和脑电图检查，但均未显示有任何异常。

【案例 2】

亮亮，男，10 岁，两年前的一天深夜，亮亮猛地从床上坐起来，径直走到书桌前，打开灯，把书包里的书本全部倒出来，然后又井井有条地整理好书包，关灯，上床睡觉。第二天早晨起来，父母问他为什么半夜起来收拾书包？亮亮一脸茫然，否认自己起来收拾书包的举动。类似的事情每年都要发生几次，尤其在快要考试或者作业比较多的时候，发作得更为频繁。看着亮亮除此之外一切正常，父母也没太当回事。直到前几天，同样是半夜时分，父母被一撞击声惊醒，赶忙起来查看，发现亮亮跌倒在地上，额头有鲜血流出，原来是亮亮在往书桌走的途中被椅子绊倒后头部撞击到桌角受伤了。这一血的教训终于让父母意识到了亮亮问题的严重性，他们决定带孩子前往医院就诊。

二、讨论分析

(一)睡眠障碍的界定

正常的睡眠包括快速眼动睡眠和非快速眼动睡眠，在睡眠过程中两者交替进行，与觉醒状态构成动态复杂的神经生理过程。新生儿时期睡眠时间具有个体差异性，平均每天睡眠16～17h，到一岁时，约有90%以上的儿童都能够建立较为稳定的睡眠模式，表现为有较长时间的夜间睡眠和短暂的日间小睡。由于儿童和青少年大脑发育特点，他们需要更长的睡眠时间。美国睡眠医学会推荐，4～12个月婴儿所需睡眠时间为12～16 h/d(包括小憩，以下相同)；1～2岁儿童所需睡眠时间为11～14 h/d；3～5岁儿童所需睡眠时间为10～13 h/d；6～12岁儿童所需睡眠时间为9～12 h/d；13～18岁青少年所需睡眠时间为8～10 h/d。

睡眠障碍是指在具有足够睡眠时间及良好的睡眠环境条件下，睡眠过程中出现的各种心理行为的异常表现。睡眠障碍在儿童及青少年期较常见，通过流行病学调查发现，约25%的儿童曾出现过一种或以上的睡眠问题，当合并神经系统疾病时(如注意力缺陷多动障碍、抽动障碍、孤独症、癫痫、哮喘、急慢性疼痛等)，儿童及青少年睡眠障碍的发生率更高。睡眠障碍不仅会破坏正常的睡眠结构，影响睡眠持续时间及质量，而且常与原有神经系统疾病形成恶性循环，约20%学龄期儿童的睡眠障碍可损害其注意、认知、记忆、警觉和语言能力，造成学习和品行问题，影响亲子关系。儿童及青少年时期的睡眠障碍性疾病种类较多，常见的有夜惊、梦魇、磨牙、梦游、失眠等。

(二)儿童及青少年常见睡眠障碍

1. 夜惊症

夜惊症又称睡惊症、睡眠惊恐,表现为突然从睡眠中觉醒,发出惊叫、呼喊,伴有惊恐表情和动作,以及心跳加快、呼吸急促、出汗、皮肤潮红、瞳孔扩大等自主神经兴奋症状,一般很难唤醒。夜惊症多发作于入睡后的 0.5~2 小时内,每次发作持续 1~10min,严重者可能一夜发作数次,发作过程中常伴随激烈活动,患儿及家长都有受伤的可能。发作后迅速进入睡眠状态,次日对发作经过往往不能回忆或仅存片段化记忆。本病多见于 4~12 岁儿童,男孩略多于女孩,患病率为 1%~4%。

夜惊症的发生除了跟遗传因素有关外,还与心理因素有很大关系,例如,睡前听了令患儿感到紧张或兴奋的故事,看了惊险刺激的电影、玩了恐怖的游戏、发生了意外生活事件、家庭气氛紧张等都是诱发夜惊症的原因。

2. 梦魇

梦魇表现为儿童从噩梦中突然惊醒,伴随极度的恐惧和焦虑情绪,唤醒后能清晰回忆梦境中的恐怖内容,并心有余悸。梦魇多发生于睡眠的后半程,虽有一定程度的自主神经兴奋,但无明显的言语及躯体动作。梦魇发作片刻后继续进入睡眠状态,相同或相似的恐怖梦境反复重现的可能性很大。本病常见于 5~10 岁儿童,基本上所有儿童都有过梦魇的体验,随着年龄的增长可减少或消失。

引起梦魇的主要原因来自心理方面,例如,睡前看了恐怖惊险的视频,听了紧张兴奋的故事,家长用威胁恐吓的方式逼迫孩子入睡等。另外,空气污浊、燥热、被褥过厚而对胸部或四肢造成的压迫感、呼吸道不畅、晚餐过饱引起的胃部膨胀感、阵发性血糖过低、安眠药物的撤退等都会引起梦魇的发作。

3. 磨牙症

磨牙症表现为儿童在睡眠过程中刻板地研磨牙齿、紧咬牙关,并发出令人反感的摩擦声,干扰他人睡眠的同时对自身牙齿、下颌关节及周围组织造成严重损害,导致牙齿和骨骼疼痛、肌肉紧张。本病可见于各年龄阶段,发病率为 5%~20%。

有关磨牙症病因的说法不一,包括遗传因素、性格、白天情绪紧张、牙齿错颌等都与磨牙症的发生有一定关系。有研究表明,儿童情绪焦虑时磨牙症状最显著。

4. 睡行症

睡行症又叫梦游症,表现为在睡眠过程中,尚未清醒时起床在室内或户外行走,或做一些简单活动(如捏被子、做手势等),是一种睡眠和清醒的混合状态。梦游通常发生在睡眠的前1/3段,发作时患儿在睡眠中突然起床,到室内外进行某些活动,个体意识朦胧,目光凝滞,旁人很难将其唤醒,这一过程通常持续几分钟至几十分钟,以梦游者回到床上继续睡眠宣告结束。由于个体意识不清,故在梦游过程中有受伤的危险。清醒状态时,对梦游中的经历不能回忆。睡行症多发于儿童少年期,男孩多于女孩,多数可在青春期自愈。

睡行症有明显的家族倾向,据统计,有10%~20%的患儿有阳性家族史。此外,神经生理发育不成熟、情绪焦虑、紧张、压力大、过度疲劳、器质性或功能性疾病(如感染或脑补创伤后遗症、癫痫、癔症)等因素都有可能引起睡行症的发作。

5. 失眠症

失眠症是最常见的睡眠障碍,表现为入睡困难、睡眠不深、多梦早醒、醒后不易再睡、醒后不解乏、白天困倦等。失眠多见于青少年,儿童相对较少见。失眠导致的睡眠时间不足或及睡眠质量低下往往会使患儿白天疲乏、注意力难以集中、学习成绩下降,进而导致性格缺陷。

失眠症多与心理社会因素有关,例如,家庭冲突、家庭氛围不和谐、校园霸凌、其他意外事件等导致情绪紧张、焦虑、抑郁、恐惧,从而引起失眠。另外,居住环境喧闹嘈杂、频繁更换住所、个人不良的生活习惯及遗传因素也都会引发失眠。

(三)案例分析

案例1中,小美最近一段时间总是在睡着后一个半小时左右突然从睡眠中觉醒,同时做出一些惊恐表情或动作,伴随出汗等自主神经兴奋症状,在这一过程中父母无法将其唤醒,且第二天小美对前一晚的经历无法回忆。由此可见，小美的表现完全符合夜惊症的症状。儿童夜惊症并不是一种生理上的疾病，不少儿童都或多或少的出现过，因此，家长不要太过于担心忧虑，随着孩子的成长，身体各部分发育的逐渐成熟，症状就会逐渐消失了。但是，如果夜惊症频繁发作，还是建议家长尽快带孩子到医院检查治疗。

案例2中亮亮从8岁开始出现偶发性的梦游症状，当他复习考试或作业多的时候，情绪紧张、焦虑、心理压力大，表现出更为频繁的梦游症状。亮亮作为独生子女，会受到来自父母家人的特别关爱，同样，父母对其学业也会格外关注，孩子生活在爱与压力的包围之下。当他不太会使用其他方法缓解压力、释放情绪时，梦游就充当了他暂时解除压抑、释放情绪、宣泄心理能量的一种方式。当儿童出现梦游症状，且发作不频繁时，家长不必过于担心，绝大部分随着年龄的增长、中枢神经系统发育的成熟会自愈。家长只需注意居室环境安全设置，预防发作时发生意外，发作时将其引回床上或叫醒即可。

三、心理干预策略

1. 夜惊症

针对夜惊症的心理干预首先要帮助患儿找到发病原因，尽量避免那些可能引发夜惊症的事情发生，避免让患儿在白天接触紧张恐怖的图书及音视频资料，避免让患儿过度劳累、恐惧，为患儿创造良好的生活环境，帮助患儿培养良好的作息习惯。夜惊症在胆小、敏感的孩子中相对多发，因此，父母可以通过讲故事、做游戏、做运动、听音乐等方式，帮助患儿缓解紧张、焦虑等不良情绪，引导患儿学会放松身心，日常注重增强体质，培养患儿坚强的意志和开朗的性格。

患儿夜惊发作后，家长不要对此反应过于强烈，因为家长的紧张焦虑情绪会不经意间传递给患儿，给患儿带来不必要的心理负担。家长要做的是对患儿进行必要的安抚，帮助患儿继续进入睡眠状态。总之，父母的高质量陪伴是应对夜惊症最好的办法。

2. 梦魇

针对梦魇频繁发作的儿童青少年，首先需要了解其发病原因，若是由生活应激事件引发的，则可尝试采用心理干预方法。父母可以学习使用积极性心理治疗手段，在梦魇发作时唤醒患儿，通过安慰、解释梦魇产生的原因及表现、指导患儿如何减少甚至避免梦魇等办法消除孩子焦虑、抑郁的情绪。同时，合理解决家庭矛盾和生活应激事件，尽量避免其不良影响波及孩子。父母还可以引导患儿学习自我心理暗示的方法，即当发生梦魇时，患儿要提醒自己刚刚是做了噩梦，没关系的，那只是个梦而已，现实生活还是很美好的，让自己逐渐放松下来。

对于梦魇的心理干预还可采用肌肉放松法，基于系统脱敏法的基本原理，在进行定期肌肉放松训练的基础之上，适当的想象梦魇时的恐怖梦境，引起紧张或焦虑情绪，然后放松，反复训练大概需要持续八周。另外，保持良好的作息习惯和睡眠卫生、增加白天的运动量同样是应对梦魇的重要手段。

3. 磨牙症

有研究表明，压力、情绪紧张等心理因素容易诱发磨牙症，因此，有效的心理干预方法是治疗磨牙症的重要措施。在针对睡眠磨牙的治疗中常使用认知行为疗法、放松疗法、自我暗示、厌恶疗法等。其中认知行为疗法是通过改变不良的认知方式进而建立正确的认知，实现缓解压力和不良情绪的目的。放松疗法是在一个安静舒适的环境中，让患儿从脚到头，系统地拉伸和放松身体肌肉群，进而缓解其焦虑、紧张等不良情绪。厌恶疗法是通过将磨牙与不愉快甚至惩罚性的刺激（电击、皮筋弹击等）结合起来，通过厌恶性条件反射，从而使磨牙症状消退。

来自家长的心理支持对消除磨牙症状也非常重要，家长要多跟孩子沟通，可以通过给患儿讲解磨牙症的相关知识，使其正确认识并对待自身的疾病，从而避免不必要的挫折感，提高自信。日常生活中，父母要鼓励患儿积极参加社会实践及交往活动，在活动过程中，学会正确认识自己，树立正确的世界观、人生观和价值观，学会有效调节自身情绪和行为的方法，建立良好的社会支持系统，培养广泛的兴趣爱好，多参加体育运动，保持良好的心理健康状态。

4. 睡行症

针对睡行症的干预，来自家长的心理支持性治疗非常必要，家长应与孩子建立良好的亲子关系，给予孩子更多的来自家庭的温暖、关怀和照护，帮助他们共同渡过难关。在与患儿交流睡行症的相关知识时，尽量避免过度渲染病情的严重性，消除患儿对疾病的恐惧，建立对康复的信心。当患儿睡行症发作时，家长应引导其回到床上睡觉，隔日不要特意强调前一晚的情况，以免加重患儿的心理负担。在日常生活中，注重培养孩子良好的睡眠习惯和规律的作息时间，白天避免过度劳累和高度紧张状态，注重睡眠质量和环境。

在治疗睡行症时，也有人使用厌恶疗法，即通过刺激（刺耳的声音、痛感等）将梦游者从睡梦中唤醒，打破其行为定式，使这种下意识的行为达不到目的，以消退梦游行为。

5. 失眠症

认知行为疗法是目前国际上公认的非药物治疗失眠症的最好用的疗法，而且对各年龄段患者改善失眠症状均有效。很多失眠症患儿存在一些不合理的认知，例如，不切实际的睡眠期望、对造成失眠原因的错误看法、过分夸大失眠的后果等。这些不合理的认知往往导致焦虑、紧张等不良情绪，失眠症状的加重又会反过来影响患儿的情绪，如此形成恶性循环。因此，通过帮助患儿调整错误的、不合理的认知，建立对于睡眠的正确的、合理的认知，减轻失眠带来的不良情绪，使患儿感到自己能够有效地应对睡眠问题，提高治疗的信心。

改变了患儿对失眠的认知偏差后，还需要结合行为治疗，比较常用的行为治疗方法有刺激控制疗法、睡眠限制疗法、放松疗法等。刺激控制疗法的目的是减少睡眠情境与焦虑、清醒的联结，具体做法是：①仅在有睡意时才可以躺在床上；②避免在床上（或卧室）进行与睡眠无关的活动；③躺下 15～20min 后仍然无法入睡，就离开床铺（或卧室），进行一些放松活动，直至有睡意再回到床上睡觉，如果仍然睡不着，则重复进行上述活动，直至入睡；④无论实际睡眠多长时间，每天早晨都在固定的时间起床。经过一段时间的调整，患儿睡眠效率可得到明显提高。睡眠限制疗法的目的是缩短卧床清醒时间，增加入睡的驱动力以提高睡眠效率（睡着时间占卧床时间的百分比），具体做法是：①记录一周睡眠日记，由此得出一周平均睡眠时间；②将每晚睡眠时间设定为平均睡眠时间加 15～20min，这样可使睡眠效率保持在 80%

以上，平均睡眠时间应至少设定为5h，否则会增加危险事故的发生率；③可适当重复前两步，及时调整睡眠时间，以使睡眠效率持续保持在80%以上；④每天早晨在固定的时间起床。与此同时，还可以叠加放松疗法和睡眠卫生教育，放松疗法是通过身心放松，促进自主神经活动朝着有利于睡眠的方向转化，降低卧床时的警觉性，从而诱使睡眠发生。常用的放松疗法有肌肉放松、呼吸放松、意象训练、正念放松等。睡眠卫生教育主要是帮助失眠患者建立良好的睡眠习惯，例如，睡前4~6h避免使用兴奋性物质（咖啡、浓茶或吸烟等）；睡前不要饮酒，酒精可干扰睡眠；规律的体育锻炼，但睡前3h内应避免剧烈运动；睡前避免过饱或大量饮用液体；睡前至少1h内不做容易引起兴奋的脑力劳动或观看容易引起兴奋的书籍和影视节目；卧室环境应安静、舒适，光线及温度适宜；保持规律的作息时间。

第三节　儿童青少年精神分裂症

提到精神分裂症，很多人都会"谈虎色变"，他们大多认为精神分裂症患者就是疯子，会做出一些奇怪甚至恐怖的行为，不仅伤害自己，还会对家庭和社会造成严重困扰。的确，精神分裂症是所有精神障碍里最严重的疾病之一，近年来它的发病年龄呈现年轻化趋势，即便如此，精神分裂症也并非绝症，若能做到早发现早治疗，大部分精神分裂症患者都能取得较好的治疗效果，最终恢复正常生活，顺利回归社会。

一、案例

【案例1】

帅帅，男，11岁，就读小学四年级，学习成绩较落后，尤其是数学成绩很差，两位数加减运算无法独立完成。好在帅帅从小到大都很听话，父母并未对他有过高的期望，只希望他能健康快乐地成长。然而令帅帅父母意想不到的是，就在一年前，帅帅开始出现一些异常的行为，上课时注意力不集中，时而喃喃自语，在校期间不遵守学校的规章制度，甚至时常有殴打同学、破坏公物、翻墙爬窗等行为，老师教导过多次均无明显改善。帅帅的心情也随之一落千丈，家人稍予教育则发脾气哭闹，看到家人跟别人说话则认为他们在议论他、说他坏话，还经常听到有人在耳边讲话，却不见人影。平时表现也很任性，在家里想要得到的东西一定要得到满足，否则哭闹不停。当时家人并未予以重视，只当是孩子小任性些而已。直到学校老师反映其在学校有怪异行为：乱服从家中拿来的药物，而且拿着剪刀在同学面前扬言要自杀。这时家长才意识到帅帅问题的严重性，遂带其到精神卫生专科医院就诊。

【案例2】

小珍，女，17岁，就读高中二年级，性格内向、胆小，喜欢独处，不愿意与人交往，朋友较少，学习成绩中等，遵守校规校纪。两年前，班级发生了失窃事件，而小珍则被冤枉为盗窃者，虽然后来案件水落石出还了小珍清白，然而从那时起小珍就开始出现失眠的情况，每天晚上都躺在床上辗转反侧，难以入睡，即便最后好不容易睡着了，也只能睡4～5h，并且整晚都做噩梦，白天则处于一种浑浑噩噩、恍恍惚惚的状态，课堂上对老师讲的内容不知所云，意识不受控制。这种状态一直持续了半年后，小珍开始听到周围有人在唱歌、说话或其他噪音，声音时近时远，身上时常感觉到有虫子爬过。感觉自己时刻被人监视，家里不安全，出门有人尾随，在班级中或乘坐公交车时觉得周围人的眼神很不友好，总有人想害她。最爱看的书和电影、最喜欢玩的游戏都变得索然无味了，不想出门不想参与一切活动，经常发呆、很少主动讲话。她的生活自理能力也在不断退化，例如，吃饭直接用手抓，而不会使用勺子或筷子，整日蓬头垢面，身上总散发出难闻的气味，遭到老师和同学的强烈谴责后辍学在家。到后来，小珍时常自言自语、讲话前言不搭后语、扮怪脸、摆怪态、照镜子、痴笑，有时头插鲜花，甚至当众脱衣、随意破坏家中物品、吃垃圾、自扇耳光、喜怒无常，无故咒骂母亲（据悉母亲有精神分裂症病史），言语粗俗。

二、讨论分析

（一）儿童青少年精神分裂症的界定

精神分裂症属精神疾病，目前病因尚未明确，常隐匿起病，以精神活动与环境的不协调为主要特征，临床上表现为认知、思维、情感、行为等多方面的障碍，患者通常意识清楚，智能基本正常。精神分裂症病程多迁延，呈复发、加重、慢性化和衰退的过程，给患者及家人造成巨大的精神痛苦和经济负担。但若能早期发现且给予合理治疗，多数患者预后较为乐观。因此，为了提高公众对精神卫生重要性和迫切性的认识，消除偏见，世界卫生组织将每年的10月10日确定为"世界精神卫生日"。

精神分裂症在全世界人群中的发病率约为1％，多起病于青壮年，儿童青少年期起病的精神分类症患者相对较少。儿童青少年精神分裂症（又叫早发性精神分裂症）是指发病于18岁以前的一种严重的精神障碍，其中起病于13岁前的精神分裂症定义为儿童精神分裂症（又叫早早发性精神分裂症），起病愈早，病情愈严重。儿童青少年精神分裂症患者中男性多于女性，随着发病年龄的增长，患者中女性所占的比例逐渐提升，到了成年期女性患者明显多于男性患者。

（二）儿童青少年精神分裂症的发病原因

经过一百多年的研究，对于儿童青少年精神分裂症的病因目前尚无定论，现有研究提示有以下几个致病因素：

1. 生理原因

已有研究表明，精神分裂症的遗传度高达60％～85％，其中儿童青少年精神分裂症患者中有阳性家族史的比例要明显高于成人，血缘关系越近，危险系数越高。就遗传方式而言，多数学者倾向于基因遗传，即部分染色体连锁位点的易感性导致了精神分裂症的发病。有相当一部分的精神分裂症患者存在免疫功能异常、内分泌功能异常或神经递质功能失调的情况，同时通过脑影像学技术发现，精神分裂症患者的脑部形态、结构和机能都有不同程度的异常表现。

2. 心理原因

国外学者发现，精神分裂症患者中约50％～60％的人在患病前就表现出性格孤僻、内向、少言寡语、害羞、敏感、多疑、对人冷淡、爱幻想、固执等分裂样人格特质。另外，也有人将精神分裂症的病前个性概括为：积极性差、依赖性强、胆小、忧郁等。患者的某些个性特点不仅会诱发和促进发病，而且对精神分裂症的病程和预后也有影响。

3. 社会原因

围生期异常、社会阶层低、生活水平差、居住条件恶劣的群体患精神分裂症的比例较大。对于儿童青少年人群而言，学习压力大、个人对自我要求过高、家庭与社会苛求过重、人际关系紧张、恋爱受挫、家庭不幸、父母离异、受虐经历、生活动荡、家庭经济困难、重大应激事件等，在遗传素质的基础上容易诱发精神分裂症。

(三)儿童青少年精神分裂症的临床表现

儿童青少年精神分裂症的临床表现与成人精神分裂症的临床表现非常相似，但不完全相同，因为儿童青少年的大脑正处于发育阶段，认知功能也尚未完善，故其临床表现不及成人那样复杂多样，临床表现内容体现出明显的年龄特点。

1. 思维和语言障碍

精神分裂症患儿常出现思维逻辑倒错、思维散漫、思维破裂等情况，表现为重复简单言语、含糊不清或自言自语、言语难以理解等，例如，患儿在说话时，虽然每个句子都可让旁人听得懂，但一联系起来，却让人感到不可理解。回答问题时，答非所问，答案毫无逻辑可言，令人匪夷所思，学习成绩直线下降。妄想也是儿童青少年精神分裂症的常见症状，患儿往往夸大其词，说自己被人陷害、遭人追杀等，年龄越小，妄想内容越简单，有的患儿会出现"变兽妄想"，即坚信自己是某种动物，动作行为均模仿动物。

2. 感知觉障碍

大多数精神分裂症患儿都会出现幻觉，其中以幻听、幻视较为多见，其幻觉多以幻想性内容为主，比较具体和形象化，多是一些恐怖的、使患儿不愉快的内容。患儿还常出现感知综合障碍，以视物变形和非真实感多见，例如，看到自己头变大、鼻子变长、四肢变粗，感觉眼前房屋一幢幢迎面而来，感觉有两个自己等。

3. 情感障碍

患儿往往表现出对事物不感兴趣，对家人、老师、同学等亲近的人漠不关心、反应迟钝，对周遭发生的重大事件表现得异常平淡。情感活动与所处环境不相协调，正常人感觉高兴的事情，他却表现出悲伤，正常人感觉伤心的事情，他却表现出高兴。时而哭泣、时而傻笑，或无故的紧张和恐惧，或伴有激动、暴怒、残忍行为等。

4. 意志与行为障碍

患儿在运动、行为意志方面的改变较为显著，例如，生活懒散、不修边幅（怕刷牙、不洗澡、拒绝换衣服等），表现出孤僻，怕接近同学，喜欢独处、发呆，做怪相、扮鬼脸，出现刻板动作，做出惹是生非、伤人毁物等冲动行为。严重者可表现为卧床、不食不语不动，呈亚木僵状态。

(四)案例分析

案例1中帅帅虽然学习成绩不理想，但一直很乖，他的症状出现在9岁，表现为注意力不集中、怪异行为、攻击性行为、幻觉、妄想、个性改变及自杀行为等问题，符合儿童精神分裂症的典型临床表现，因此到医院就诊一事迫在眉睫。资料显示，儿童期发作的精神分裂症的估测患病率仅为每万人中有0.14～1人，尽管发病率较成人而言低近百倍，然而精神分裂症的发病年龄愈早，预后愈差，故儿童精神分裂症的预后多不良，患者的病情容易反复、加重。因此，监护人应该尽早带患儿去医院诊断，及时采取系统规范持续的治疗，争取较为理想的治疗效果。

案例2中小珍的初始症状是失眠、入睡困难、睡眠质量差等睡眠障碍，半年后陆续出现了幻觉、妄想、精力减退、兴趣丧失、生活懒散、回避社交、无法参加正常学习生活等情况，到后来又呈现出一些怪异行为甚至愚蠢行为、自言自语、照镜子、思维破裂、意向倒错等社会功能严重受损的情形，符合儿童青少年精神分裂症的典型临床表现。进一步分析，小珍的症状更倾向于青春型精神分裂症的临床表现。青春型精神分裂症多发病于青春期，以思维、情感、行为障碍或紊乱为主，表现为思维散漫，言语凌乱，情感喜怒无常，行为怪异、幼稚、愚蠢，如有的患者喜欢扮弄鬼脸，出现意向倒错，有的患者会食用脏东西、大小便等，本能活动增加，如举止轻佻、主动接近异性。此类患者生活难以自理，预后也较差。从案例的直观表述来看，引发小珍出现上述异常表现的原因，首先是小珍的母亲有精神分裂症病史，因此不排除遗传因素；其次，小珍性格内向、胆小，喜欢独处，不愿意与人交往，朋友较少,社会支持系统匮乏,容易导致心理或精神异常情况的出现;第三,始终以乖乖女形象示人的小珍,在两年前遇到的危机事件(被冤枉)对其造成了致命打击,最终诱发了精神分裂症。

三、心理干预策略

药物治疗目前依然是治疗儿童青少年精神分裂症最重要的手段,抗精神病药物对精神分裂症的幻觉、妄想和行为紊乱等症状的改善有显著的疗效,但对情感淡漠、意志减退、活动减少及认知功能障碍等方面的改善效果不明显。因此,临床上多采用在药物治疗调整大脑功能的基础上结合心理干预帮助患者缓解症状、预防复发、改善社会功能、提高生活质量。儿童青少年精神分裂症的心理干预策略主要有:

1. 支持性心理治疗

支持性心理治疗在临床上应用较广。该疗法强调,必须建立良好的医患关系,治疗者帮助患者分析问题和现状,采用积极的方式,如陪伴、交流、解释、指导、建议、宣泄、保证、安慰、理解、帮助、同情、尊重、关心及鼓励自助等形式与技巧进行治疗,可以帮助患者减轻痛苦体验、宣泄不良情绪、提高康复信心、消除孤独与无助感,满足患者被关爱、被尊重和被接纳的心理需求。治疗对象既可以是患者,也可以是患者家属。针对患者家属的支持性心理治疗主要是解决家属面对一系列心理应激(如患者的病态对周围人的伤害、药物的不良反应、疾病的不良预后、对患者前途的担忧、经济困难等)所造成的抑郁和焦虑情绪。该疗法不仅限于专科医生,患者家属或其他具有权威且深得患者信任的人也可以广泛使用。

2. 认知行为疗法

认知功能障碍是精神分裂症的核心症状之一,其认知功能损害涉及记忆、注意力、语言及执行功能。认知行为疗法(CBT)是一种兼具认知及行为取向的心理治疗方法,能改善患者的精神症状和认知功能。此疗法将干预的关注点主要放在个体的歪曲、负性认知上,帮助患者认识到自身的一些不正确想法、情绪及行为,鼓励患者对幻觉、妄想及由此而产生的不合理信念进行纠正,使其逐步重建合理认知,并结合行为训练,以达到缓解病情、减少残留症状、改善认知功能、促进自知力恢复、提高生活质量的目的。

治疗前期的主要任务之一是建立良好的医患关系，便于有效降低治疗阻抗，同时还要搜集资料，对个案进行评估和解析，识别不合理情绪，制定治疗目标并采取措施。中期主要是针对幻觉、妄想及情感、思维和意志行为方面的障碍进行干预，例如，针对幻觉，治疗师可以对幻觉进行正常化处理、合理化归因，通过引导患者采取一定的措施（如分散注意力）灵活地控制幻觉、理性应对幻觉的内容，进而减轻压力，缓解由于幻觉带来的焦虑情绪。后期主要是针对提高患者的治疗依从性、预防复发等方面做工作，纠正患者对药物的错误认识，指导患者学习应对药物不良反应的方法、健康的生活方式、复发先兆及应对等。

3. 集体心理治疗

集体心理治疗是将有共性病情的患者聚集成组，治疗者根据群体病症的特点和需要，采用相适应的理论体系对患者进行指导和治疗，定期组织和启发小组成员讨论，使患者在互助互动的协作关系中提高认识、改善心理障碍的治疗方法。集体心理治疗给患者提供了一个重新认识自己和重新学习的机会，是促进患者间积极探讨和学习的动力。从互助中，患者学会新的人际交往模式，使原有扭曲的模式得以消除。在互动中，相互讨论和学习，鼓励对方勇敢走向社会、勇于面对挫折、解决困难、增强自己的适应能力。

4. 家庭治疗

家庭治疗是将家庭作为一个治疗对象，治疗重点是改变家庭成员的人际关系，通过调整家庭成员中的人际关系，铲除致病的家庭动力因素，建立积极的家庭互动。家庭治疗可重新改变患者原来不适应的家庭关系，有利于患者拥有良好的居住环境。同时，对患者及家庭成员进行精神分裂症相关知识的健康教育，积极开展家庭干预治疗，能够唤起良好的家庭支持和家庭互动，提高患者对治疗的依从性，对巩固疗效、预防疾病复发非常重要。

5. 行为疗法

行为疗法在儿童青少年精神分裂症患者中的应用主要是针对患儿伴发的一些行为问题，目的是帮助患儿消除精神病性行为和重建健康行为。临床上，精神分裂症患者常有情感退缩、意志行为退缩或骂人、伤人、自伤等不良行为，这类行为适宜用奖励性行为治疗，而非惩罚性行为治疗。例如，使用"代币制""评分制"等，建立良好行为的指标、奖励措施等，以此来修正患者的攻击行为、退缩行为，鼓励友好、自理等社会认可的行为。住院医生、护士及家属在家均可使用此疗法。

参考文献

[1] 阿尔弗雷德·阿德勒. 儿童教育心理学[M]. 杜秀敏, 译. 北京: 中华工商联合出版社, 2017.

[2] David N M, Stephen E. 中小学生自伤问题: 识别, 评估和治疗[M]. 黄紫娟, 译. 北京: 中国轻工业出版社, 2012.

[3] Hoekseam S N. 变态心理学与心理治疗[M]. 北京: 世界图书出版公司, 2005.

[4] Tammy L H, Laura M C, Shane R J. 中小学生品行障碍: 识别, 评估和治疗[M]. 彭维, 张海峰, 等译. 北京: 中国轻工业出版社, 2012.

[5] 安传新. 浅谈生物新课程下师生关系[J]. 新课程(教育学术), 2011(04): 143.

[6] 蔡万刚. 儿童性格心理学[M]. 北京: 中国纺织出版社, 2018.

[7] 曾玲娟, 黎玉兰, 旷乾. 中小学生欺凌的决策心理分析与干预研究[J]. 教学与管理, 2021(30): 75-79.

[8] 陈纯槿, 郅庭瑾. 校园欺凌的影响因素及其长效防治机制构建——基于2015青少年校园欺凌行为测量数据的分析[J]. 教育发展研究, 2017, 37(20): 31-41.

[9] 陈岱珏. 关系智能匹配在SNS中的应用[J]. 科技信息, 2009(21): 56+308.

[10] 陈汉英. 学校心理健康教育[M]. 杭州: 浙江大学出版社, 2019.

[12] 陈旭先, 林力. 儿童青少年强迫症家庭因素的研究[J]. 国际精神病学杂志, 2008 (02): 116-119.

[13] 戴吉, 姚瑞, 戴嘉佳, 等. 抑郁发作大学生的系统式家庭治疗个案报告[J]. 中国心理卫生杂志, 2021, 35(02): 89-94.

[14] 戴淑凤, 贾美泰. SOS救助父母, 救助儿童, 让孤独症儿童走出孤独[M]. 北京: 中国妇女出版社, 2008.

参考文献

[15]丹尼斯·博伊德(Denise Boyd), 海伦·比(Helen Bee). 儿童发展心理学[M]. 夏卫萍, 译. 北京：电子工业出版社, 2016.

[16]东克宝. 新时期如何加强教师职业道德修养[J]. 中国教育技术装备, 2010(34)：187-188.

[17]杜亚松. 儿童心理障碍诊疗学[M]. 北京：人民卫生出版社, 2013.

[18]杜亚松. 儿童青少年情绪障碍[M]. 北京：人民卫生出版社, 2013.

[19]儿童孤独症诊疗康复指南(节选)[J]. 中国社区医师, 2010, 26(37)：7-9.

[20]儿童孤独症诊疗康复指南(卫办医政发〔2010〕123号)[J]. 中国儿童保健杂志, 2011, 19(03)：289-294.

[21]樊富珉, 费俊峰. 青年心理健康十五讲[M]. 北京：北京大学出版社, 2006.

[22]费尔德曼. 孩子的世界-从婴儿期到青春期[M]. 北京：人民邮电出版社, 2013.

[23]傅宏. 儿童青少年心理治疗[M]. 合肥：安徽人民出版社, 2001.

[24]谷传华, 张文新. 小学儿童欺负与人格倾向的关系[J]. 心理学报, 2003(01)：101-105.

[25]韩颖, 张月华, 李荔, 等. 儿童癫痫共患孤独症谱系障碍诊断治疗的中国专家共识[J]. 癫痫杂志, 2019, 5(01)：3-10.

[26]郝伟, 陆林. 精神病学[M]. 第8版. 北京：人民卫生出版社, 2018.

[27]何正胤. 中学学业困难现象研究[D]. 上海：华东师范大学, 2007.

[28]洪文建. 地方高校本科生学业成就差异与影响因素研究——以两所地方高校为例[D]. 厦门：厦门大学, 2019.

[29]胡萍. 善解童真3：孩子的情欲世界[M]. 南京：江苏凤凰科技出版社, 2016.

[30]黄甫金. 小学教育学[M]. 北京：高等教育出版社, 2017.

[31]黄兴灏. 基于脑网络社团结构和深度学习的自闭症诊断研究[D]. 镇江：江苏大学, 2017.

[32]贾骏, 雷千乐, 江琴. 青少年非自杀性自伤评估与治疗方法[J]. 医学与哲学, 2020, 41(17)：44-48.

[33]贾晓波, 李慧生. 高中生心理适应能力训练教程[M]. 天津：天津教育出版社, 2001.

[34]江光荣, 于丽霞, 郑莺, 等. 自伤行为研究：现状、问题与建议[J]. 心理科学进展, 2011, 19(06)：861-873.

[35]蒋光清. 青少年心理保健指导[M]. 北京：人民军医出版社, 2007.

[36]金琳. 让爱化解师生之间的冲突[J]. 中国校外教育, 2013(35)：18.

[37]靳杰峰.教育教学案例——教师如何"摆渡"学生[J].新课程(上),2013(11):66.

[38]井世洁,邹利."校园欺凌"的网络表达与治理——基于LDA主题模型的大数据分析[J].青少年犯罪问题,2020(6):60-68.

[39]寇彧,谭晨,马艳.攻击性儿童与亲社会儿童社会信息加工特点比较及研究展望[J].心理科学进展,2005(01):59-65.

[40]乐郊.应用眼动技术评估自闭症及催产素影响[D].成都:电子科技大学,2020.

[41]雷雳著.青少年心理发展[M].北京:北京大学出版社,2015.

[42]李柴全,张京舒,吕若然,等.北京市初中生自伤行为现状及其与受欺凌行为关系[J].中国公共卫生,2020,36(06):884-888.

[43]李宏夫.战胜强迫症[M].广州:广东人民出版社,2019.

[44]李佳哲,胡咏梅.如何精准防治校园欺凌——不同性别小学生校园欺凌的影响机制研究[J].教育学报,2020,16(03):55-69.

[45]李俊杰.校园欺凌基本问题探析[J].上海教育科研,2017(4):5-9.

[46]李凯,陈盈,胡茂荣,等.一例考试焦虑高中生的接纳与承诺疗法心理咨询个案报告[J].中小学心理健康教育,2018(12):57-59.

[47]李玲玲.一本书读懂儿童性格心理学[M].北京:中国纺织出版社,2018.

[48]李瑞锡,江开达,彭裕文.孤独症研究新进展[J].复旦学报(医学版),2010,37(01):110-115.

[49]李晓东.幼儿口吃是可以矫正的[J].中国教育学刊,2015(04):108.

[50]李孝洁.语言发育迟缓儿童词语理解与表达能力的应用研究[D].上海:华东师范大学,2009.

[51]李亚莉.中学生人际交往障碍及自我调适[J].西江教育论丛,2006(3):2.

[52]李因莲,杨璐.青少年考试焦虑问题研究[J].新课程(中),2016(06):205-206.

[53]李占江.临床心理学[M].北京:人民卫生出版社,2014.

[54]李占江.临床心理学[M].第二版.北京:人民卫生出版社,2021.

[55]联合国教科文组织.国际性教育技术指导纲要(修订版)[M].巴黎:联合国教科文组织,2018.

[56]梁斐.知动训练对ASD儿童刻板行为的干预研究[D].重庆:重庆师范大学,2015.

[57]林斌.人体解剖学[M].长沙:湖南师范大学出版社,1995.

[58]林敏,沈仲夏,钱敏才,等.5-羟色胺转运体基因多态性与抗抑郁剂治疗广泛性焦虑障碍疗效的关联[J].中国临床药理学与治疗学,2019,24(08):903-909.

[59]刘芳,王高华,姚宝珍.儿童抽动障碍的损害评估及共患病的交互影响[J].医学综述,2021,27(15):3026-3030.

[60]刘洁.积极认知行为干预对注意缺陷多动障碍儿童作用的个案研究[J].现代特殊教育,2019(06):74-80.

[61]刘奎.高中生强迫症状表现特点及其相关因素研究[D].长沙:中南大学,2012.

[62]刘奎.儿童青少年强迫症的认知行为治疗[J].科技信息,2011(10):380.

[63]刘灵.人本主义疗法在改善农村事实孤儿厌学情绪中的运用[D].武汉:中南民族大学,2018.

[64]刘文利.珍爱生命——小学生性健康教育读本(全12册)[M].北京:北京师范大学出版社,2010-2017.

[65]刘文利.珍爱生命——幼儿性健康教育绘本(全9册)[M].北京:北京师范大学出版社,2018.

[66]刘文利.珍爱生命——幼儿性健康教育绘本之多彩的幸福[M].北京:北京师范大学出版社,2018.

[67]刘文利.珍爱生命——幼儿性健康教育绘本之我爱我家[M].北京:北京师范大学出版社,2018.

[68]刘文利.珍爱生命——幼儿性健康教育绘本之我们的身体[M].北京:北京师范大学出版社,2018.

[69]刘晓军.现代精神疾病诊疗新进展下[M].长春:吉林科学技术出版社,2019.

[70]刘艳丽,陆桂芝.校园欺凌行为中受欺凌者的心理适应与问题行为及干预策略[J].教育科学研究,2017(05):62-68+97.

[71]刘雨微,王桂平.中小学生攻击行为干预研究的回顾与探索[J].河北师范大学学报(教育科学版),2012,14(03):92-96.

[73]刘智胜.儿童抽动障碍[M].北京:人民卫生出版社,2014.

[74]鲁婷.自伤行为的近端危险因素研究[D].武汉:华中师范大学,2016.

[75]吕伟红.一例动力学短程心理治疗的个案分析与讨论[J].中国健康心理学杂志,2008(05):598-600.

[76]麦小桃.初中生厌学现状及其对策研究[D].西宁:青海师范大学硕士学位论文,2019.

[77]美国精神医学学会.精神障碍诊断与统计手册[M].第五版.张道龙,等译.北京:北京大学出版社,2015:228-231.

[78]孟庆爱,姜燕.心理教育不容忽视[J].中国体卫艺教育,2010(03):31-32.

[79]欧阳叶.旁观者效应对青少年网络欺凌的影响[J].中国学校卫生,2019(12):5.

[80]裴谕新,陈静雯."相信经验以外的经验":校园性别欺凌干预之教师社会性别意识提升研究[J].社会工作与管理,2021,21(3):15-22.

[81]茹福霞,黄鹏.中学生校园欺凌行为特征及影响因素的研究进展[J].南昌大学学报(医学版),2019,59(06):74-78.

[82]珊瑚海.儿童逆反心理学[M].成都:四川科技出版社,2018.

[83]申淑芳.自闭症专家与您面对面[M].北京:中国医药科技出版社,2016.

[84]沈怡佳,张国华,何健康,等.父母学习陪伴与小学生学业不良的关系:亲子学业沟通的中介作用和学习负担的调节作用[J].心理发展与教育,2021,37(06):826-833.

[85]傅安球,聂晶,李艳平,等.中学生厌学心理及其干预与学习效率的相关研究[J].心理科学,2002(01):22-23+3-125.

[86]盛秋鹏.青少年心理健康[M].北京:人民卫生出版社,2008.

[87]施伟文.口腔不良习惯与错颌畸形关系的相关性研究[J].当代医学,2011,17(11):62-63.

[88]宋平,杨波.不同类型品行障碍的发展特点及其干预[J].精神医学杂志,2016,29(02):146-150.

[89]苏慧慧.青少年学业问题行为清单(教师用)的初步编制[D].海口:海南师范大学,2019.

[90]苏林雁.儿童焦虑障碍的研究进展叨[J].中国儿童保健杂志,2006,14(5):435-437.

[91]苏林雁,刘军,苏巧荣,等.儿童青少年焦虑与抑郁障碍共病的临床研究[J].中华精神科杂志,2005,38(4):214-217.

[92]苏林雁.儿童精神医学[M].长沙:湖南科学技术出版社,2014.

[93]孙传丽,刘淼.新时期青少年的自卑心理与调适[J].西部皮革,2017,39(06):162+164.

[94]孙冬雪.精神动力学和认知行为治疗视角下强迫症的心理分析与心理治疗[J].心理月刊,2021,16(17):219-220.

[95]孙吉付.青少年抑郁症心理治疗的方法分析[J].中国医药指南,2021,19(36):87-88.

[96]孙燕红,陈天玉,梁建民.儿童及青少年常见睡眠障碍性疾病[J].中风与神经疾病杂志,2019,36(02):184-186.

[97]孙瑜. 虚拟现实技术在孤独症儿童社会情绪能力干预中的应用[D]. 南京：东南大学，2019.

[98]谭珂. 意图和结果对自闭症谱系障碍儿童道德判断的影响[D]. 漳州：闽南师范大学，2018.

[99]唐启胜. 焦虑障碍中西医基础与临床[M]. 北京：人民卫生出版社，2013.

[100]陶国泰，贾美香. 让孤独症儿童走出孤独[M]. 北京：中国妇女出版社，2005.

[101]王超. 考试焦虑助我成长——应对考试焦虑团体辅导[J]. 中小学心理健康教育，2022(01)：36-40.

[102]王冬奇. 中学生家庭教养方式、社会支持与厌学关系的研究[D]. 武汉：华中师范大学，2020.

[103]王广帅. 面向自闭症谱系障碍儿童的教育游戏研究[D]. 广州：广州大学，2016.

[104]王华. 儿童抽动障碍必读[M]. 沈阳：辽宁科学技术出版社，2017.

[105]王建，李春玫，谢飞，等. 江西省高中生校园欺凌影响因素分析[J]. 中国学校卫生，2019，39(12)：1814-1817.

[106]王建平，张宁，王玉龙，等. 变态心理学[M]. 北京：北京人民大学出版社，2008.

[107]王建平. 变态心理学[M]. 第三版. 北京：中国人民大学出版社，2018.

[108]王建玉，王振，范青，等. 运用暴露反应预防疗法治疗强迫症1例报告[J]. 上海交通大学学报(医学版)，2015，35(10)：1589-1592.

[109]王美萍，刘新生. 青少年期亲子关系研究的回顾与启示[J]. 山东师范大学学报(人文社会科学版)，2002(02)：99-102.

[110]王梦婷. 留守儿童校园欺凌的家庭因素分析及治理对策[J]. 教育教学论坛，2019(20)：232-233.

[111]王祈然，肖建国. 中小学校园欺凌行为师生认知状况及提升路径研究[J]. 教育科学研究，2019(06)：41-47.

[112]王旗. 人人都有强迫症[M]. 重庆：重庆大学出版社，2014.

[113]王琼. 当考试遇上焦虑——考前焦虑疏导的案例分析[J]. 成才，2022(04)：59-62.

[114]王增纳，张晶. 青少年抑郁症识别与防治工作探究[J]. 科教导刊，2021(25)：190-192.

[115]卫生部办公厅. 儿童孤独症诊疗康复指南[S]. 2010

[116]魏学忠，陈红磊. 青少年抑郁症患者父母心理健康素养现状及影响因素分析[J]. 护理管理杂志，2022，22(02)：139-143.

[117]吴紫荧，周佳敏，刘晓彤，等.二孩政策背景下青少年心理安全感及逆反心理研究[J].科教导刊，2021(13)：185-188.

[118]谢小敏，冯蓓，李亚莉，等.青少年抑郁症状的相关家庭因素研究[J].中国儿童保健杂志，2022，30(04)：446-449+464.

[119]胥寒梅，张航，陶圆美，等.儿童青少年抑郁症的重要社会心理因素[J].精神医学杂志，2021，34(06)：499-502.

[120]徐东，唐苗苗，夏巍.幼儿攻击性行为的研究综述[J].大庆师范学院学报，2021，41(06)：87-97.

[121]徐久生，徐隽颖."校园暴力"与"校园欺凌"概念重塑[J].青少年犯罪问题，2018(06)：44-52.

[122]徐俊冕.强迫症的认知行为治疗[J].世界临床药物，2010，31(04)：202-206.

[123]徐慊，朱雅雯，余萌，等.强迫障碍的认知行为个案概念化咨询个案报告[J].中国心理卫生杂志，2018，32(03)：207-214.

[124]徐曙，黄茹燕，马丽沙.《美国精神障碍诊断与统计手册第5版》强迫障碍诊断标准与其他诊断系统有何不同？——读者来信[J].临床精神医学杂志，2015，25(03)：215-216.

[125]徐曙，黄茹燕，马丽沙.基于《精神障碍诊断与统计手册》第5版浅析强迫及相关障碍的诊断新变化[J].临床精神医学杂志，2015，25(05)：354-357.

[126]徐晓翠.中国儿童孤独症病程发展、治疗现状和教育需求的家庭调查研究[D].苏州：苏州大学，2009.

[127]薛树龙.认知行为治疗对青少年抑郁症患者的疗效及对认知功能的影响[J].临床医学，2022，42(02)：66-68.

[128]杨梨，王曦影."灰色地带"校园欺凌：青少年主体视角下的新解读[J].中国青年社会科学，2021，40(04)：105-115.

[129]杨立新，陶盈.校园欺凌行为的侵权责任研究[J].福建论坛（人文社会科学版），2013(8)：177-182.

[130]杨甜.面向孤独症谱系障碍儿童的探究式认知训练研究[D].南京：东南大学，2016.

[131]杨欣妤，汪凯.移情训练对小学高年级儿童攻击行为的干预研究[J].长春大学学报，2018，28(08)：25-28.

[132]姚建龙.校园暴力：一个概念的界定[J].中国青年政治学院学报，2008(4)：38-43.

[133]叶素贞，曾振华.情绪管理与心理健康[M].北京：北京大学出版社，2007.

参考文献

[134]叶徐生.再谈"欺凌"概念[J].教育科学研究,2016(9):1-1.

[135]衣明纪.儿童抽动障碍的非药物治疗[J].中华实用儿科临床杂志,2016,31(23):1771-1777.

[136]于志涛.给自尊心一个平台:青少年自卑心理研究[J].中国青年研究,2003(06):26-29.

[137]俞凌云,马早明."校园欺凌":内涵辨识、应用限度与重新界定[J].教育发展研究,2018,38(12):26-33.

[138]约翰·戈特曼.孩子,你的情绪我在乎[M].崔成爱,赵碧,李桂花,译.北京:东方出版社,2018.

[139]约翰·佩森提尼.儿童青少年强迫症:治疗师指南[M].北京:中国人民大学出版社,2010.

[140]张宝书.班主任应对校园欺凌的预防策略研究[J].教学与管理,2020(12):63-65.

[141]张丹宁.认知行为治疗对恢复期精神分裂症患者精神症状及执行功能的影响[J].精神医学杂志,2016,29(3):193-195.

[142]张慧,阳德华.浅析青少年如何克服自卑感[J].成都中医药大学学报(教育科学版),2010,12(01):59-60.

[143]张建卫.心理健康教育案例研究与理论探索[M].北京:北京理工大学出版社,2016.

[144]张璐,乌云特娜,金童林.I^3模型视角下个体行为的表达机制[J].心理科学进展,2021,29(10):1878-1886.

[145]张帅,范晓莉,李士龙,等.青少年抑郁症患者出现非自杀性自伤行为的影响因素分析[J].保健医学研究与实践,2022,19(03):6-9.

[146]张田,傅宏.家庭行为疗法对儿童攻击行为的干预研究[J].中国临床心理学杂志,2018,26(01):184-188.

[147]张鑫,刘衍玲.儿童关系攻击行为及教育对策研究进展[J].中国学校卫生,2014,35(10):1589-1593.

[148]张野,肖晴,张塑.初一学生校园排斥的团体干预研究[J].辽宁师范大学学报:社会科学版,2020,43(6):7.

[149]张野,肖晴,张塑.初一学生校园排斥的团体干预研究[J].辽宁师范大学学报(社会科学版),2020,43(06):54-60.

[150]张玉梅.青少年学生考试焦虑辅导[J].长沙铁道学院学报(社会科学版),2007(03):101-102.

[151]张玉群.考试焦虑,怎么办[J].中学生博览,2022(18):40-41.

[152]赵雅玲.高中生思想政治课学业困难状况及其对策研究——基于恩施州宣恩一中239名学生的调查[D].武汉:中南民族大学硕士学位论文,2018.

[153]赵艳瑜.自闭症儿童图画书阅读中社会认知特点的研究[D].漳州:闽南师范大学,2016.

[154]郑确.青少年逆反心理[M].南京:南京师范大学出版社,2006.

[155]郑治伟.青少年逆反心理的成因及对策[J].甘肃教育,2018(19):42.

[156]中国心理卫生协会.心理咨询师[M].北京:中国劳动社会保障出版社,2017.

[158]钟佑洁,李艳华,张进辅.关系攻击研究的回顾与展望[J].宁波大学学报(教育科学版),2012,34(06):48-54.

[159]周桂荣,15-20岁青少年逆反心理成因及应对措施[J].课程教育研究,2020(14):26-27.

[160]周文敏.没人包容你的叛逆,青少年不能不掌握的性格密码[M].北京:北京工业大学出版社,2013.

[161]周晓璇,叶海森.青少年抑郁症患者心理弹性与父母养育方式、自我接纳程度相关性分析[J].精神医学杂志,2021,34(04):304-307.

[162]ABushman A A. The general aggression model[J]. Current Opinion in Psychology, 2018, 19:75-80.

[163]Allen J J, Bushman B J, Anderson C A. The general aggression model[J]. Current Opinion in Psychology, 2018, 19:75-80.

[164]American psychiatric association diagnostic and statistical manual of mental disorders fifth edition (DSM-5). https://www.sohu.com/a/301166247_690662

[165]Anderson C A, Bushman B J. Human aggression. Annual Review of Psychology, 2002, 53, 27-51.

[166]Bandura A. Aggression:A social learning analysis[J]. Englewood Cliffs:NJ:Prentice-Hall, 1973.

[167]Bargh J A. Automaticity in social psychology. In Social Psychology:Handbook of Basic Principles. Edited by Higgins ET[J]. New York, NY:Guilford Press, 1996.

[168]Berkowitz L. Aggression:Its causes, consequences, and control[J]. New York:McGraw-Hill, 1993.

[169]Bonell C, Allen E, Warren E J, et al. Effects of the learning together intervention on

bullying and aggression in english secondary schools (inclusive): a cluster randomised controlled trial[J]. Lancet, 2018, 392(10163) : 2452-2464.

[170]Dollard J, Doob L W, Miller N E, et al. Frustrations and aggression[J]. New Haven: Yale University Press, 1939.

[171]Ellis B J, Garber J. Psychosocial antecedents of variation in girls'pubertal timing: Maternal depression, stepfather presence and marital family stress [J]. Child Development, 71(2), 485-501.

[172] Ellis B J, Mcfadyen-Ketchum S, Dodge K A, et al. Quality of early family relationships and individual differences in the timing of pubertal maturation in girl: A longitudinal test of an evolutionary model[J]. Journal of Personality and Social Psychology, 77, 387-401.

[173] Finkel E J. The I-3 Model: Metatheory, Theory, and Evidence. Advances in Experimental Social Psychology, Vol 49. J. M. Olson and M. P. Zanna, 2014, 49: 1-104.

[174]Ghosh D, Rajan PV, Das D, et al. Sleep disorders in children with Tourette syndrome [J]. Pediatr Neurol, 2018, 88: 31-35.

[175]Huesmann L R. The role of social information processing and cognitive schema in the acquisition and maintenance of habitual aggressive behavior. In R. G. Geen, &.E. Donnerstein (Eds.), Human aggression: Theories, research, and implications for social policy . San Diego: Academic Press, 1998: 73-109.

[176]Klonsky E D. The functions of deliberate self-injury: a review of the evidence[J]. Clinical Psychology Review, 2007, 27(2): 226-239.

[177]Lee W T, Huang H L, Wong L C, et al. Tourette syndrome as an independent risk factor for subsequent sleep disorders in children: a nationwide population-based case-control Study[J]. Sleep, 2017, 40(3). doi: 1093/sleep/zsw072.

[178]Levy H C, Radomsky A S. Safety behaviour enhances the acceptability of exposure[J]. Cognitive Behaviour Therapy, 2014, 43(1): 83-92.

[179]Ltd, 2009 Macedo P J O M, Oliveira P S, Foldvary-Schaefer N, et al. Insomnia inpeople with epilepsy: A review of insomnia prevalence, risk factorsand associations with epilepsy-relatedfactors[J]. Epilepsy Res, 2017, 135: 158-167.

[180]Nock M K, Prinstein M J. A functional approach to the assessment of self-mutilative

behavior[J]. Journal of Consulting & Clinical Psychology, 2004, 72(5): 885-90.

[181] Paruthi S, Brooks L J, D'Ambrosio C, et al. Recommended amount of sleep for pediatric populations: a consensus statement of the American Academy of Sleep Medicine[J]. J Clin Sleep Med, 2016, 12(6): 785- 786.

[182] Rutter M, Bishop D V, Pine D S, et al. Rutter's Child and Adolescent Psychiatry, Fifth Edition[J]. Maldon, MA: Blackwell Publishing.

[183] Shaheen A M, Hammad S, Haourani E M, et al. Factors Affecting Jordanian School Adolescents' Experience of Being Bullied[J]. Journal of Pediatric Nursing, 2017(38): 66-71.

[184] Slotter E B, Finkel E J. I^3 theory: Instigating, impelling, and inhibiting factors in aggression. In P. R. Shaver & M. Mikulincer (Eds.), Herzilya series on personality and social psychology. Human aggression and violence: Causes, manifestations, and consequences [J]. Washington, DC: American Psychological Association, 2011: 35-52.

[185] Taylor L, Oldershaw A, Richards C, et al. Development and Pilot Evaluation of a Manualized Cognitive-Behavioural Treatment Package for Adolescent Self-Harm[J]. Behavioural & Cognitive Psychotherapy, 2011, 39(05): 619-625.

[186] Tedeschi J T, Felson R B. Violence, Aggression, and Coercive Actions. Washington, DC: American Psychological Association, 1994.

[187] Volk A. What Is Bullying? A TheoreticalRedefinition, Developmental Review, 2014, (4).

[188] Wrangham R W. Two types of aggression in human evolution[J]. Proceedings of the National Academy of Sciences of the United States of America, 2018, 115 (2): 245-253.

[189] Zillman D. Arousal and aggression. In R. G. Geen, & E. Donnerstein (Eds.), Aggression: Theoretical and empirical reviews[J]. New York: Academic Press, 1983 (1): 75-102.